水利水电工程
计量计价与典型实例
应用详解

翟会朝　贾任君　主编

化学工业出版社

·北京·

内 容 简 介

本书以水利水电工程造价为主线，从水利造价的基础概述开始，结合水利工程费用的组成，从基础单价的确定到定额计价、清单计价，由浅入深逐步过渡到工程量的计算分析和相关概预算的编制方法。主要内容包括水利水电工程造价概述，水利水电工程费用，水利水电工程基础单价，分类分项工程量计算，水利水电安装工程工程量计算，水利水电工程定额计价，水利水电工程清单计价，投资估算、施工图预算和施工预算编制，水利水电工程竣工结算和竣工决算等。为了方便查阅和学习，本书最后还收录了一些常用资料，以供大家快速检索查询。

本书适合于从事水利水电工程预算、工程造价及项目管理工作的人员参考使用，也可供高等院校相关专业的院校师生作为教材或参考资料。

图书在版编目（CIP）数据

水利水电工程计量计价与典型实例应用详解 / 翟会朝，贾任君主编. -- 北京：化学工业出版社，2025.4.
ISBN 978-7-122-47382-0

Ⅰ．TV512

中国国家版本馆 CIP 数据核字第 2025R42U38 号

责任编辑：彭明兰　　　　　　文字编辑：李旺鹏
责任校对：杜杏然　　　　　　装帧设计：关　飞

出版发行：化学工业出版社
　　　　　（北京市东城区青年湖南街 13 号　邮政编码 100011）
印　　装：北京云浩印刷有限责任公司
787mm×1092mm　1/16　印张 13¼　字数 318 千字
2025 年 5 月北京第 1 版第 1 次印刷

购书咨询：010-64518888　　　　　售后服务：010-64518899
网　　址：http://www.cip.com.cn
凡购买本书，如有缺损质量问题，本社销售中心负责调换。

定　　价：59.80 元　　　　　　　　　　　　版权所有　违者必究

前言

在浩瀚的工程建设领域中，水利水电工程具有独特的地位和作用。它不仅是水资源开发与利用的重要载体，更是防洪减灾、农业灌溉、水力发电及改善生态环境的关键力量。随着全球经济的持续增长和技术的日新月异，水利水电工程的建设规模日益扩大，投资额度不断攀升，工程的计量计价工作迎来了前所未有的挑战与要求。

水利水电工程造价属于工程行业里面一个比较小的分支，但近些年国家水利工程逐步增多，不管是大型水利工程还是村庄的沟渠修建，宗旨都是造福人民。大大小小的水利工程建设包含不同的分类项目，这些无疑都会涉及预算，虽然水利工程中的造价软件使用方法不同于土建专业，但工程量的计算都是大同小异的，无非就是单价不一样，水利工程清单有专业的清单规范和计价标准。本书编写的目的是解决工程量计算难题，对水利工程造价进行全过程分析。全书贯穿的主线是"水利造价"，具体内容是以工程量计算为主，以计价为辅，再到竣工结算，内容精而全，可为水利工程造价人员提供学习和参考。

本书在内容上对理论与实践进行了很好的结合。一方面，系统梳理了水利水电工程计量计价的基本理论、原则和方法，确保读者能够建立起扎实的理论基础；另一方面，精选了多个具有代表性的典型实例，通过详细剖析其计量计价过程，使读者能够直观感受到理论知识的实际应用，从而加深对计量计价工作的理解和把握。

本书与同类书相比，具有的特点如下：

（1）采用专业水利规范和标准，做到新规范、新标准、新内容；

（2）二维图和现场图对应，平面和立体结合，做到图文结合；

（3）基本知识点－工程量计算－案例分析－预决算编制，一站式学习；

（4）通过现场图片进行配合解释，更有利于理解。

本书由中国南水北调集团中线有限公司河南分公司翟会朝、中国电建市政建设集团有限公司贾任君任主编，由中国南水北调集团中线有限公司河南分公司聂春光、河南道隆公路工程有限公司李建磊任副主编，参与编写的还有开封黄河工程开发有限公司翟云鹏，河南旭伸公路工程有限公司赵小云、张小平，河南省旭创水利工程有限公司李云超、牛淑飞，中煤邯郸特殊凿井有限公司赵运方、张兴平等。

本书在编写和出版过程中得到了许多同行和单位的支持与帮助，许多学者、专家对本书提供了宝贵意见，在此向他们表示由衷的感谢！

由于编者水平有限和时间紧迫，书中难免有不妥之处，真诚地欢迎本书的读者能够提出宝贵意见和建议，也恳请广大同仁不吝赐教。

目录

第 1 章　水利水电工程造价概述　/ 001

1.1　基本建设程序　/ 001
1.1.1　水利水电工程项目的基本建设程序　/ 001
1.1.2　工程基本建设程序的特点　/ 004
1.2　工程造价管理　/ 005
1.2.1　工程造价的含义和特点　/ 005
1.2.2　工程造价相关的基本概念　/ 006
1.2.3　工程造价的职能　/ 007
1.2.4　工程造价管理概述　/ 008
1.2.5　工程造价的计价　/ 009
1.3　水利工程项目划分　/ 010
1.3.1　建设项目划分　/ 010
1.3.2　水利工程分类　/ 011
1.3.3　水利工程项目组成　/ 012
1.3.4　水利水电工程项目的划分　/ 014
1.4　水利工程概预算编制程序和方法　/ 015
1.4.1　水利工程概预算组成　/ 015
1.4.2　水利工程概预算编制依据　/ 015
1.4.3　水利工程概预算编制程序　/ 015
1.4.4　水利工程概预算编制方法　/ 016

第 2 章　水利水电工程费用　/ 018

2.1　水利水电建设项目的费用构成　/ 018

2.2　水利水电工程建设项目费用计算　　　　　　　　　　　/ 019
 2.2.1　建筑及安装工程费　　　　　　　　　　　　　　/ 019
 2.2.2　独立费用　　　　　　　　　　　　　　　　　　/ 025
 2.2.3　预备费及建设期融资利息　　　　　　　　　　　/ 029

第3章　水利水电工程基础单价　/ 031

3.1　人工预算单价　　　　　　　　　　　　　　　　　　/ 031
3.2　材料预算价格　　　　　　　　　　　　　　　　　　/ 032
3.3　施工用电、水、风价格　　　　　　　　　　　　　　/ 033
3.4　施工机械台时费　　　　　　　　　　　　　　　　　/ 037
3.5　混凝土材料、砂浆材料单价　　　　　　　　　　　　/ 039
 3.5.1　计算方法　　　　　　　　　　　　　　　　　　/ 039
 3.5.2　计算混凝土材料单价需注意的问题　　　　　　　/ 040
 3.5.3　砂浆单价确定　　　　　　　　　　　　　　　　/ 041
 3.5.4　实训案例　　　　　　　　　　　　　　　　　　/ 042

第4章　分类分项工程量计算　/ 043

4.1　土石方开挖工程　　　　　　　　　　　　　　　　　/ 043
 4.1.1　土石方开挖工程量计算方法　　　　　　　　　　/ 043
 4.1.2　土石方开挖工程量计算公式　　　　　　　　　　/ 045
 4.1.3　石方开挖工程中的超挖量及附加量　　　　　　　/ 047
4.2　土石方填筑工程　　　　　　　　　　　　　　　　　/ 049
4.3　疏浚和吹填工程　　　　　　　　　　　　　　　　　/ 050
 4.3.1　基本概念　　　　　　　　　　　　　　　　　　/ 050
 4.3.2　疏浚和吹填工程工程量计算　　　　　　　　　　/ 053
4.4　砌筑工程　　　　　　　　　　　　　　　　　　　　/ 054
 4.4.1　砌筑工程分类　　　　　　　　　　　　　　　　/ 055
 4.4.2　砌筑工程工程量计算　　　　　　　　　　　　　/ 058
4.5　锚喷支护工程　　　　　　　　　　　　　　　　　　/ 059
 4.5.1　基本概念　　　　　　　　　　　　　　　　　　/ 059
 4.5.2　锚喷支护工程工程量计算　　　　　　　　　　　/ 061
4.6　钻孔和灌浆工程　　　　　　　　　　　　　　　　　/ 062

4.6.1　相关理论 / 062
4.6.2　钻孔和灌浆工程工程量计算 / 063
4.7　基础防渗和地基加固工程 / 065
4.7.1　基本概念 / 065
4.7.2　基础防渗和地基加固工程工程量计算 / 070
4.8　混凝土与模板工程 / 072
4.8.1　基本概念 / 072
4.8.2　混凝土与模板工程工程量计算 / 074
4.9　钢筋、钢构件加工及安装工程 / 079

第5章　水利水电安装工程工程量计算 / 083

5.1　机电设备安装工程 / 083
5.2　金属结构设备安装工程 / 085
5.3　安全监测设备采购及安装工程 / 086

第6章　水利水电工程定额计价 / 087

6.1　水利工程初步设计概算文件的组成与编制 / 087
6.1.1　设计概算报告（正件）组成内容 / 087
6.1.2　设计概算报告附件组成内容 / 088
6.1.3　投资对比分析报告组成内容 / 089
6.1.4　工程概算表格 / 089
6.2　水利水电工程定额编制方法 / 097
6.2.1　定额编制概述 / 097
6.2.2　施工定额的编制 / 098
6.2.3　预算定额的编制 / 102
6.2.4　概算定额的编制 / 104
6.3　各分部工程概算编制 / 105
6.3.1　建筑工程部分 / 105
6.3.2　机电设备及安装工程 / 107
6.3.3　金属结构设备及安装工程 / 107
6.3.4　施工临时工程 / 107
6.3.5　独立费用 / 109

6.3.6　实训案例　/ 109
6.4　水利工程总概算编制　/ 112
6.4.1　总概算编制表格　/ 112
6.4.2　总概算编制顺序　/ 112

第 7 章　水利水电工程清单计价　/ 114

7.1　工程量清单概述　/ 114
7.2　工程量清单计价表的编制　/ 120
7.2.1　工程量清单计价方法　/ 120
7.2.2　工程量清单计价表的格式　/ 122
7.2.3　工程量清单计价表的填写要求　/ 127
7.2.4　工程量清单计价的费用构成及计价程序　/ 128
7.2.5　分类分项工程单价的编制与计算　/ 129
7.3　措施项目清单计价和工程量清单报价的编制　/ 130
7.3.1　措施项目清单计价的编制　/ 130
7.3.2　工程量清单报价的编制　/ 132

第 8 章　投资估算、施工图预算和施工预算编制　/ 134

8.1　投资估算　/ 134
8.1.1　投资估算的含义与作用　/ 134
8.1.2　投资估算编制依据与内容　/ 135
8.1.3　投资估算编制方法　/ 136
8.2　施工图预算　/ 141
8.2.1　施工图预算的含义与作用　/ 141
8.2.2　施工图预算编制依据与内容　/ 142
8.2.3　施工图预算编制方法　/ 143
8.3　施工预算　/ 146
8.3.1　施工预算的含义与作用　/ 146
8.3.2　施工预算编制依据、步骤与方法　/ 147
8.3.3　施工预算与施工图预算的对比　/ 150

第 9 章　水利水电工程竣工结算和竣工决算

9.1　竣工结算　　　　　　　　　　　　　　　／　151
9.2　竣工决算　　　　　　　　　　　　　　　／　153
9.3　项目后评价　　　　　　　　　　　　　　／　158

附录　工程量计算常用资料　/　161

A. 水利水电工程等级划分标准　　　　　　　　／　161
B. 水利水电工程项目划分　　　　　　　　　　／　165
C. 设备安装常用参考资料　　　　　　　　　　／　179
D. 水利工程混凝土建筑物立模面系数参考表　　／　189
E. 混凝土温控费用计算参考资料　　　　　　　／　192
F. 混凝土、砂浆配合比及材料用量表　　　　　／　196

参考文献　/　204

第1章 水利水电工程造价概述

1.1 基本建设程序

1.1.1 水利水电工程项目的基本建设程序

工程建设一般要经过规划、设计、施工等阶段以及试运转和验收等过程,才能正式投入生产。工程建成投产以后,还需要进行观测、维修和改进。整个工程建设过程由一系列紧密联系的过程所组成,这些过程既有顺序联系,又有平行搭接关系,每个过程以及过程与过程之间又存在一系列紧密相连的工作环节,构成了一个有机整体。由此构成了反映基本建设内在规律的基本建设程序,简称基本建设程序,基本建设程序是基本建设中的客观规律。

根据我国基本建设实践,水利水电工程的基本建设程序为:根据资源条件和国民经济长远发展规划,进行流域或河段规划;提出项目建议书;进行可行性研究和项目评估,编制可行性研究报告;可行性研究报告批准后,进行初步设计;初步设计经过审批,项目列入国家基本建设年度计划;进行施工准备和设备订货;开工报告批准后正式施工;建成后进行验收投产;生产运行一定时间后,对建设项目进行后评价。

(1)流域规划(或河段规划)

流域规划就是根据该流域的水资源条件和国家长远计划,以及该地区水利水电工程建设发展的要求,提出该流域水资源的梯级开发和综合利用的最优方案。对该流域的自然地理、经济状况等进行全面、系统的调查研究,初步确定流域内可能的建设位置,分析各个坝址的建设条件,拟定梯级布置方案、工程规模、工程效益等,进行多方案分析比较,选定合理梯级开发方案,并推荐近期开发的工程项目。

(2)项目建议书

项目建议书应根据国民经济和社会发展长远规划、流域综合规划、区域综合规划、专业规划,按照国家产业政策和国家有关投资建设方针进行编制,是对拟进行建设项目的初步说明。项目建议书编制一般由政府委托有相应资质的设计单位承担,并按照国家现行规定权限向主管部门申报审批。项目建议书被批准后,由政府向社会公布,若有投资建设意向,则组建项目法人筹备机构，进行可行性研究工作。

（3）可行性研究阶段

可行性研究是项目能否成立的基础，这个阶段的成果是可行性研究报告。它是运用现代技术科学、经济科学和管理工程学等，对项目进行技术经济分析的综合性工作。其任务是研究兴建某个建设项目在技术上是否可行，经济效益是否显著，财务上是否能够盈利；建设中要动用多少人力、物力和资金；建设工期的长短，如何筹备建设资金等重大问题。因此，可行性研究是进行建设项目决策的主要依据。其主要任务包括以下几点。

① 论证本工程建设的必要性，确定本工程建设任务和综合利用的顺序。
② 确定主要水文参数和成果，查明影响工程的主要地质条件和存在的主要地质问题。
③ 基本确定工程规模。
④ 初选工程总体布置，选定基本坝型和主要建筑物的基本形式。
⑤ 初选水利工程管理方案。
⑥ 初步确定施工组织设计中的主要问题，提出控制性工期和分期实施意见。
⑦ 评价工程建设对环境和水土保持设施的影响。
⑧ 提出主要工程量和建材需用量，估算工程投资。
⑨ 明确工程效益，分析主要经济指标，评价工程的经济合理性和财务可行性。

可行性研究报告由项目法人组织编制，按照国家现行规定的审批权限报批。

（4）设计阶段

可行性研究报告批准后，项目法人应择优选择有相应资质的设计单位承担工程的勘测设计工作。对水利水电工程来说，承担设计任务的单位在进行设计以前，要认真研究可行性研究报告，并进行勘测、调查和试验研究工作，要全面收集建设地区的工农业生产、社会经济、自然条件，包括水文、地质、气象等资料；要对坝址、库区的地形、地质进行勘测、勘探；对岩土地基进行分析试验；对建设地区的建筑材料分布、储量、运输方式、单价等进行调查、勘测。设计前要有大量的勘测、调查、试验工作，在设计中以及工程施工中仍要有相当细致的勘测、调查、试验工作。设计工作是分阶段进行的，一般采用两阶段进行，即初步设计与施工图设计。对于某些大型工程或技术复杂的工程一般采用三阶段设计，即初步设计、技术设计及施工图设计，如表1-1所示。

表1-1 建设项目设计工作阶段

阶段	内容说明
初步设计	初步设计是根据可行性研究报告的要求所做的具体实施方案，阐明在指定地点、时间和投资控制数额内，拟建项目在技术上的可行性和经济上的合理性，并通过对项目所作出的技术经济规定，编制项目总概算
技术设计	技术设计应根据初步设计和更详细的调查研究资料编制，从而进一步解决初步设计中的重大技术问题。例如，建筑结构、工艺流程、设备选型及数量确定等，使工程建设项目的设计更具体、更完善，技术经济指标更好。在此阶段需要编制项目的修正概算
施工图设计	施工图设计是按照批准的初步设计和技术设计的要求，完整地表现建筑物外形、内部空间分割、结构体系以及建筑群的组合和周围环境的配合关系等的设计文件，并由建设行政主管部门委托有关审查机构，进行结构安全、强制标准和规范执行情况等内容的审查。施工图一经审查批准，不得擅自进行修改，否则必须重新报请审查后再批准实施。在施工图设计阶段需要编制施工图预算

（5）施工准备阶段

项目在主体工程开工之前，必须完成各项施工准备工作，其主要内容具体如下。

① 施工场地的征地、拆迁，施工用水、电、通信、道路的建设和场地平整等工程。

② 完成必需的生产、生活临时建筑工程。

③ 组织招标设计、咨询、设备和物资采购等服务。

④ 组织建设监理和主体工程招标投标，并择优选择建设监理单位和施工承包商。

⑤ 进行技术设计，编制修正总概算和施工详图设计，编制设计预算。

施工准备工作开始前，项目法人或其代理机构，须依照有关规定，向行政主管部门办理报建手续，同时交验工程建设项目的有关批准文件。工程项目报建后，方可组织施工准备工作。工程建设项目施工，除某些不适宜招标的特殊工程项目外（须经行政主管部门批准），均须实行招标投标。

水利水电工程项目进行施工准备必须满足如下条件：初步设计已经批准；项目法人已经建立；项目已列入国家或地方水利建设投资计划；筹资方案已经确定；有关土地使用权已经批准；已办理报建手续。

（6）建设实施阶段

建设实施阶段是指主体工程的建设实施。项目法人按照批准的建设文件，组织工程建设，保证项目建设目标的实现。项目法人或其代理机构，必须按审批权限，向主管部门提出主体工程开工申请报告，经批准后，主体工程方可正式开工。主体工程开工须具备以下条件。

① 前期工程各阶段文件已按规定批准，施工详图设计可以满足初期主体工程施工需要。

② 建设项目已列入国家或地方水利水电工程建设投资年度计划，年度建设资金已落实。

③ 主体工程招标已经决标，工程承包合同已经签订，并得到主管部门的同意。

④ 现场施工准备和征地移民等建设外部条件能够满足主体工程开工需要。

⑤ 建设管理模式已经确定，投资主体与项目主体的管理关系已经理顺。

⑥ 项目建设所需全部投资来源已经明确，且投资结构合理。

⑦ 项目产品的销售，已有用户承诺，并确定了定价原则。

（7）生产准备阶段

生产准备是项目投产前所要进行的一项重要工作，是建设阶段转入生产经营的必要条件。项目法人应按照建管结合和项目法人责任制的要求，适时做好有关生产准备工作，生产准备工作应根据不同类型的工程要求确定，一般应包括如下内容。

① 生产组织准备。建立生产经营的管理机构及其相应管理制度。

② 招收和培训人员。按照生产运营的要求，配备生产管理人员，并通过多种形式的培训，提高人员素质，使之能满足运营要求。生产管理人员要尽早介入工程的施工建设，参加设备的安装调试，熟悉情况，掌握好生产技术和工艺流程，为顺利衔接基本建设和生产经营阶段做好准备。

③ 生产技术准备。主要包括技术资料的汇总、运行技术方案的制定、岗位操作规程的制定和新技术准备工作。

④ 生产物资准备。主要是落实投产运营所需要的原材料、协作产品、工器具、备品备件和其他协作配合条件的准备。

⑤ 正常的生活福利设施准备。

⑥ 及时具体落实产品销售合同协议的签订，提高生产经营效益，为偿还债务和资产的保值增值创造条件。

（8）竣工验收阶段

竣工验收是工程完成建设目标的标志，是全面考核基本建设成果、检验设计和工程质量的重要步骤。竣工验收合格的项目即可从基本建设转入生产或使用。

当建设项目的建设内容全部完成，经过单位工程验收，符合设计要求并按水利基本建设项目档案管理的有关规定，完成了档案资料的整理工作，在完成竣工报告、竣工决算等必需文件的编制后，项目法人按照有关规定，向验收主管部门提出申请，根据国家和各部委颁布的验收规程，组织验收。竣工决算编制完成后，须由审计机关组织竣工审计，其审计报告作为竣工验收的基本资料。

（9）建设项目后评价

后评价是工程交付生产运行后一段时间内，一般经过1~2年生产运行后，对项目的立项决策、设计、施工、竣工验收、生产运行等全过程进行系统评价的一种技术经济活动，是基本建设程序的最后一环。通过后评价达到肯定成绩、总结经验、研究问题、提高项目决策水平和投资效果的目的。

后评价的内容包括影响评价、经济效益评价、过程评价。前两种评价是从项目投产后运行结果来分析评价的。过程评价则是从项目的立项决策、设计、施工、竣工投产等全过程进行的系统分析。

上面的内容反映了水利水电工程基本建设工作的全过程。电力系统中的水力发电工程与此基本相同，不同的就是，将初步设计阶段与可行性研究阶段合并，称为可行性研究阶段，其设计深度与水利系统初步设计接近；增加"预可行性研究阶段"，其设计深度与水利系统的可行性研究接近。其他基本建设工程除没有流域（或区域）规划外，工作大体相同。

1.1.2 工程基本建设程序的特点

综合分析水利水电工程建设的各个阶段，不难发现水利水电工程基本建设程序具有以下特点。

① 工程差异大，各具不同特点。水电建设项目有特定的目的和用途，须单独设计和单独建设。即使是相同规模的同类项目，由于工程地点、地区条件和自然条件（如水文、气象）等不同，其设计和施工也具有一定的差异性。

② 工程耗资大，工期相对较长。水利水电建设项目施工中需要消耗大量的人力、物力和财力。由于工程的复杂性和艰巨性，建设周期长，大型水利水电工程工期甚至长达十几年，如小浪底水利枢纽、长江三峡工程、南水北调工程等。

③ 工程环节多，需要统筹兼顾。由于水利水电建设项目的特殊性，建设地点须经多方案选择和比较，并进行规划、设计和施工等工作。在河道中施工时，需考虑施工导流、截流及水下作业等问题。

④ 涉及面较广，关系错综复杂。水利水电建设项目一般为多目标综合开发利用工程（如水库、大坝、溢洪道、泄水建筑物、引水建筑物、电厂、船闸等），具有防洪、发电、灌溉、供水、航运等综合效益，需要科学组织和编写施工组织设计，并采用现代施工技术和科

学的施工管理，确保优质、高效地完成预期目标。

1.2 工程造价管理

1.2.1 工程造价的含义和特点

（1）工程造价的含义

工程造价是指进行一个工程项目的建造所需要花费的全部费用。水利水电工程造价是指在各类水利水电工程建设项目中，从工程项目确定建设意向直至建成、竣工验收为止的整个建设期间所支出的总费用，这是保证工程项目建造正常进行的必要资金，是建设项目投资中最主要的部分。

工程造价的第一种含义是工程的建造价格。这里的工程泛指一切建设工程，它的范围和内涵具有很大的不确定性。此时，工程造价是指建设一项工程预期开支或实际开支的全部固定资产投资费用，包括建筑工程、机电设备与金属结构设备的购置费、机电设备与金属结构设备安装工程费，以及其他相关的必需费用。显然，这一含义是从投资者、业主的角度来定义的。投资者选定投资项目，为了获得预期的效益，就要通过项目评估进行决策，然后进行设计招标、工程招标，直至竣工验收等一系列投资管理活动。在投资活动中所支付的全部费用形成了固定资产和无形资产。所有这些开支就构成了工程造价。从这个意义上说，工程造价就是工程投资费用，建设项目工程造价就是建设项目固定资产投资费用。

工程造价的第二层含义是指工程价格，即为建成一项工程预计或实际在土地市场设备市场、技术劳务市场，以及承包市场等交易活动中所形成的建筑安装工程的价格和建设工程总价格。它是以工程这种特定的商品形式作为交易对象，通过招标投标或其他交易方式，在进行多次预估的基础上，最终由市场形成的价格。通常人们将工程造价的第二层含义认定为工程承发包价格。工程的承发包价格是工程造价中一种重要且具典型特色的价格形式。它是在建筑市场中通过招标投标，由需求主体（投资者）和供给主体（承包商）共同认可的价格。

工程造价的两层含义是从不同角度把握同一事物的本质。对建设工程的投资者来说，面对市场经济条件下的工程造价就是项目投资，是投资者作为市场需求者"购买"项目要付出的价格；同时也是投资者在作为市场供给主体时"出售"项目时定价的基础。对于承包商，供应商和规划、设计等机构来说，工程造价是他们作为市场供给主体出售商品和劳务的价格总和，或是特定范围的工程造价。工程造价的两层含义是对客观存在的概括。它们既共生于一个统一体，又相互区别。最主要的区别在于需求主体和供给主体在市场追求的经济利益不同，因而管理的性质和管理目标也不同。从管理性质看，前者属于投资管理范畴，后者属于价格管理范畴，但二者又互相交叉。从管理目标看，作为项目投资或投资费用，投资者在进行项目决策和项目实施时，首先追求的是决策的正确性，项目决策中投资数额的大小、功能和价格比是投资决策最重要的依据。其次，在项目实施中如何完善项目功能，提高工程质量，降低投资费用，能否按期或提前交付使用，是投资者始终关注的问题。

区别工程造价的两层含义，可以为投资者和以承包商为代表的供应商的市场行为提供理论依据。当政府提出降低工程造价时，政府是站在投资者的角度充当着市场需求主体的角色；当承包商提出要提高工程造价、提高利润率，并获得更多的实际利润时，则是承包商要实现一个市场供给主体的管理目标。这是市场运行机制的必然。

（2）工程造价的特点

① 大额性。工程建设项目实物庞大，尤其是水利水电工程更具有规模庞大、结构复杂、多样化和建设周期长等特点。工程造价的大额性使其关系到有关各方面的重大经济利益，同时也会对宏观经济产生重大影响。这就决定了工程造价的特殊地位，也说明了造价管理的重要意义。

② 个别性。任何一项工程都有特定的用途、功能、规模和建设地点，因此对每一项工程的结构、造型、空间分割、设备都有具体的要求，从而使工程内容和实物形态都具有个别性、差异性。产品的差异性决定了工程造价的个别性差异，尤其每项工程所处的建设地区、地段不同，使得工程造价的个别性更加突出。

③ 动态性。建设项目产品的固定性、生产的流动性、费用的变异性和建设周期长等特点决定了工程造价具有动态性。任何一项工程从决策到竣工交付使用，都有一个较长的建设期，而且由于不可控因素的影响，在预计工期内，许多影响工程造价的动态因素如工程变更，设备材料价格，工资标准以及费率、利率、汇率会发生变化，这种变化必然会影响到造价的变动。所以，工程造价在整个建设期中处于不确定状态，直至竣工决算后才能最终确定工程的实际造价。

④ 层次性。造价的层次性取决于工程的层次性。一个项目往往含有多个能够独立发挥设计效能的单项工程。一个单项工程又是由能够各自发挥专业效能的多个单位工程（水利建筑工程、水利水电设备安装工程等）组成。与此相适应，工程造价有三个层次：建设项目总造价、单项工程造价和单位工程造价。

⑤ 兼容性。工程造价的兼容性首先表现在它具有两种含义，其次表现在工程造价构成因素的广泛性和复杂性。在工程造价中成本因素非常复杂。其中为获得建设工程用地而支出的费用、项目可行性研究和规划设计费用、与政府一定时期政策（特别是产业政策和税收政策）相关的费用占有相当的份额。

1.2.2 工程造价相关的基本概念

（1）静态投资

静态投资是以某一基准年、月的建设要素的价格为依据所计算出的建设项目投资的瞬时值。但它包含因工程量误差而引起的工程造价的增减。静态投资包括建筑安装工程费，设备加工、器具购置费，工程建设其他费用（独立费），基本预备费。

（2）动态投资

动态投资是指为完成一个工程项目的建设，预计投资需要量的总和。它除包括静态投资所含内容之外，还包括建设期贷款利息、投资方向调节税、涨价预备金、新开征税费，以及汇率变动部分。动态投资适应了市场价格运行机制的要求，使投资的计划、估算、控制更加符合实际，符合经济变动规律。

静态投资和动态投资虽然内容有所区别，但两者有密切联系，动态投资包含静态投资，静态投资是动态投资最主要的组成部分，也是动态投资的计算基础，并且这两个概念的产生都和工程造价的确定直接相关。

（3）建设项目总投资

建设项目总投资是投资主体为获取预期收益，在选定的建设项目上投入所需全部资金的经济行为。所谓建设项目，一般是指在一个总体规划和设计的范围内，实行统一施工统一管理、统一核算的工程，它往往由一个或数个单项工程所组成。建设项目按用途可分为生产性建设项目和非生产性建设项目。生产性建设项目总投资包括固定资产投资和包含铺底流动资金在内的流动资产投资两部分。而非生产性建设项目总投资只有固定资产投资，不含上述流动资产投资。建设项目总投资是项目总投资中的固定资产投资总额。

（4）固定资产总投资

固定资产总投资是投资主体为了特定的目的，达到预期收益（利益）的资金垫付行为。在我国，固定资产总投资包括基本建设投资、更新改造投资、房地产开发投资和其他固定资产投资四部分。其中基本建设投资是用于新建、改建、扩建和重建项目的资金投入行为，是形成固定资产的主要手段，在固定资产投资中占的比重最大，约占全社会固定资产投资总额的50%～60%。更新改造投资是在保证固定资产简单再生产的基础上，通过以先进科学技术改造原有技术以实现以内涵为主的固定资产扩大化再生产的资金投入行为，约占全社会固定资产投资总额的20%～30%，是固定资产再生的主要方式之一。房地产开发投资是房地产企业开发厂房、宾馆、写字楼、仓库和住宅等房屋设施和开发土地的资金投入行为。其他固定资产投资是按规定不纳入投资计划和用专项资金进行基本建设和更新改造的资金投入行为，它在固定资产投资中占的比重较小。

（5）建筑安装工程造价

建筑安装工程造价亦称建筑安装产品价格。它是建筑安装产品价值的货币表现。在建筑市场，建筑安装企业所生产的产品作为商品既有使用价值也有社会价值，和一般商品一样，所不同的是由于这种商品所具有的技术经济特点，使它的交易方式、计价方法、价格的构成因素，以至付款方式都存在许多特点。

1.2.3 工程造价的职能

工程造价除具有一般商品价格职能外，还具有自己特殊的职能，具体表现为以下四种职能。

（1）预测职能

由于建设工程的造价一般都很大，无论是投资者或是承包商都要对拟建工程进行预先测算。投资者预先测算工程造价，不仅作为项目决策依据，同时也是筹措资金、控制造价的依据。承包商对工程造价的测算，既为投标决策提供依据，也为投标报价和成本管理提供依据。

（2）控制职能

工程造价的控制职能表现在两个方面：一方面是它对投资的控制，即在投资的各个阶段，根据对造价的多次性预估，对造价进行全过程、多层次的控制；另一方面是对以承包商为代表的商品和劳务供应企业的成本控制。在价格一定的条件下，企业实际成本开支决定企业的盈利水平。成本越高盈利越低，成本高于价格就危及企业的生存。因此，企业要以工程造价来控制成本。

（3）评价职能

工程造价是评价总投资和分项投资合理性和投资效益的主要依据之一。在评价建设项目偿贷能力、获利能力和宏观效益时，也要依据工程造价。工程造价也是评价建筑安装企业管理水平和经营效益的重要依据。

（4）调控职能

工程建设直接关系到经济增长，也直接关系到国家重要资源的分配和资金流向，对国计民生都产生重大影响。因此，国家对建设规模、结构进行宏观调控在任何条件下都是不可缺少的，对政府投资项目进行直接调控和管理也是非常必要的。这些都要用工程造价作为经济杠杆，对工程建设中的物质消耗水平、建设规模、投资方向等进行调控和管理。

1.2.4 工程造价管理概述

工程造价有两种含义，工程造价管理也有两种含义：一是建设工程投资费用管理；二是工程价格管理。工程造价管理具有管理对象的不重复性、市场条件的不确定性、施工企业的竞争性、项目实施活动的复杂性以及整个建设周期都存在变化及风险等特点。建设工程的投资费用管理属于投资管理范畴，更明确地说，属于工程建设投资范畴。建设工程投资费用管理是为了实现投资的预期目标，在拟定的规划、设计方案的条件下，预测、计算、确定和监控工程造价及其变动的系统活动。它既涵盖了微观层次的项目投资费用管理，也涵盖了宏观层次的投资费用管理。

工程价格管理属于价格管理范畴。在社会主义市场经济条件下，价格管理分两个层次：在微观层次上，它是生产企业在掌握市场价格信息的基础上，为实现管理目标而进行的成本控制、计价、定价和竞价的系统活动；在宏观层次上，它是政府根据社会经济发展的要求，利用法律手段、经济手段和行政手段对价格进行管理和调控，以及通过市场管理规范市场主体价格行为的系统活动。

1.2.4.1 工程造价管理的基本内容

（1）工程造价的合理确定

工程造价的合理确定，就是在建设程序的各个阶段，合理确定投资估算、概算造价、预算造价、承包合同价、结算价、竣工决算价。

（2）工程造价的有效控制

工程造价的有效控制，就是在优化建设方案、设计方案的基础上，在建设程序的各个阶段，采用一定的方法和措施把工程造价控制在合理的范围和核定的造价限额以内。控制造价在这里强调的是控制项目投资。

1.2.4.2 工程造价管理的任务和目标

（1）工程造价管理的任务

工程造价管理的任务是加强工程造价的全过程动态管理，维护有关各方的经济利益，强化工程造价的约束机制，规范价格行为，促进微观效益和宏观效益的统一。

（2）工程造价管理的目标

工程造价管理的目标是根据社会主义市场经济的发展形势，按照经济规律的要求，利用科学管理方法和先进管理手段，合理地确定造价和有效地控制造价，以提高投资效益和建筑安装企业经营效果。

1.2.4.3 工程造价管理的原则

工程造价管理应遵循以下基本原则。

① 遵照国家有关法律法规和方针、政策，在保障国家利益的前提下，维护项目法人、建设单位（项目法人现场管理机构，下同）、设计单位、监理单位、咨询单位、施工企业等单位的合法权益。

② 在保证建设项目使用功能的前提下，合理确定和有效控制工程造价，提高投资效益。

③ 遵循价值规律，实行合理定价、静态控制、动态管理、明确职责、强化监督的管理机制，逐步建立和完善工程造价管理体系。

1.2.5 工程造价的计价

工程造价计价是对工程建设项目造价的计算，简称工程计价，具体是指工程造价人员在项目实施的各个阶段，根据各个阶段的不同要求，遵循计价原则和程序，采用科学的计价方法，对建设项目最可能实现的合理价格做出科学的计算，从而确定建设项目的工程造价，编制工程造价的经济文件。

（1）工程造价的计价原则

在工程建设项目的各阶段要合理确定其造价，为造价控制提供依据，应遵循以下原则。

① 符合国家的有关规定。工程建设投资巨大，涉及国民经济的方方面面，因此，国家对投资规模、投资方向和投资结构等必须进行宏观调控。在造价编制过程中，应贯彻国家对工程建设方面的有关法规，使国家的宏观调控政策得以顺利实施。

② 保证计价依据的准确性。合理确定工程造价是工程造价管理的重要内容，而编制的基础资料的准确性则是合理确定造价的保证。

③ 技术与经济相结合。完成同一项工程，可有多个设计方案、多个施工方案。不同方案消耗的资源不同，因而其造价也不相同。编制造价时，在考虑技术可行性的同时，也应考虑各可行方案的经济合理性，通过技术比较、经济分析和效果评价，选择方案确定造价。

（2）工程造价的计价模式

影响工程造价的因素主要有两个：基本构造要素的单位价格和基本构造要素的实物工程数量。在进行工程计价时，基本子项的工程实物量可以通过工程量计算规则和设计图纸计算得到，它可以直接反映工程项目的规模和内容。基本子项的单位价格则有两种形式：直接费单价和综合单价。

直接费单价是指分部分项工程单位价格，是一种仅仅考虑了人工、材料、机械、资源要素的价格形式；综合单价是指分部分项工程的单价，它既包括直接工程费、间接费、利润和税金，也包括合同约定的所有工料价格变化等一切风险费用，是一种完全价格形式。与这两种单价形式相对应的有两种计价模式：定额计价模式和工程量清单计价模式。

① 定额计价模式。建设工程定额计价是国家通过颁布统一的估价指标、概算定额、预算定额和相应的费用定额，对建筑产品价格进行有计划管理的一种方式。在计价中以定额为依据，按定额规定的分部分项子目，逐项计算工程量，套用定额单价或单位估价表确定直接费，然后按规定取费标准确定构成工程价格的其他费用和利税，获得建筑安装工程造价。

工程概算定额是我国几十年计价实践的总结，具有一定的科学性和实践性，所以用这种方法计算和确定工程造价过程简单、快速、准确，也有利于工程造价管理部门的管理。因此，我国工程计价长期以来以工程概预算定额为主要依据。

② 工程量清单计价模式。工程量清单计价法是一种国际上通行的计价方法，是建设工程招标投标中，按照国家统一的工程量清单计价规范，招标人或其委托的有资质的咨询机构编制反映工程实体消耗和措施消耗的工程量清单，并作为招标文件的一部分提供给投标人，由投标人依据工程量清单，根据各种渠道所获得的工程造价信息和经验数据，结合企业定额自主报价的计价方式。

（3）工程造价的计价特征

① 计价的单件性。水利水电建设中由于工程的效益、作用不同，设计等级、标准不同，每个工程所处的自然条件不同和环境不同，建设的工期不同，等等，决定了不可能有两个完全相同的工程项目，从而各个工程的造价不同。

② 计价的多次性。建设工程的生产过程是一个周期长、数量大的生产消费过程。它要经过可行性研究、设计、施工、竣工验收等多个阶段，并分段进行，逐步接近实际。为了适应工程建设过程中各方经济关系的建立，适应项目管理，适应工程造价控制与管理的要求，需要按照设计和建设阶段多次性计价。

③ 计价的组合性。一个建设项目的总造价由各个单项工程造价组成，而各个单项工程造价又由各个单位工程造价所组成，各单位工程造价又是按分部工程、分项工程和相应定额、费用标准等进行计算得出的。可见，为确定一个建设项目的总造价，应首先计算各单位工程造价，再计算各单项工程造价（一般称为综合概预算造价），然后汇总成总造价（又称为总概预算造价）。显然，这个计价过程充分体现了分部组合计价的特点。

④ 计价方法的多样性。工程造价多次性计价有各不相同的计价依据，对造价的精确度要求也不相同，这就决定了计价方法有多样性的特征。计算概、预算造价的方法有单价法和实物法等。计算投资估算的方法有设备系数法、生产能力指数估算法等。不同的方法利弊不同，适应条件也不同，计价时要根据具体情况加以选择。

⑤ 计价依据的复杂性。由于影响造价的因素多，计价依据相应也十分复杂，种类繁多，主要可分为以下 7 类：a. 计算设备和工程量的依据，包括项目建议书、可行性研究报告、设计文件等；b. 计算人工、材料、机械等实物消耗量的依据，包括投资估算指标、概算定额、预算定额等；c. 计算工程单价的价格依据，包括人工单价、材料价格、材料运杂费、机械台班费等；d. 计算设备单价的依据，包括设备原价、设备运杂费、进口设备关税等；e. 计算措施费、间接费和工程建设其他费用的依据，主要是相关的费用定额和指标；f. 政府规定的税、费；g. 物价指数和工程造价指数。

1.3 水利工程项目划分

1.3.1 建设项目划分

建筑安装工程是由相当数量的分部分项工程组成的非常庞大复杂的综合体，直接计算它们的全部人工、材料和机械台班的消耗量及其价值，是一项极为困难的工作。为了准确无误地计算和确定建筑安装工程的造价，就必须对基本建设工程项目进行科学的分析与分解，使之有利于工程概预算的编审，以及基本建设的计划、统计、会计和基建拨款贷款等各方面的工作，同时也是为了便于同类工程之间进行比较和对不同分项工程进行经济技术分析，使编制概、预算项目时不重不漏，保证质量。

建设项目划分依据是工作结构分解原理，它是将项目按照其内在结构或实施过程的顺序进行逐层分解，得到不同层次的项目单元，最后形成项目的工作结构分解图。通常按项目本身的内部组成，将其划分为建设项目、单项工程、单位工程、分部工程和分项工程，如图1-1所示。

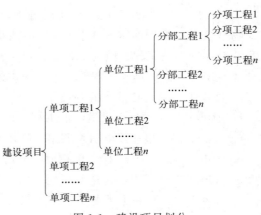

图1-1 建设项目划分

① 建设项目。建设项目也称为基本建设项目，是指在一个场地或几个场地上按一个总体设计进行施工的各个工程项目的总和。如一个独立的工厂、水库、水电站、调水工程、引水工程等。

② 单项工程。单项工程是建设项目的组成部分。单项工程具有独立的设计文件，可以独立组织施工，建成后可以独立发挥生产能力或效益。例如，一个水利枢纽的拦河坝电站厂房、引水渠等都是单项工程。一个建设项目可以是一个单项工程，也可以包含几个单项工程。

③ 单位工程。单位工程一般是指具有独立的设计文件，可以独立地组织施工，但完成后不能独立发挥生产能力的工程。它是单项工程的组成部分，如灌区工程中的进水闸、分水闸、渡槽，水电站引水工程中的进水口、调压井等都是单位工程。

④ 分部工程。分部工程是单位工程的组成部分，一般以建筑物的主要部位或工种来划分。如进水闸工程可以分为土石方开挖工程、混凝土工程、砌石工程等，房屋建筑工程可划分为基础工程、墙体工程、屋面工程等。

⑤ 分项工程。分项工程是分部工程的细分，是建设项目最基本的组成单元，也是最简单的施工过程。是由专业工种完成的中间产品。它可通过较为简单的施工过程就能生产出来，可以有适当的计量单位。它是计算工料消耗、进行计划安排、统计工作、实施质量检验的基本构造因素，例如，进水闸混凝土工程按工程部位划分为闸、闸底板、铺盖护坦等分项工程。

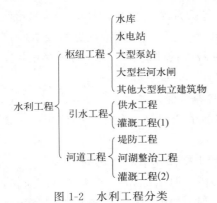

图1-2 水利工程分类

1.3.2 水利工程分类

水利工程按性质划分为枢纽工程、引水工程和河道工程，如图1-2所示。

大型泵站、大型拦河水闸的工程等级划分标准参见附录A。灌溉工程（1）指设计流量$>5\text{m}^3/\text{s}$的灌溉工程（工程等级标准参见附录A），灌溉工程（2）指设计流量<5m³/s的灌溉工程和田间工程。

1.3.3 水利工程项目组成

（1）建筑工程

① 枢纽工程。枢纽工程指水利枢纽建筑物、大型泵站、大型拦河水闸和其他大型独立建筑物（含引水工程的水源工程），包括挡水工程、泄洪工程、引水工程、发电厂（泵站）工程、升压变电站工程、航运工程、鱼道工程、交通工程、房屋建筑工程、供电设施工程和其他建筑工程。其中挡水工程等前七项为主体建筑工程。

a. 挡水工程。包括挡水的各类坝（闸）工程。

b. 泄洪工程。包括溢洪道、泄洪洞、冲沙孔（洞）、放空洞、泄洪闸等工程。

c. 引水工程。包括发电引水明渠、进水口、隧洞、调压井、高压管道等工程。

d. 发电厂（泵站）工程。包括地面、地下各类发电厂（泵站）工程。

e. 升压变电站工程。包括升压变电站、开关站等工程。

f. 航运工程。包括上下游引航道、船闸、升船机等工程。

g. 鱼道工程。根据枢纽建筑物布置情况，可独立列项。与拦河坝相结合的，也可作为拦河坝工程的组成部分。

h. 交通工程。包括上坝、进厂、对外等场内外永久公路，以及桥梁、交通隧洞、铁路、码头等工程。

i. 房屋建筑工程。包括为生产运行服务的永久性辅助生产建筑、仓库、办公建筑、值班宿舍及文化福利建筑等房屋建筑工程和室外工程。

j. 供电设施工程。指工程生产运行供电需要架设的输电线路及变配电设施工程。

k. 其他建筑工程。包括安全监测设施工程，照明线路，通信线路，厂坝（闸、泵站）区供水、供热、排水等公用设施，劳动安全与工业卫生设施，水文、泥沙监测设施工程，水情自动测报系统工程及其他。

② 引水工程。指供水工程、调水工程和灌溉工程（1），包括渠（管）道工程、建筑物工程、交通工程、房屋建筑工程、供电设施工程和其他建筑工程。

a. 渠（管）道工程。包括明渠、输水管道工程，以及渠（管）道附属小型建筑物（如观测测量设施、调压减压设施、检修设施）等。

b. 建筑物工程。指渠系建筑物、交叉建筑物工程，包括泵站、水闸、渡槽、隧洞箱涵（暗渠）、倒虹吸、跌水、动能回收电站、调蓄水库、排水涵（槽）、公路（铁路）交叉（穿越）建筑物等。建筑物类别根据工程设计确定。工程规模较大的建筑物可以作为一级项目单独列示。

c. 交通工程。指永久性对外公路、运行管理维护道路等工程。

d. 房屋建筑工程。包括为生产运行服务的永久性辅助生产建筑、仓库、办公用房、值班宿舍及文化福利建筑等房屋建筑工程和室外工程。

e. 供电设施工程。指工程生产运行供电需要架设的输电线路及变配电设施工程。

f. 其他建筑工程。包括安全监测设施工程，照明线路，通信线路，厂坝（闸、泵站）区供水、供热、排水等公用设施工程，劳动安全与工业卫生设施，水文、泥砂监测设施工程，水情自动测报系统工程及其他建筑工程。

③ 河道工程。指堤防修建与加固工程、河湖整治工程以及灌溉工程（2），包括河湖整治与堤防工程、灌溉及田间渠（管）道工程、建筑物工程、交通工程、房屋建筑工程、供电设施工程和其他建筑工程。

a. 河湖整治与堤防工程。包括堤防工程、河道整治工程、清淤疏浚工程等。

b. 灌溉及田间渠（管）道工程。包括明渠、输配水管道、排水沟（渠、管）工程、渠（管）道附属小型建筑物（如观测测量设施、调压减压设施、检修设施）、田间土地平整等。

c. 建筑物工程。包括水闸、泵站工程，田间工程机井、灌溉塘坝工程等。

d. 交通工程。指永久性对外公路、运行管理维护道路等工程。

e. 房屋建筑工程。包括为生产运行服务的永久性辅助生产建筑、仓库、办公用房、值班宿舍及文化福利建筑等房屋建筑工程和室外工程。

f. 供电设施工程。指工程生产运行供电需要架设的输电线路及变配电设施工程。

g. 其他建筑工程。包括安全监测设施工程，照明线路，通信线路，厂坝（闸、泵站）区供水、供热、排水等公用设施工程，劳动安全与工业卫生设施，水文、泥砂监测设施工程及其他建筑工程。

（2）机电设备及安装工程

① 枢纽工程。指构成枢纽工程固定资产的全部机电设备及安装工程。本部分由发电设备及安装工程、升压变电设备及安装工程和公用设备及安装工程三项组成。大型泵站和大型拦河水闸的机电设备及安装工程项目划分参考引水工程及河道工程划分方法。

a. 发电设备及安装工程。包括水轮机、发电机、主阀、起重机、水力机械辅助设备、电气设备等设备及安装工程。

b. 升压变电设备及安装工程。包括主变压器、高压电气设备、一次拉线等设备及安装工程。

c. 公用设备及安装工程。包括通信设备、通风采暖设备、机修设备、计算机监控系统、工业电视系统、管理自动化系统、全厂接地及保护网，电梯，坝区馈电设备，厂坝区供水、排水、供热设备，水文、泥砂监测设备，水情自动测报系统设备，视频安防监控设备，安全监测设备，消防设备，劳动安全与工业卫生设备，交通设备等设备及安装工程。

② 引水工程及河道工程。指构成该工程固定资产的全部机电设备及安装工程。一般包括泵站设备及安装工程、水闸设备及安装工程、电站设备及安装工程、供变电设备及安装工程和公用设备及安装工程五项。

a. 泵站设备及安装工程。包括水泵、电动机、主阀、起重设备、水力机械辅助设备、电气设备等设备及安装工程。

b. 水闸设备及安装工程。包括电气一次设备及电气二次设备及安装工程。

c. 电站设备及安装工程。其组成内容可参照枢纽工程的发电设备及安装工程和升压变电设备及安装工程。

d. 供变电设备及安装工程。包括供电、变配电设备及安装工程。

e. 公用设备及安装工程。包括通信设备、通风采暖设备、机修设备、计算机监控系统、工业电视系统、管理自动化系统、全厂接地及保护网，厂坝（闸、泵站）区供水、排水、供热设备，水文、泥砂监测设备，水情自动测报系统设备，视频安防监控设备，安全监测设备，消防设备，劳动安全与工业卫生设备，交通设备等设备及安装工程。

灌溉田间工程还包括首部设备及安装工程、田间灌水设施及安装工程等。

a. 首部设备及安装工程。包括过滤、施肥、控制调节、计量等设备及安装工程等。

b. 田间灌水设施及安装工程。包括田间喷灌、微灌等全部灌水设施及安装工程。

（3）金属结构设备及安装工程

指构成枢纽工程、引水工程和河道工程固定资产的全部金属结构设备及安装工程。包括闸门、启闭机、拦污设备、升船机等设备及安装工程，水电站（泵站等）压力钢管制作及安装工程和其他金属结构设备及安装工程。金属结构设备及安装工程的一级项目应与建筑工程的一级项目相对应。

（4）施工临时工程

施工临时工程是指为辅助主体工程施工所必须修建的生产和生活用临时性工程。组成内容如下。

a. 导流工程。包括导流明渠、导流洞、施工围堰、蓄水期下游断流补偿设施、金属结构设备及安装工程等。

b. 施工交通工程。包括施工现场内外为工程建设服务的临时交通工程，如公路、铁路、桥梁、施工支洞、码头、转运站等。

c. 施工场外供电工程。包括从现有电网向施工现场供电的高压输电线路（枢纽工程35kV及以上等级，引水工程、河道工程10kV及以上等级，掘进机施工专用供电线路）施工变（配）电设施设备（场内除外）工程。

d. 施工房屋建筑工程。指工程在建设过程中建造的临时房屋，包括施工仓库，办公及生活、文化福利建筑及所需的配套设施工程。

e. 其他施工临时工程。指除施工导流、施工交通、施工场外供电、施工房屋建筑缆机平台、掘进机泥水处理系统和管片预制系统土建设施以外的施工临时工程。主要包括施工供水（大型泵房及干管）、砂石料系统、混凝土拌和浇筑系统、大型机械安装拆卸、防汛、防冰、施工排水、施工通信等工程。

根据工程实际情况可单独列示缆机平台、掘进机泥水处理系统和管片预制系统土建设施等项目。

1.3.4 水利水电工程项目的划分

由于水利水电工程是个复杂的建筑群体，同其他工程相比，包含的建筑群体种类多，涉及面广、影响因素复杂，例如，大中型水电工程除拦河坝（闸）、主副厂房外，还有变电站、开关站、引水系统、输水系统、泄洪设施、过坝建筑、输变电线路、公路、铁路、桥涵、码头、通信系统、给排水系统、供风系统、制冷设施、附属辅助企业、文化福利建筑等，难以严格按单项工程、单位工程、分部工程和分项工程来确切划分。因此，现行的水利工程项目划分按照水利部2014年颁发的《水利工程设计概（估）算编制规定》（水总〔2014〕429号）有关项目划分的规定执行。该规定对水利水电基本建设项目进行了专门的项目划分。根据水利工程性质，其工程项目分别按枢纽工程、引水工程和河道工程划分，工程各部分下设一级、二级、三级项目。

二级、三级项目中，仅列示了代表性子目，编制概算时，二级、三级项目可根据初步设计阶段的工作深度和工程情况进行增减。

水利水电工程项目划分参见本书附录 B。

1.4 水利工程概预算编制程序和方法

1.4.1 水利工程概预算组成

水利工程概预算组成包括工程部分、建设征地移民补偿、环境保护工程和水土保持工程四部分。其中工程部分又包括建筑工程、机电设备及安装工程、金属结构设备及安装工程、施工临时工程和独立费用等。建设征地移民补偿包括农村部分补偿、城（集）镇部分补偿、工业企业补偿、专业项目补偿、防护工程、库底清理和其他费用。水利工程概预算组成如图 1-3 所示。

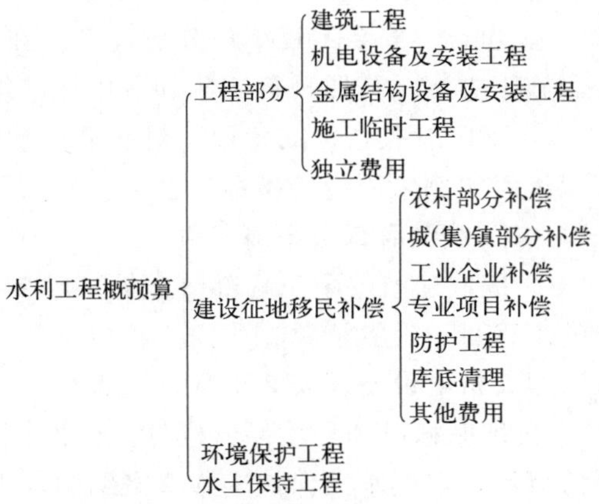

图 1-3 水利工程概预算组成

1.4.2 水利工程概预算编制依据

① 国家及省（自治区、直辖市）颁发的有关法律法规、制度、规程。

② 水利工程设计概（估）算编制规定。

③ 水利行业主管部门颁发的概算定额和有关行业主管部门颁发的定额。

④ 水利水电工程设计工程量计算规定。

⑤ 初步设计文件及图纸。

⑥ 有关合同协议及资金筹措方案。

⑦ 其他。

1.4.3 水利工程概预算编制程序

（1）了解工程概况、确定编制依据

① 向各有关专业了解工程概况。了解有关工程规划、地质勘测、枢纽布置、主要建筑物结构形式及技术数据、施工导流、施工总布置、施工方法、总进度、主要机电设备技术数据和报价等。

② 确定编制依据。

③ 明确主要工作内容。

（2）广泛调查研究、收集有关资料

① 现场查勘，掌握工程实地现场情况，尤其是编制概算所需的各种现场条件。

② 调查收集工程所在地社会经济、交通运输等有关条件与规定。

③ 收集工程主要材料及设备价格等基础资料。

④ 熟悉工程设计及施工组织设计，特别要熟悉工程中采用的新技术、新工艺、新材料。

（3）编写概（估）算编制大纲

① 确定编制依据、定额和计费标准。

② 列出人工、主材等基础单价或计算条件。

③ 明确主要设备的价格依据。

④ 确定有关费用的取费标准和费率。

⑤ 列出本工程概算编制的难点、重点及其对策和其他应说明的问题。

（4）分析计算单价、确定指标费用

① 基础价格计算。是计算建安工程单价的依据，包括人工预算单价、材料预算价格、风水电价格、砂石料单价和施工机械台时（班）费等。

② 建筑、安装工程单价分析计算。在基础价格计算的基础上，根据设计提供的工程项目和施工方法，按照现行定额和费用标准编制。

③ 确定有关指标或费用。对次要的、投资小的、计算繁杂的非主体工程项目，可根据类似工程实例采用经验指标，也可直接估算费用。

（5）编制各部分概算

① 编制建筑安装工程部分概算。编制国内水利工程概算仍以单价法为主，根据设计提出的工程量、设备清单、建安工程单价汇总表及指标，按现行规定的项目划分，依次计算建筑工程、机电设备及安装工程、金属结构设备及安装工程和施工临时工程的投资。

② 编制移民和环境部分概算。根据移民安置规划及水库调查实物量编制水库移民征地补偿概算，根据水土保持实施方案编制水土保持工程概算，根据环境评价及影响报告编制环境保护工程概算，将这三部分汇总为移民和环境部分概算。

③ 汇编总概算。将建筑安装工程部分及移民和环境部分概算合成汇总为总概算。

④ 各级校审、装订成册。概算编制完成后按规定进行分级校审。一般情况下，概算分正文和概算附件两册，分别装订成册，随设计文件送交主管部门审查。

1.4.4 水利工程概预算编制方法

（1）建筑工程概算的编制方法

建筑工程概算是指枢纽工程和其他永久建筑物以货币形式表现的投资额，构成水利水电基本建设工程项目划分的第一部分建筑工程，是工程总投资的主要组成部分。编制建筑工程概算前，首先应按水利水电工程项目划分的规定对工程项目进行划分，分清主体建筑工程和一般建筑工程。

（2）设备及安装工程概算的编制方法

① 设备购置概算。设备购置概算价格等于设备原价、设备运杂费、采购保管费和采购保险费之和。通用设备原价根据设备型号、规格、材质和数量按设计当年制造厂的销售价逐项计算，非标准设备原价根据设备类别、材质、结构的复杂程度和设备重量，以设计当年制造厂的销售现价进行计算。

设备运杂费一般按占设备原价的百分率计算，即：

$$设备运杂费 = 设备原价 \times 运杂费率 \tag{1-1}$$

② 设备安装工程费用概算。

a. 按占设备原价的百分率计算,即:

$$设备安装工程概算 = 设备原价 \times 设备安装费率(\%) \tag{1-2}$$

设备安装费费率一般为 3%~7%。

b. 按每 1t 设备安装概算价格计算,即:

$$设备安装工程概算 = 设备吨位 \times 每1t设备安装费 \tag{1-3}$$

c. 按台、座、m、m^3 为单位计算安装概算。

(3) 施工图预算的编制方法

施工图预算是依据施工图设计文件、施工组织设计、现行的工程预算定额及费用标准等文件编制的。由于水利工程施工图的设计工作量大,历时长,故施工图设计大多以满足阶段施工为前提,陆续出图。因此,施工图预算通常以单项工程为单位,陆续编制,各项工程单独成册,最后汇总成总预算。

施工图预算编制的方法有预算单价法、实物单价法和综合单价法。

(4) 施工预算编制方法

编制施工预算有两种方法:一是实物法;二是实物金额法,与施工图预算的编制方法基本相同。水利工程概预算编制程序如图 1-4 所示。

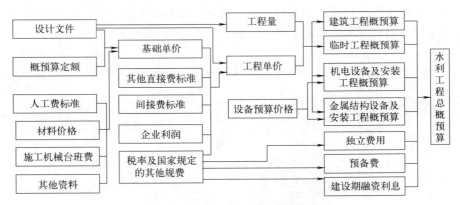

图 1-4 水利工程概预算编制程序

第 2 章
水利水电工程费用

2.1 水利水电建设项目的费用构成

建设项目费用是指工程项目从筹建到竣工验收、交付使用所需要的各种费用。各行各业对工程建设项目费用划分的原则基本相同，但在具体费用划分及项目设置上，结合各自行业

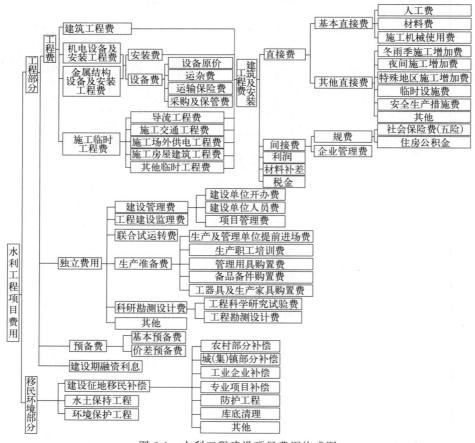

图 2-1 水利工程建设项目费用构成图

特点，又不尽相同。水利水电工程一般规模大、项目多、投资大，在编制概预算时，对建设项目费用划分得更细更多。水利工程建设项目费用包括工程部分、建设征地移民补偿、环境保护工程、水土保持工程四部分。

建设征地移民补偿、环境保护工程、水土保持工程部分费用构成分别按《水利工程设计概（估）算编制规定》（建设征地移民补偿）（水总〔2014〕429号）、《水利工程设计概（估）算编制规定》（环境保护工程）（水总〔2024〕323号）和《水利工程设计概（估）算编制规定》（水土保持工程）（水总〔2024〕323号）执行。

根据现行的《水利工程设计概（估）算编制规定》（水总〔2024〕323号），工程部分的建设项目费用由工程费、独立费用、预备费、建设期融资利息组成。建筑安装工程费由直接费、间接费、利润、材料补差和税金组成。具体费用组成如图2-1所示。对于水利工程概预算，要针对每个工程的具体情况，在工程的不同设计阶段，根据掌握的资料，按照设计要求编制工程建设项目费用预算。认真划分费用的组成是编制预算的基础和前提。

2.2 水利水电工程建设项目费用计算

2.2.1 建筑及安装工程费

根据《水利工程营业税改征增值税计价依据调整办法》（水总〔2016〕132号），建筑及安装工程费由直接费、间接费、利润、材料补差及税金组成。营业税改征增值税后，税金指增值税销项税额，间接费增加城市维护建设税、教育费附加和地方教育附加，并计入企业管理费。

2.2.1.1 直接费

直接费指建筑安装工程施工过程中直接消耗在工程项目上的活劳动和物化劳动，由基本直接费、其他直接费组成。

基本直接费包括人工费、材料费、施工机械使用费。

其他直接费包括冬雨季施工增加费、夜间施工增加费、特殊地区施工增加费、临时设施费、安全生产措施费和其他。

（1）基本直接费

① 人工费。人工费指直接从事建筑安装工程施工的生产工人开支的各项费用，内容包括：

a. 基本工资。由岗位工资和年应工作天数内非作业天数的工资组成。

岗位工资指按照职工所在岗位各项劳动要素测评结果确定的工资。

生产工人年应工作天数内非作业天数的工资，包括生产工人开会学习、培训期间的工资，调动工作、探亲、休假期间的工资，因气候影响的停工工资，女工哺乳期间的工资，病假在六个月以内的工资及产、婚、丧假期间的工资。

b. 辅助工资。指在基本工资之外，以其他形式支付给生产工人的工资性收入，包括根据国家有关规定属于工资性质的各种津贴，主要包括艰苦边远地区津贴、施工津贴、夜餐津贴、节假日加班津贴等。

② 材料费。材料费指用于建筑安装工程项目上的消耗性材料、装置性材料和周转性材料摊销费。包括定额工作内容规定应计入的未计价材料和计价材料。材料预算价格一般包括材料原价、运杂费、运输保险费和采购及保管费四项。

a. 材料原价。指材料在指定交货地点的价格。

b. 运杂费。指材料从指定交货地点至工地分仓库或相当于工地分仓库（材料堆放场）所发生的全部费用，包括运输费、装卸费及其他杂费。

c. 运输保险费。指材料在运输途中的保险费。

d. 采购及保管费。指材料在采购、供应和保管过程中所发生的各项费用，主要包括材料的采购、供应和保管部门工作人员的基本工资、辅助工资、职工福利费、劳动保护费、养老保险费、失业保险费、医疗保险费、工伤保险费、生育保险费、住房公积金、教育经费、办公费、差旅交通费及工具用具使用费；仓库、转运站等设施的检修费、固定资产折旧费、技术安全措施费；材料在运输、保管过程中发生的损耗等。

③ 施工机械使用费。施工机械使用费指消耗在建筑安装工程项目上的机械磨损、维修和动力燃料费用等，包括折旧费、修理及替换设备费、安装拆卸费、机上人工费和动力燃料费等。

a. 折旧费。指施工机械在规定使用年限内回收原值的台时折旧摊销费用。

b. 修理及替换设备费。修理费指施工机械使用过程中，为了使机械保持正常功能而进行修理所需的摊销费用和机械正常运转及日常保养所需的润滑油料、擦拭用品的费用，以及保管机械所需的费用。替换设备费指施工机械正常运转时所耗用的替换设备及随机使用的工具附件等摊销费用。

c. 安装拆卸费。指施工机械进出工地的安装、拆卸、试运转和场内转移及辅助设施的摊销费用。部分大型施工机械的安装拆卸不在其施工机械使用费中计列，包含在其他施工临时工程中。

d. 机上人工费。指施工机械使用时机上操作人员人工费用。

e. 动力燃料费。指施工机械正常运转时所耗用的风、水、电、油和煤等费用。

④ 基本直接费的计算方法。

a. 建筑工程直接费计算方法。

$$人工费 = 定额劳动量(工时) \times 人工预算单价(元/工时) \quad (2-1)$$

$$材料费 = 定额材料用量 \times 材料预算单价 \quad (2-2)$$

$$机械使用费 = 定额机械使用量(台时) \times 施工机械台时费(元/台时) \quad (2-3)$$

b. 安装工程直接费计算方法。

实物量形式：

$$人工费 = 定额劳动量(工时) \times 人工预算单价(元工时) \quad (2-4)$$

$$材料费 = 定额材料用量 \times 材料预算单价 \quad (2-5)$$

$$机械使用费 = 定额机械使用量(台时) \times 施工机械台时费(元/台时) \quad (2-6)$$

费率形式：

$$人工费 = 定额人工费率(\%) \times 设备原价 \quad (2-7)$$

$$材料费 = 定额材料用量(\%) \times 设备原价 \quad (2-8)$$

$$装置性材料费 = 定额装置性材料费率(\%) \times 设备原价 \quad (2-9)$$

$$机械使用费 = 定额机械使用费率(\%) \times 设备原价 \tag{2-10}$$

（2）其他直接费

① 冬雨季施工增加费。冬雨季施工增加费指在冬雨季施工期间为保证工程质量所需增加的费用，包括增加施工工序，增设防雨、保温、排水等设施增耗的动力、燃料、材料以及因人工、机械效率降低而增加的费用。

② 夜间施工增加费。夜间施工增加费指施工场地和公用施工道路的照明费用。照明线路工程费用包括在"临时设施费"中；施工附属企业系统、加工厂、车间的照明费用，列入相应的产品中，均不包括在本项费用之内。

③ 特殊地区施工增加费。特殊地区施工增加费指在高海拔、原始森林、沙漠等特殊地区施工而增加的费用。

④ 临时设施费。临时设施费指施工企业为进行建筑安装工程施工所必需的但又未被划入施工临时工程的临时建筑物、构筑物和各种临时设施的建设、维修、拆除、摊销等费用。如：供风、供水（支线）、供电（场内）、照明、供热系统及通信支线，土石料场，简易砂石料加工系统，小型混凝土拌和浇筑系统，木工、钢筋、机修等辅助加工厂，混凝土预制构件厂，场内施工排水，场地平整、道路养护及其他小型临时设施等。

⑤ 安全生产措施费。安全生产措施费指为保证施工现场安全作业环境及安全施工、文明施工所需要，在工程设计已考虑的安全支护措施之外发生的安全生产、文明施工相关费用。

⑥ 其他。包括施工工具用具使用费，检验试验费，工程定位复测及施工控制网测设费用，工程点交、竣工场地清理费用，工程项目及设备仪表移交生产前的维护费，工程验收检测费等。

⑦ 其他直接费计算方法。

$$其他直接费 = 直接费 \times 其他直接费费率之和 \tag{2-11}$$

a. 冬雨季施工增加费费率计取如下。

西南、中南、华东区：0.5%～1.0%；华北区：1.0%～2.0%；西北、东北区：2.0%～4.0%；西藏自治区：2.0%～4.0%。

西南、中南、华东区中，按规定不计冬季施工增加费的地区取小值，计算冬季施工增加费的地区可取大值；华北区中，内蒙古等较严寒地区可取大值，其他地区取中值或小值；西北、东北区中，陕西、甘肃等省取小值，其他地区可取中值或大值。

b. 夜间施工增加费费率计取如下。

枢纽工程：建筑工程0.5%，安装工程0.7%；引水工程：建筑工程0.3%，安装工程0.6%；河道工程：建筑工程0.3%，安装工程0.5%。

c. 特殊地区施工增加费指在高海拔、原始森林、沙漠等特殊地区施工而增加的费用，其中高海拔地区施工增加费已计入定额，其他特殊增加费应按工程所在地区规定标准计算，地方没有规定的不得计算此项费用。

d. 临时设施费费率计取如下。

枢纽工程：建筑及安装工程3.0%。引水工程：建筑及安装工程1.8%～2.8%，若工程自采加工人工砂石料，费率取上限；若工程自采加工天然砂石料，费率取中值；若工程采用外购砂石料，费率取下限。河道工程：建筑及安装工程1.5%～1.7%。灌溉田间工程费率取下限,其他工程取中上限。

e. 安全生产措施费费率计取如下。

枢纽工程:建筑及安装工程2.0%;引水工程:建筑及安装工程1.4%~1.8%,一般取下限标准,隧洞、渡槽等大型建筑物较多的引水工程、施工条件复杂的引水工程取上限标准;河道工程:建筑及安装工程1.2%。

f. 其他费用费率计取如下。

枢纽工程:建筑工程1.0%,安装工程1.5%;引水工程:建筑工程0.6%,安装工程1.1%;河道工程:建筑工程0.5%,安装工程1.0%。

g. 特别说明。

砂石备料工程其他直接费费率取0.5%。

掘进机施工隧洞工程其他直接费取费费率执行以下规定:土石方类工程、钻孔灌浆及锚固类工程,其他直接费费率为2%~3%;掘进机由建设单位采购、设备费单独列项时,台时费中不计折旧费,土石方类工程、钻孔灌浆及锚固类工程其他直接费费率为4%~5%。敞开式掘进机费率取低值,其他掘进机取高值。

2.2.1.2 间接费

间接费指施工企业为建筑安装工程施工进行组织与经营管理所发生的各项费用。间接费由规费和企业管理费组成。

(1)规费

规费指政府和有关部门规定必须缴纳的费用,包括社会保险费和住房公积金。

① 社会保险费。

a. 养老保险费。指企业按照规定标准为职工缴纳的基本养老保险费。

b. 失业保险费。指企业按照规定标准为职工缴纳的失业保险费。

c. 医疗保险费。指企业按照规定标准为职工缴纳的基本医疗保险费。

d. 工伤保险费。指企业按照规定标准为职工缴纳的工伤保险费。

e. 生育保险费。指企业按照规定标准为职工缴纳的生育保险费。

② 住房公积金指企业按照规定标准为职工缴纳的住房公积金。

(2)企业管理费

企业管理费指施工企业为组织施工生产和经营管理活动所发生的费用。内容包括:

① 管理人员工资。指管理人员的基本工资、辅助工资。

② 差旅交通费。指施工企业管理人员因公出差、工作调动的差旅费,误餐补助费,职工探亲路费,劳动力招募费,职工离退休、退职一次性路费,工伤人员就医路费,工地转移费,交通工具运行费及牌照费等。

③ 办公费。指企业办公用文具、印刷、邮电、书报、会议、水电、燃煤(气)等费用。

④ 固定资产使用费。指企业属于固定资产的房屋、设备、仪器等的折旧、大修理、维修费或租赁费等。

⑤ 工具用具使用费。指企业管理使用不属于固定资产的工具、用具、家具、交通工具,和检验、试验、测绘、消防用具等的购置、维修和摊销费。

⑥ 职工福利费。指企业按照国家规定支出的职工福利费,以及由企业支付离退休职工的异地安家补助费、职工退职金、六个月以上的病假人员工资、按规定支付给离休干部的各

项经费。职工发生工伤时企业依法在工伤保险基金之外支付的费用，其他在社会保险基金之外依法由企业支付给职工的费用。

⑦ 劳动保护费。指企业按照国家有关部门规定标准发放的一般劳动防护用品的购置及修理费、保健费、防暑降温费、高空作业及进洞津贴、技术安全措施费以及洗澡用水、饮用水的燃料费等。

⑧ 工会经费。指企业按职工工资总额计提的工会经费。

⑨ 职工教育经费。指企业为职工学习先进技术和提高文化水平按职工工资总额计提的费用。

⑩ 保险费。指企业财产保险、管理用车辆等保险费用，高空、井下、洞内、水下、水上作业等特殊工种安全保险费、危险作业意外伤害保险费等。

⑪ 财务费用。指施工企业为筹集资金而发生的各项费用，包括企业经营期间发生的短期融资利息净支出、汇兑净损失、金融机构手续费、企业为筹集资金发生的其他财务费用，以及投标和承包工程发生的保函手续费等。

⑫ 税金。指企业按规定缴纳的房产税、管理用车辆使用税、印花税等。

⑬ 其他。包括技术转让费、企业定额测定费、施工企业进退场费、施工企业承担的施工辅助工程设计费、投标报价费、工程图纸资料费及工程摄影费、技术开发费、业务招待费、绿化费、公证费、法律顾问费、审计费、咨询费等。

（3）间接费费率标准

工程性质不同，间接费费率标准不同，如表 2-1 所示。

表 2-1 间接费费率表

序号	工程类别	计算基础	间接费费率/%		
			枢纽工程	引水工程	河道工程
一	建筑工程				
1	土方工程	直接费	7	4～5	3～4
2	石方工程	直接费	11	9～10	7～8
3	砂石备料工程（自采）	直接费	4	4	4
4	模板工程	直接费	8	6～7	5～6
5	混凝土浇筑工程	直接费	8	7～8	6～7
6	钢筋制安工程	直接费	5	4	4
7	钻孔灌浆工程	直接费	9	8～9	8
8	锚固工程	直接费	9	8～9	8
9	疏浚工程	直接费	6	6	5～6
10	掘进机施工隧洞工程（1）	直接费	3	3	3
11	掘进机施工隧洞工程（2）	直接费	5	5	5
12	其他工程	直接费	9	7～8	6
二	机电、金属结构设备安装工程	人工费	75	70	70

对于引水工程的费率，一般取下限标准，隧洞、渡槽等大型建筑物较多的引水工程、施工条件复杂的引水工程取上限标准。

对于河道工程的费率，灌溉田间工程取下限，其他工程取上限。

表 2-1 中的工程类别划分说明如下：

① 土方工程。包括土方开挖与填筑等。

② 石方工程。包括石方开挖与填筑、砌石、抛石工程等。

③ 砂石备料工程。包括天然砂砾料和人工砂石料的开采加工。
④ 模板工程。包括现浇各种混凝土时制作及安装的各类模板工程。
⑤ 混凝土浇筑工程。包括现浇和预制各种混凝土、伸缩缝、止水和防水层、温控措施等。
⑥ 钢筋制安工程。包括钢筋制作与安装工程等。
⑦ 钻孔灌浆工程。包括各种类型的钻孔灌浆、防渗墙、灌注桩工程等。
⑧ 锚固工程。包括喷混凝土（浆）、锚杆、预应力锚索（筋）工程等。
⑨ 疏浚工程。指用挖泥船、水力冲挖机组等机械疏浚江河、湖泊的工程。
⑩ 掘进机施工隧洞工程（1）。包括掘进机施工土石方类工程、钻孔灌浆及锚固类工程等。
⑪ 掘进机施工隧洞工程（2）。指掘进机设备单独列项采购并且在台时费中不计折旧费的土石方类工程、钻孔灌浆及锚固类工程等。
⑫ 其他工程。指除表2-1中所列11类工程以外的其他工程。

2.2.1.3 利润

利润指按规定应计入建筑安装工程费用中的利润。企业利润按直接工程费和间接费之和的7%计算。

$$企业利润 = （直接工程费 + 间接费）\times 7\% \tag{2-12}$$

2.2.1.4 材料补差

材料补差指根据主要材料预算价格与材料基价之间的差值，计算的主要材料补差金额。材料基价是指计入基本直接费的主要材料的限制价格。

$$材料补差 = （材料预算价格 - 材料基价）\times 材料消耗量 \tag{2-13}$$

2.2.1.5 税金

税金指国家对施工企业承担建筑、安装工程作业收入所征收的营业税、城乡维护建设税和教育费附加。为了简便计算，在编制概算时，可按下列公式计算：

$$税金 = （直接工程费 + 间接费 + 企业利润 + 材料补差）\times 计算税率 \tag{2-14}$$

注：若建筑、安装工程中含未计价装置性材料费，则计算税金时应计入未计价装置性材料费。

营改增后，税金指应计入建筑安装工程费用内的增值税销项税额，税率为11%，自采砂石料税率为3%。

国家对税率标准调整时，可以相应调整计算标准。

2.2.1.6 设备费

设备费包括设备原价、运杂费、运输保险费和采购及保管费。

（1）设备原价

① 国产设备。其原价指出厂价。
② 进口设备。以到岸价和进口征收的税金、手续费、商检费及港口费等各项费用之和为原价。
③ 大型机组及其他大型设备分瓣运至工地后的拼装费用，应包括在设备原价内。

（2）运杂费

运杂费指设备由厂家运至工地安装现场所发生的一切运杂费用，包括运输费、调车费、装卸费、包装绑扎费、大型变压器充氮费及可能发生的其他杂费。

运杂费可以分为主要设备运杂费和其他设备运杂费，两者均应按照占设备原价的百分率计算，如表2-2、表2-3所示。

表2-2 主要设备运杂费率表 单位：%

设备分类		铁路		公路		公路直达基本费率
		基本运距1000km	每增运500km	基本运距100km	每增运20km	
水轮发电机组		2.21	0.30	1.06	0.10	1.01
主阀、桥机		2.99	0.70	1.85	0.2	1.33
主变压器	120000kV·A及以上	3.50	0.40	2.80	0.3	1.20
	120000kV·A以下	2.97	0.40	0.92	0.15	1.20

表2-3 其他设备运杂费率表 单位：%

类别	适用地区	费率
Ⅰ	北京、天津、上海、江苏、浙江、江西、安徽、湖北、湖南、河南、广东、山西、山东、陕西、河北、辽宁、吉林、黑龙江等省（直辖市）	3～5
Ⅱ	甘肃、云南、贵州、广西、四川、重庆、福建、海南、宁夏、内蒙古、青海等省（自治区、直辖市）	6～7

设备由铁路直达或铁路、公路联运时，分别按里程求得费率后叠加计算；如果设备由公路直达，应按公路里程计算费率后，再加公路直达基本费率。

运杂费综合费率计算公式如下：

运杂综合费率＝运杂费率＋(1＋运杂费率)×采购及保管费率＋运输保险费率 （2-15）

本公式适用于计算国产设备运杂费。国产设备运杂综合费率乘以相应国产设备原价占进口设备原价的比例系数，即为进口设备国内段运杂综合费率。

（3）运输保险费

运输保险费指设备在运输过程中的保险费用。运输保险费按有关规定计算。

（4）采购及保管费

采购及保管费指建设单位和施工企业在负责设备的采购、保管过程中发生的各项费用，主要包含以下方面：

① 采购保管部门工作人员的基本工资、辅助工资、职工福利费、劳动保护费、养老保险费、失业保险费、医疗保险费、工伤保险费、生育保险费、住房公积金、教育经费、办公费、差旅交通费、工具用具使用费等。

② 仓库、转运站等设施的运行费、维修费、固定资产折旧费、技术安全措施费和设备的检验、试验费等。

采购及保管费按设备原价、运杂费之和的0.7%计算，即

采购及保管费＝(设备原价＋运杂费)×0.7% （2-16）

2.2.2 独立费用

独立费用由建设管理费、工程建设监理费、联合试运转费、生产准备费、科研勘测设计

费和其他六项组成。

（1）建设管理费

建设管理费指建设单位在工程项目筹建和建设期间进行管理工作所需的费用，包括建设单位开办费、建设单位人员费、项目管理费三项。

① 建设单位开办费。建设单位开办费指新组建的工程建设单位，为开展工作所必须购置办公设施、交通工具等以及其他用于开办工作的费用。建设单位开办费标准见表2-4。

表2-4 建设单位开办费标准

建设单位人数	20人以下	21～40人	41～70人	71～140人	140人以上
开办费/万元	120	120～220	220～350	350～700	700～850

注：1. 引水及河道工程按总工程计算，不得分段分别计算。
2. 定员人数在两个数之间的，开办费由内插法求取。

② 建设单位人员费。建设单位人员费指建设单位从批准组建之日起至完成该工程建设管理任务之日止，需开支的建设单位人员费用。主要包括工作人员的基本工资、辅助工资、职工福利费、劳动保护费、养老保险费、失业保险费、医疗保险费、工伤保险费、生育保险费、住房公积金等。

③ 项目管理费。项目管理费指建设单位从筹建到竣工期间所发生的各种管理费用，主要包含以下方面：

a. 工程建设过程中用于资金筹措、召开董事（股东）会议、视察工程建设所发生的会议和差旅等费用。

b. 工程宣传费。

c. 土地使用税、房产税、印花税、合同公证费。

d. 审计费。

e. 施工期间所需的水情、水文、泥砂、气象监测费和报汛费。

f. 工程验收费。

g. 建设单位人员的教育经费、办公费、差旅交通费、会议费、交通车辆使用费、技术图书资料费、固定资产折旧费、零星固定资产购置费、低值易耗品摊销费、工具用具使用费、修理费、水电费、采暖费等。

h. 招标业务费。

i. 经济技术咨询费。包括勘测设计成果咨询、评审费，工程安全鉴定、验收技术鉴定、安全评价相关费用，建设期造价咨询费用，防洪影响评价、水资源论证、工程场地地震安全性评价、地质灾害危险性评价及其他专项咨询等发生的费用。

j. 公安、消防部门派驻工地补贴费及其他工程管理费用。

④ 建设管理费费率标准列举如下：

a. 枢纽工程。枢纽工程建设管理费以一至四部分建安工作量为计算基数，按表2-5所列费率，以超额累进方法计算。

表2-5 枢纽工程建设管理费费率表

一至四部分建安工作量/万元	费率/%	辅助参数/万元
50000及以内	4.5	0
50000～100000	3.5	500

续表

一至四部分建安工作量/万元	费率/%	辅助参数/万元
100000~200000	2.5	1500
200000~500000	1.8	2900
500000 以上	0.6	8900

简化计算公式为：建设管理费＝一至四部分建安工作量×该档费率＋辅助参数（下同）。

b. 引水工程。引水工程建设管理费以一至四部分建安工作量为计算基数，按表2-6所列费率，以超额累进方法计算。原则上应按整体工程投资统一计算，工程规模较大时可分段计算。

表 2-6 引水工程建设管理费费率表

一至四部分建安工作量/万元	费率/%	辅助参数/万元
50000 及以内	4.2	0
50000~100000	3.1	550
100000~200000	2.2	1450
200000~500000	1.6	2650
500000 以上	0.5	8150

c. 河道工程。河道工程建设管理费以一至四部分建安工作量为计算基数，按表2-7所列费率，以超额累进方法计算。原则上应按整体工程投资统一计算，工程规模较大时可分段计算。

表 2-7 河道工程建设管理费费率表

一至四部分建安工作量/万元	费率/%	辅助参数/万元
10000 及以内	3.5	0
10000~50000	2.4	110
50000~100000	1.7	460
100000~200000	0.9	1260
200000~500000	0.4	2260
500000 以上	0.2	3260

（2）工程建设监理费

工程建设监理费指建设单位在工程建设过程中委托监理单位，对工程建设的质量、进度、安全和投资进行监理所发生的全部费用。

工程建设监理费按照国家及省、自治区、直辖市计划物价部门有关规定计取。

（3）联合试运转费

联合试运转费指水利工程的发电机组、水泵等安装完毕，在竣工验收前，进行整套设备带负荷联合试运转期间所需的各项费用。主要包括联合试运转期间所消耗的燃料、动力、材料及机械使用费，工具用具购置费，施工单位参加联合试运转人员的工资等。联合试运转费费用指标见表2-8。

表 2-8 联合试运转费费用指标表

水电站工程	单机容量/万 kW	≤1	≤2	≤3	≤4	≤5	≤6	≤10	≤20	≤30	≤40	>40
	费用/(万元/台)	6	8	10	12	14	16	18	22	24	32	44
泵站工程	电力泵站费用/(元/kW)	50~60										

（4）生产准备费

生产准备费指水利建设项目的生产、管理单位为准备正常的生产运行或管理发生的费用，包括生产及管理单位提前进场费、生产职工培训费、管理用具购置费、备品备件购置费和工器具及生产家具购置费。

① 生产及管理单位提前进场费。

a. 枢纽工程按一至四部分建安工程量的 0.15%～0.35% 计算，大（1）型工程取小值，大（2）型工程取大值。大（1）型、大（2）型指的是工程规模，其按照水库总库容进行分类，如表 2-9 所示。

表 2-9　工程规模划分

工程规模	大(1)型	大(2)型	中型	小(1)型	小(2)型
水库总库容/$\times 10^8 \text{m}^3$	≥10	10～1.0	1.0～0.10	0.10～0.01	0.01～0.001

b. 引水工程视工程规模参照枢纽工程计算。

c. 河道工程、除险加固工程、田间工程原则上不计此项费用。若工程含有新建大型泵站、泄洪闸、船闸等建筑物时，按建筑物投资参照枢纽工程计算。

② 生产职工培训费。

按一至四部分建安工作量的 0.35%～0.55% 计算。枢纽工程、引水工程取中上限，河道工程取下限。

③ 管理用具购置费。

a. 枢纽工程按一至四部分建安工作量的 0.04%～0.06% 计算，大（1）型工程取小值，大（2）型工程取大值。

b. 引水工程按建安工作量的 0.03% 计算。

c. 河道工程按建安工作量的 0.02% 计算。

④ 备品备件购置费

按占设备费的 0.4%～0.6% 计算。大（1）型工程取下限，其他工程取中、上限。

注：设备费应包括机电设备、金属结构设备以及运杂费等全部设备费；电站、泵站同容量、同型号机组超过一台时，只计算一台的设备费。

⑤ 工器具及生产家具购置费

按占设备费的 0.1%～0.2% 计算。枢纽工程取下限，其他工程取中、上限。

（5）科研勘测设计费

科研勘测设计费指工程建设所需的科研、勘测和设计等费用，包括工程科学研究试验费和工程勘测设计费。

① 工程科学研究试验费。工程科学研究试验费指为保障工程质量，解决工程建设技术问题，而进行必要的科学研究试验所需的费用。

取费标准按工程建安工作量的百分率计算。其中：枢纽和引水工程取 0.7%；河道工程取 0.3%。灌溉田间工程一般不计此项费用。

② 工程勘测设计费。工程勘测设计费指工程从项目建议书阶段开始至以后各设计阶段发生的勘测费、设计费和为勘测设计服务的常规科研试验费。不包括工程建设征地移民设计、环境保护设计、水土保持设计各设计阶段发生的勘测设计费。

项目建议书、可行性研究阶段的勘测设计费及报告编制费执行国家发展改革委发改价格〔2006〕1352号文颁布的《水利、水电、电力建设项目前期工作工程勘察收费暂行规定》。

初步设计、招标设计及施工图设计阶段的勘测设计费执行原国家计委、建设部计价格〔2002〕10号文颁布的《工程勘察设计收费标准》。

应根据所完成的相应勘测设计工作阶段确定工程勘测设计费，未发生的工作阶段不计相应阶段勘测设计费。

（6）其他

① 工程保险费。工程保险费指工程建设期间，为使工程能在遭受水灾、火灾等自然灾害和意外事故造成损失后得到经济补偿，而对工程进行投保所发生的保险费用。

② 其他税费。其他税费指按国家规定应缴纳的与工程建设有关的税费。

取费标准如下：工程保险费按工程一至四部分投资合计的0.45%～0.5%计算，田间工程原则上不计此项费用；其他税费按国家有关规定计取。

2.2.3 预备费及建设期融资利息

（1）预备费

预备费包括基本预备费和价差预备费。

① 基本预备费。基本预备费主要为工程建设过程中，设计变更和有关技术标准调整增加的投资，以及工程遭受一般自然灾害所造成的损失，和为预防自然灾害所采取的措施费用。

计算方法：根据工程规模、施工年限和地质条件等不同情况，按工程一至五部分投资合计（依据分年度投资表）的百分率计算。

初步设计阶段为5.0%～8.0%。技术复杂、建设难度大的工程项目取大值，其他工程项目取中小值。

② 价差预备费。价差预备费主要为工程建设过程中，因人工工资、材料和设备价格上涨以及费用标准调整而增加的投资。

计算方法：根据施工年限，以资金流量表的静态投资为计算基数，按有关部门发布的年物价指数计算。计算公式为：

$$E = \sum_{n=1}^{N} F_n [(1+P)^n - 1] \tag{2-17}$$

式中 E——价差预备费；

　　　N——合理建设工期；

　　　n——施工年度；

　　　F_n——建设期间资金流量表内第n年的投资；

　　　P——年物价指数。

（2）建设期融资利息

建设期融资利息是指根据国家财政金融政策规定，工程在建设期内需偿还并应计入工程总投资的融资利息。其计算公式为：

$$S = \sum_{n=1}^{N} \left[\left(\sum_{m=1}^{n} F_m b_m - \frac{1}{2} F_n b_n \right) + \sum_{m=0}^{n-1} S_m \right] i \qquad (2-18)$$

式中　　S——建设期融资利息；

　　　　N——合理建设工期；

　　　　n——施工年度；

　　　　m——还息年度；

F_n、F_m——在建设期资金流量表内第 n、m 年的投资；

b_n、b_m——各施工年份融资额占当年投资比例；

　　　　i——建设期融资利率；

　　　　S_m——第 m 年的付息额度。

（3）实训案例

【实例 2-1】　某供水工程，建设期为 2 年，运行期为 10 年。工程部分工程费 18000 万元，独立费 2000 万元，第一年的建设投资为 10000 万元（不含价差预备费），基本预备费费率为 5%，价格上涨指数取 5%。试求第二年建设投资。

【解】　工程部分工程费＋独立费＝18000＋2000＝20000（万元）

基本预备费＝(18000＋2000)×5%＝1000（万元）

静态投资＝20000＋1000＝21000（万元）

第 1 年价差预备费：10000×[(1＋5%)^1－1]＝500（万元）

第 2 年价差预备费：(21000－10000)×[(1＋5%)^2－1]＝1127.5（万元）

价差预备费＝500＋1127.5＝1627.5（万元）

全部建设投资＝20000＋1000＋1627.5＝22627.5（万元）

第二年建设投资＝22627.5－10000＝12627.5（万元）

【实例 2-2】　某水利供水工程，建设期为 3 年，运行期为 10 年。建设期第 1 年贷款 500 万元，建设期第 2 年贷款 1000 万元，建设期第 3 年贷款 500 万元，贷款年利率为 5%。试计算建设期利息。

【解】　第 1 年：500/2×5%＝12.500（万元）

　　　　第 2 年：(500＋12.500＋1000/2)×5%＝50.625（万元）

　　　　第 3 年：(500＋12.500＋1000＋50.625＋500/2)×5%＝90.656（万元）

建设期利息＝12.500＋50.625＋90.656＝153.781（万元）

第3章 水利水电工程基础单价

3.1 人工预算单价

人工预算单价是指在编制概预算过程中，用以计算各种生产工人人工费时所采用的人工费单价，是生产工人在单位时间（工时）的费用。它是计算建筑安装工程单价和施工机械使用费中人工费的基础单价。人工预算单价按表 3-1 标准计算。

表 3-1 人工预算单价计算标准　　　　　　　　　　　　单位：元/工时

类别与等级	一般地区	一类区	二类区	三类区	四类区	五类区 西藏二类区	六类区 西藏三类区	西藏四类区
枢纽工程								
工长	11.55	11.80	11.98	12.26	12.76	13.61	14.63	15.40
高级工	10.67	10.92	11.09	11.38	11.88	12.73	13.74	14.51
中级工	8.90	9.15	9.33	9.62	10.12	10.96	11.98	12.75
初级工	6.13	6.38	6.55	6.84	7.34	8.19	9.21	9.98
引水工程								
工长	9.27	9.47	9.61	9.84	10.24	10.92	11.73	12.11
高级工	8.57	8.77	8.91	9.14	9.54	10.21	11.30	11.40
中级工	6.62	6.82	6.96	7.19	7.59	8.26	9.08	9.45
初级工	4.64	4.84	4.98	5.21	5.61	6.29	7.10	7.47
河道工程								
工长	8.02	8.19	8.31	8.52	8.86	9.46	10.17	10.49
高级工	7.40	7.57	7.70	7.90	8.25	8.84	9.55	9.88
中级工	6.6	6.33	6.46	6.66	7.01	7.60	8.31	8.63
初级工	4.26	4.43	4.55	4.76	5.10	5.70	6.41	6.73

注：1. 艰苦边远地区划分执行原人事部、财政部《关于印发〈完善艰苦边远地区津贴制度实施方案〉的通知》（国人部发〔2006〕61号）及各省（自治区、直辖市）关于艰苦边远地区津贴制度实施意见。一至六类地区的类别划分参见《水利工程设计概（估）算编制规定》（下简称《编规》）附录7，执行时应根据最新文件进行调整。一般地区指《编规》附录7之外的地区。

2. 西藏地区的类别执行西藏特殊津贴制度相关文件规定，其二至四类区划分的具体内容见《编规》附录8。

3. 跨地区建设项目的人工预算单价可按主要建筑物所在地确定，也可按工程规模或投资比例进行综合确定。

3.2 材料预算价格

材料预算价格是指材料（包括构件、成品及半成品）由来源地或交货地点运到施工工地分仓库或相当于工地分仓库（材料堆放场）的出库价格，材料从工地分仓库至施工现场用料点的场内运杂费已计入定额内。材料预算价格如图3-1所示。

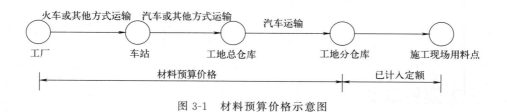

图3-1 材料预算价格示意图

（1）主要材料预算价格

对于用量多、影响工程投资大的主要材料，如钢材、木材、水泥、粉煤灰、油料、火工产品、电缆及母线等，一般需编制材料预算价格。计算公式为：

材料预算价格=（材料原价+运杂费）×（1+采购及保管费率）+运输保险费 （3-1）

根据《水利工程营业税改征增值税计价依据调整办法》（水总〔2016〕132号），材料原价、运杂费、运输保险费和采购及保管费等分别按不含增值税进项税额的价格计算。同时结合《水利部办公厅关于调整水利工程计价依据增值税计算标准的通知》（办财务函〔2019〕448号）中相关增值税价格调整标准进行价格计算。

① 材料原价。按工程所在地区就近大型物资供应公司、材料交易中心的市场成交价或设计选定的生产厂家的出厂价计算。

② 运杂费。铁路运输按现行《铁路货物运价规则》及有关规定计算其运杂费。公路及水路运输，按工程所在省（自治区、直辖市）交通运输部门现行规定或市场价计算。

③ 运输保险费。按工程所在省（自治区、直辖市）或中国人民保险公司的有关规定计算。

④ 采购及保管费。按材料运到工地仓库的价格（不包括运输保险费）作为计算基数，根据《水利工程营业税改征增值税计价依据调整办法》（水总〔2016〕132号），采购及保管费按现行计算标准乘以1.10调整系数，其费率见表3-2。

表3-2 采购及保管费费率表

序号	材料名称	费率/%
1	水泥、碎（砾）石、砂、块石	3.3
2	钢材	2.2
3	油料	2.2
4	其他材料	2.75

（2）其他材料预算价格

其他材料预算价格可参考工程所在地区的工业与民用建筑安装工程材料预算价格或信息价格。

（3）材料补差

主要材料预算价格超过表 3-3 规定的材料基价时，应按基价计入工程单价参与取费，预算价与基价的差值以材料补差形式计算，材料补差列入单价表中并计取税金。主要材料预算价格低于基价时，按预算价计入工程单价。计算施工电、风、水价格时，按预算价参与计算。

表 3-3　主要材料基价表

序号	材料名称	基价/(元/t)
1	柴油	3500
2	汽油	3600
3	钢筋	3000
4	水泥	300
5	炸药	6000

（4）实训案例

【实例 3-1】 某水利工程用普通硅酸盐水泥，根据以下资料，计算该工程所用水泥的预算价格。已知：①水泥运输流程如图 3-2 所示；②P·O32.5 水泥出厂价为 330.00 元/t，P·O42.5 水泥为 370.00 元/t；③火车综合运价为 0.139 元/(t·km)，汽车运价为 0.59 元/(t·km)；装车费为 5.00 元/t，卸车费为 4.00 元/t，水泥运输保险费率为 0.2%；④水泥使用比例为 P·O32.5：P·O42.5＝65%：35%。

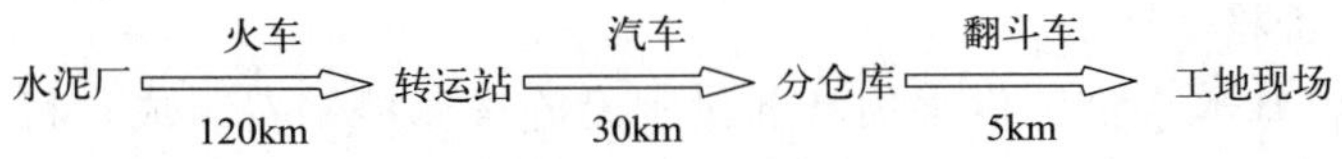

图 3-2　水泥运输流程图

【解】 水泥原价＝330×65%＋370×35%＝344（元/t）

运杂费＝0.139×120＋0.59×30＋5.00＋4.00＝43.38（元/t）

运输保险费＝344×0.2%＝0.688（元/t）

采购及保管费＝（344＋43.38）×3%＝11.62（元/t）

水泥预算单价＝344＋43.38＋0.688＋11.62＝399.69（元/t）

【实例 3-2】 某施工企业购进水泥含税原价为 350 元/t，已知运到工地的运杂费为 45 元/t，运输保险费率为 0.3%，求该施工单位利用水泥参与工程单价计算时应该用的价格是多少？

【解】 根据《水利工程营业税改征增值税计价依据调整办法》办水总〔2016〕132 号：

材料预算原价＝350/1.13＝309.73（元/t）

采购及保管费＝（309.73＋45）×3.3%＝11.71（元/t）

运输保险费＝309.73×0.3%＝0.93（元/t）

水泥预算价＝309.73＋45＋11.71＋0.93＝367.37（元/t）

3.3　施工用电、水、风价格

（1）施工用电价格

施工用电价格由基本电价、电能损耗摊销费和供电设施维修摊销费组成，根据施工组织设计确定的供电方式以及不同电源的电量所占比例，按国家或工程所在省（自治区、直辖市）规定的电网电价和规定的加价进行计算。

① 电网供电价格。

$$电网供电价格 = 基本电价 \div (1 - 高压输电线路损耗率) \div (1 - 35kV以下 \\ 变配电设备及配电线路损耗率) + 供电设施维修摊销费 \qquad (3-2)$$

② 柴油发电机供电价格（自设水泵供冷却水）。

$$柴油发电机供电价格 = \frac{柴油发电机组（台）时总费用 + 水泵组（台）时总费用}{柴油发电机额定容量之和 \times K \times (1 - 厂用电率)} \\ \div (1 - 变配电设备及配电线路损耗率) \\ + 供电设施维修摊销费 \qquad (3-3)$$

③ 柴油发电机供电如采用循环冷却水，不用水泵，电价计算公式为：

$$柴油发电机供电价格 = \frac{柴油发电机组（台）时总费用}{柴油发电机额定容量之和 \times K \times (1 - 厂用电率)} \\ \div (1 - 变配电设备及配电线路损耗率) \\ + 单位循环冷却水费 + 供电设施维修摊销费 \qquad (3-4)$$

式（3-2）~式（3-4）中，K 是指发电机出力系数，一般取 0.8~0.85；厂用电率取 3%~5%；高压输电线路损耗率取 3%~5%；变配电设备及配电线路损耗率取 4%~7%；供电设施维修摊销费取 0.04~0.05 元/(kW·h)；单位循环冷却水费取 0.05~0.07 元/(kW·h)。

（2）施工用水价格

施工用水价格由基本水价、供水损耗和供水设施维修摊销费组成，根据施工组织设计所配置的供水系统设备组（台）时总费用和组（台）时总有效供水量计算。水价计算公式为：

$$施工用水价格 = \frac{水泵组（台）时总费用}{水泵额定容量之和 \times K \times (1 - 供水损耗率)} \\ + 供水设施维修摊销费 \qquad (3-5)$$

式中，K 是指能量利用系数，取 0.75~0.85；供水损耗率取 6%~10%；供水设施维修摊销费取 0.04~0.05 元/m³。

注：施工用水为多级提水并中间有分流时，要逐级计算水价；施工用水有循环用水时，水价要根据施工组织设计的供水工艺流程计算。

（3）施工用风价格

施工用风价格由基本风价、供风损耗和供风设施维修摊销费组成，根据施工组织设计所配置的空气压缩机系统设备组（台）时总费用和组（台）时总有效供风量计算。风价计算公式为：

$$施工用风价格 = \frac{空气压缩机组（台）时总费用 + 水泵组（台）时总费用}{空气压缩机定容量之和 \times 60 分钟 \times K} \\ \div (1 - 供风损耗率) + 供风设施维修摊销费 \qquad (3-6)$$

空气压缩机系统如采用循环冷却水，不用水泵，则风价计算公式为：

$$施工用风价格 = \frac{空气压缩机组（台）时总费用}{空气压缩机定容量之和 \times 60 分钟 \times K} \\ \div (1 - 供风损耗率) + 单位循环冷却水费 \\ + 供风设施维修摊销费 \qquad (3-7)$$

式（3-6）和式（3-7）中，K 是指能量利用系数，取 0.70～0.85；供风损耗率取 6%～10%；单位循环冷却水费取 0.007 元/m^3；供风设施维修摊销费取 0.004～0.005 元/m^3。

（4）实训案例

【**实例 3-3**】 某水库工程初步设计报告中设计采用 35kV 电网及自发电两种方式供电，其中电网供电比例 90%，自发电比例 10%。已知当地发布的电网销售电价如表 3-4 所示，本项目暂按一般工商业及其他用电类别中单一制电价考虑；自发电采用固定式柴油发电机，额定容量 200kW，发电机台（组）时费 326.89 元。

已知：人工单价为工长 11.98 元/工时，高级工 11.09 元/工时，中级工 9.33 元/工时，初级工 6.55 元/工时，厂用电率 5%，高压输电线路损耗率 5%，变配电设备及线路损耗率 7%，发电机出力系数 0.83，循环冷却水费 0.07 元/(kW·h)，供电设施摊销费 0.05 元/(kW·h)。该工程施工用水采用单级水泵一台，该离心水泵在设计扬程下的额定容量为 100m^3/h。水泵台时费一类费用为 4.88 元，二类费用中人工消耗量为 1.3h，耗电量 27.4kW·h。水泵额定容量为 100m^3/h，出力系数 0.75，供水损耗率 10%，供水设施摊销费 0.05 元/m^3。

① 计算该工程的施工用电电网供电价格。
② 计算该工程的施工用电综合电价。
③ 计算该工程的施工用水预算价格。

以上计算不考虑自发电中可抵扣增值税，所有计算结果保留两位小数。

表 3-4 某地区电网销售电价 单位：元/(kW·h)

项目	不满 1kV	1～10kV	20～10kV 以下	35～110kV 以下
一般工商业及其他用电	0.8700	0.8500	0.8450	0.8300

注：以上电价均为除税价。

【**解**】 ① 该工程外接 35kV 供电线路，根据表 3-4 可知，电网电价为 0.8300 元/(kW·h)，高压输电线路损耗率 5%，变配电设备及配电线路损耗率 7%，供电设施维修摊销费 0.05 元/(kW·h)。

电网供电价格 = 0.8300÷(1-5%)÷(1-7%)+0.05 = 0.99 [元/(kW·h)]

② 柴油发电机供电价格 = 326.89÷(200×0.83)÷(1-5%)÷(1-7%)+0.07+0.05
   = 2.35 [元/(kW·h)]

本工程施工用电综合电价 = 0.99×90%+2.35×10% = 1.13 [元/(kW·h)]

③ 水泵台时费 = 4.88+1.3×9.33+27.4×1.13 = 47.97（元/h）

施工用水预算价格 = 47.97÷(100×0.75)÷(1-10%)+0.05 = 0.76（元/m^3）

【**实例 3-4**】 根据某水利工程施工组织设计方案，施工供风系统总容量为 38m^3/min（电动固定式空压机 20m^3/min 1 台，电动移动式空压机 9m^3/min 2 台）。已知：高级工 11.38 元/工时，中级工 9.62 元/工时，初级工 6.84 元/工时，施工用电预算单价为 0.90 元/(kW·h)，空压机出力系数 0.75，供风损耗率 10%，供风设施摊销费 0.004 元/m^3，循环冷却水费 0.007 元/m^3。相关机械台时费定额见表 3-5。

① 计算两种空压机的台时费。
② 计算该工程施工用风预算价格。

表 3-5 相关机械台时费定额

项目		单位	空压机	
			电动移动式 9m³/min	电动固定式 20m³/min
（一）	折旧费	元	3.40	5.92
	修理及替换设备费	元	4.91	6.82
	安装拆卸费	元	0.85	1.01
	小计	元	9.16	13.75
（二）	人工	工时	1.3	1.8
	汽油	kg		
	柴油	kg		
	电	kW·h	45.4	98.3
	风	m³		
	水	m³		
	煤	kg		
编号			8011	8019

【解】 ① 表 3-5 中的一类费用需要根据《水利工程营业税改增值税计价依据调整办法》以及《水利部办公厅关于调整水利工程计价依据增值税计算标准的通知》进行一定调整。具体调整办法如下：施工机械台时费定额的折旧费除以调整系数 1.13，修理及替换设备费除以调整系数 1.09，安装拆卸费不变。施工机械台时费按调整后的施工机械台时费定额和不含增值税进项税额的基础价格计算。调整后的空压机台时费耗量如表 3-6 所示。

表 3-6 调整后的空压机台时费耗量

项目		单位	空压机	
			电动移动式 9m³/min	电动固定式 20m³/min
（一）	折旧费	元	3.01	5.24
	修理及替换设备费	元	4.50	6.26
	安装拆卸费	元	0.85	1.01
	小计	元	8.36	12.51
（二）	人工	工时	1.3	1.8
	汽油	kg		
	柴油	kg		
	电	kW·h	45.4	98.3
	风	m³		
	水	m³		
	煤	kg		
编号			8011	8019

电动移动式空压机（9m³/min）台时费：8.36＋1.3×9.62＋45.4×0.90＝61.73（元/h）

电动固定式空压机（20m³/min）台时费：12.51＋1.8×9.62＋98.3×0.90＝118.30（元/h）

② 供风系统组时费：61.73×2＋118.3＝241.76（元/h）

施工用风价格＝241.76÷(38×60×0.75)÷(1−10%)+0.004+0.007＝0.17（元/m³）

3.4 施工机械台时费

（1）施工机械台时费组成

现行《水利工程施工机械台时费定额》中规定：施工机械台时费一般由一类费用和二类费用两部分组成。若施工机械须通过公用车道时，按工程所在地交通运输部门规定的收费标准计算三类费用，主要包括养路费、牌照税、车船使用税及保险费等。不领取牌照、不缴纳养路费的非车、船类施工机械不计第三类费用。

由于大型水利工程的施工机械主要在施工场内使用，因此施工机械台时费定额规定只计算一、二类费用。

① 一类费用。一类费用分为折旧费、修理及替换设备费（含大修理费、经常性修理费）和安装拆卸费，按定额编制年的物价水平计算并用金额表示，编制台时费单价时应按主管部门发布的一类费用调整系数进行调整。

② 二类费用。二类费用分为人工、动力、燃料或消耗材料的费用，以工时数量和实物消耗量表示，其费用按国家规定的人工工资计算办法和工程所在地的物价水平分别计算。编制机械台时费时，其数量指标一般不允许调整。本项费用取决于每台机械的使用情况，只有在机械运输时才发生。

③ 各类费用的定义及取费原则。

a. 折旧费：指机械在寿命期内回收原值的台时折旧摊销费用。

b. 修理及替换设备费：指机械使用过程中，为了使机械保持正常功能而进行修理所需费用、日常保养所需的润滑油料费、擦拭用品费、机械保管费以及替换设备、随机使用的工具附具等所需的台时摊销费用。

c. 安装拆卸费：指机械进出工地的安装、拆卸、试运转和场内转移及辅助设施的摊销费用。部分大型机械（如塔式起重机、高架门机等）的安装拆卸费不在台时费中计列，按现行规定已包括在其他临时工程项内。不需要安装拆卸的施工机械（如自卸汽车、船舶、拖轮等），台时费中不计列此项费用。

d. 人工：指机械使用时机上操作人员的工时消耗，包括机械运转时间、辅助时间、用餐、交接班以及必要的机械正常中断时间。台时费按中级工计算。

e. 动力、燃料或消耗材料：指机械正常运转时所需的风（压缩空气）、水、电、油、煤及木柴等费用。其中，机械消耗电量包括机械本身和最后一级降压变压器低压侧至施工用电点之间的线路损耗，风、水消耗包括机械本身和移动支管的损耗。

根据《水利工程营业税改征增值税计价依据调整办法》（水总〔2016〕132号），水利工程施工机械台时费按调整后的施工机械台时费定额和不含增值税进项税额的基础价格计算。

（2）施工机械台时费计算

$$一类费用 = 定额一类费用金额 \times 编制年调整系数 \tag{3-8}$$

$$二类费用 = 定额机上人工工时数 \times 中级工人工预算单价 \\ + \sum(定额动力、燃料消耗量 \times 动力、燃料预算价格) \tag{3-9}$$

一、二类费用之和即为施工机械台时费。

根据《水利工程营业税改增值税计价依据调整办法》以及《水利部办公厅关于调整水利工程计价依据增值税计算标准的通知》，施工机械台时费定额的折旧费除以调整系数 1.13，修理及替换设备费除以调整系数 1.09，安装拆卸费不变。施工机械台时费按调整后的施工机械台时费定额和不含增值税进项税额的基础价格计算。

（3）施工机械组时费计算

组合台时（简称组时）是指多台施工机械设备相互衔接或配合形成的机械联合作业系统的台时。组时费等于系统中各施工机械台时费之和。

（4）补充施工机械台时费的编制

当施工组织设计选取的施工机械在台时费定额中缺项，或规格、型号不符时，必须编制补充施工机械台时费，其水平要与同类机械相当。编制时一般依据该机械的预算价格、年折旧率、年工作台时、额定功率以及额定动力或燃料消耗量等参数，采用施工机械台时费定额编制方法、直线内插法、占基本折旧费比例法等进行编制。

（5）实训案例

【实例 3-5】 某水利枢纽工程位于一类地区，该工程的中级工人工预算单价为 9.15 元/工时，柴油预算价格为 5.80 元/kg，台时一类费用调整系数为 1.05。试计算水利枢纽工程施工使用的 20t 自卸汽车的施工机械台时费。

【解】 查《水利工程施工机械台时费定额》编号 3019 得：

一类费用＝83.37×1.05＝87.54（元/台时）

二类费用＝1.3×9.15＋16.2×5.8＝105.86（元/台时）

工程 20t 自卸汽车台时费为：87.54＋105.86＝193.40（元/台时）

注：在实际工程计算时，由于柴油有基价，所以往往应以基价计算一个台时费（可以称为台时费基价）和一个价差（可以称为台时费价差），上面计算的台时费实际是台时费基价与台时费价差之和。在本案例中，台时费价差实际只是柴油消耗量与柴油价差的乘积。

【实例 3-6】 河南某枢纽工程，已知中级工预算价格为 8.9 元/工时，高级工预算价格为 10.67 元/工时，该工程的电价为 0.6 元/(kW·h)，柴油价格为 6.99 元/kg，柴油基价为 2.99 元/kg。试求该枢纽工程 4m 电动单斗挖掘机、1m 油动单斗挖掘机台时费。

【解】 ① 查《水利工程施工机械台时费定额》编号 1005 得：

一类费用＝175.15÷1.13＋84.67÷1.09＝232.68（元/台时）

二类费用＝2.7×8.90＋166.8×0.6＝124.11（元/台时）

4m 电动单斗挖掘机台时费＝232.68＋124.11＝356.79（元/台时）

② 查《水利工程施工机械台时费定额》编号 1002 得：

一类费用＝28.77÷1.13＋29.63÷1.09＋2.42＝55.06（元/台时）

二类费用＝2.7×8.90＋14.2×2.99＝66.49（元/台时）

1m 油动单斗挖掘机台时费为：

基价：55.06＋66.49＝121.55（元/台时）

差价：14.2×(6.99－2.99)＝56.8（元/台时）

3.5 混凝土材料、砂浆材料单价

混凝土及砂浆材料单价是指按混凝土及砂浆设计强度等级、级配及施工配合比配制每立方米混凝土、砂浆所需的水泥、砂、石、水、掺合料及外加剂等各种材料的费用之和，它不包括拌制、运输、浇筑等工序的人工、材料和机械费用，也不包括搅拌损耗外的施工操作损耗及超填量等。

在编制混凝土工程概算单价时，应根据设计选定的不同工程部位的混凝土及砂浆的强度等级、级配和龄期确定出各组成材料的用量，进而计算出混凝土、砂浆材料单价。根据每立方米混凝土、砂浆中各种材料预算用量，分别乘以其材料预算价格，其总和即为定额项目表中混凝土、砂浆的材料单价。

3.5.1 计算方法

混凝土材料单价在混凝土工程单价中占有较大的比重，各混凝土施工配合比是计算混凝土材料单价（或混凝土基价）的基础。

（1）混凝土材料用量确定

根据设计确定的不同工程部位的混凝土强度等级、级配和龄期，分别计算出每立方米混凝土材料单价，计入相应的混凝土工程概算单价内。其混凝土配合比的各项材料用量，应根据工程试验提供的资料计算，若无试验资料时，也可参照《水利建筑工程概算定额》中附录混凝土材料配合表计算。

（2）掺粉煤灰混凝土材料用量确定

定额附录中掺粉煤灰混凝土配合比的材料用量是按超量取代法（也称超量系数法）确定的，即按照与纯混凝土同稠度、等强度的原则，用超量取代法对纯混凝土中的材料量进行调整，调整系数称为粉煤灰超量系数，按下列步骤计算。

① 掺粉煤灰混凝土的水泥用量计算。

$$C = C_0(1-f) \tag{3-10}$$

式中 C——掺粉煤灰混凝土的水泥用量，kg；

C_0——与掺粉煤灰混凝土同稠度、等强度的纯混凝土水泥用量，kg；

f——粉煤灰取代水泥百分率，即水泥节约量，其值可参考表 3-7 选取。

$$f = [(C_0 - C) \div C_0] \times 100\% \tag{3-11}$$

表 3-7 粉煤灰取代水泥百分率参考表

混凝土强度等级	普通硅酸盐水泥/％	矿渣硅酸盐水泥/％
≤C15	15～25	10～20
C20	10～15	10
C25～C30	15～20	10～15

注：1. 32.5（R）及以下水泥取下限，42.5（R）及以上水泥取上限，C20 及以上混凝土宜采用Ⅰ、Ⅱ级粉煤灰，C15 及以下素混凝土可采用Ⅲ级粉煤灰。
2. 粉煤灰等级按《水工混凝土掺用粉煤灰技术规范》（DL/T 5055—2007）划分。

② 粉煤灰的掺量计算。

$$F=K(C_0-C) \tag{3-12}$$

式中　F——粉煤灰掺量，kg；

　　　K——粉煤灰取代（超量）系数，为粉煤灰的掺量与取代水泥节约量的比值，可按表 3-8 取值。

表 3-8　粉煤灰取代（超量）系数表

粉煤灰级别	Ⅰ级	Ⅱ级	Ⅲ级
超量系数	1.0～1.4	1.2～1.7	1.5～2.0

③ 砂石用量计算。

由于采用超量取代法计算的掺粉煤灰混凝土的灰重（即水泥及粉煤灰总重）较纯混凝土的灰重多，增加的灰重 ΔC 的计算公式为：

$$\Delta C=C+F-C_0 \tag{3-13}$$

按与纯混凝土容重相等的原则，掺粉煤灰混凝土砂、石总量应相应减少 ΔC，按含砂率相等的原则，则掺粉煤灰混凝土砂、石重分别按下式计算：

$$S\approx S_0-\Delta CS_0/(S_0+G_0) \tag{3-14}$$

$$G\approx G_0-\Delta CG_0/(S_0+G_0) \tag{3-15}$$

式中　S——掺粉煤灰混凝土砂重，kg；

　　　S_0——纯混凝土砂重，kg；

　　　G——掺粉煤灰混凝土石重，kg；

　　　G_0——纯混凝土石重，kg。

由于增加的灰重 ΔC 主要是代替细骨料砂填充粗骨料石的空隙，故简化计算时也可将增加的灰重 ΔC 全部从砂的重量中核减，石重不变。

④ 用水量计算。

$$掺粉煤灰混凝土用水量 W=纯混凝土用水量 W_0(\text{m}^3) \tag{3-16}$$

⑤ 外加剂用量计算。

外加剂用量 Y 可按掺粉煤灰混凝土的水泥用量 C 的 0.2%～0.3%计算，概算定额取 0.2%，即：

$$Y=C\times 0.2\% \tag{3-17}$$

根据上述公式，可计算不同的超量系数 K 及不同的粉煤灰取代水泥百分率 f 下掺粉煤灰混凝土的材料用量。

（3）计算混凝土材料、砂浆材料单价

混凝土、砂浆材料单价可按下式计算：

$$混凝土材料单价=\sum 1\text{m}^3 混凝土材料用量\times 材料的预算价格 \tag{3-18}$$

$$砂浆材料单价=\sum 1\text{m}^3 砂浆材料用量\times 材料的预算价格 \tag{3-19}$$

3.5.2　计算混凝土材料单价需注意的问题

（1）水泥混凝土强度等级的调整

除碾压混凝土材料配合比参考表外，水泥混凝土强度等级均以 28d 龄期用标准试验方法测得的具有95%保证率的抗压强度标准值确定，如设计龄期超过28d，按附表F-1系数换算。计算结果如介于两种强度等级之间，应选用高一级的强度等级。

《水利建筑工程概算定额》混凝土配合比中材料用量，已考虑了混凝土的强度保证率及强度的离差系数对混凝土材料用量的影响，其值已反映在该定额配合比表的"预算量"中，因此，可直接按设计提供的设计标号来选择。

（2）骨料种类、粒度换算系数

混凝土配合比表中混凝土骨料按卵石、粗砂拟定，如改用碎石或中、细砂，材料用量按附表F-2系数换算。

（3）混凝土细骨料的划分标准

细度模数3.19~3.85（或平均粒径1.2~2.5mm）为粗砂；

细度模数2.5~3.19（或平均粒径0.6~1.2mm）为中砂；

细度模数1.78~2.5（或平均粒径0.3~0.6mm）为细砂；

细度模数0.9~1.78（或平均粒径0.15~0.3mm）为特细砂。

（4）埋块石混凝土

埋块石混凝土，应按配合比表的材料用量，扣除埋块石实体的数量进行计算，见式（3-20）：

$$埋块石混凝土材料量 = 配合比表列材料用量 \times (1 - 埋块石率\%) \quad (3-20)$$

"块石"在浇筑定额中的计量单位以码方计，相应块石开采、运输单价的计量单位亦以码方计。1块石实体方=1.67码方。因埋块石增加的人工见附表F-3。

（5）有抗渗抗冻要求时水灰比的选择

混凝土配合比材料用量应同时考虑设计上要求的混凝土强度指标、抗渗指标和抗冻指标。当有抗渗、抗冻要求时，按附表F-4选用水灰比。

（6）混凝土配合比表中材料用量的损耗

除碾压混凝土材料配合比参考表外，混凝土配合比表的预算量包括场内运输及操作损耗在内，不包括搅拌后（熟料）的运输和浇筑损耗，搅拌后的运输和浇筑损耗已根据不同浇筑部位计入定额内。

（7）水泥用量调整

水泥用量按机械拌和拟定，若系人工拌和，水泥用量增加5%。

（8）水泥强度等级与用量换算

当工程采用水泥的强度等级与配合比表中不同时，应对配合表中的水泥用量进行调整，调整系数如表3-9所示。

表3-9 水泥强度等级换算系数参考表

原强度等级	代换强度等级		
	32.5	42.5	52.5
32.5	1.00	0.86	0.76
42.5	1.06	1.00	0.88
52.5	1.31	1.31	1.00

3.5.3 砂浆单价确定

砂浆材料单价的计算方法同混凝土材料的计算方法，应根据工程试验提供的资料确定砂浆的各组成材料及相应的用量，进而计算出砂浆材料单价。若无试验资料，可参照《水利建筑工程概算定额》附录砂浆材料配合比表中各组成材料的预算量（见本书附录F），进而计算出砂浆材料单价。

3.5.4 实训案例

【实例3-7】 42.5级普通硅酸盐水泥340元/t（不含税），水泥基价：255元/t，中砂35元/m^3，碎石（综合）45元/m^3，水0.5元/m^3。试求C25混凝土、42.5级普通硅酸盐水泥二级配材料单价。

【解】 ① 确定混凝土的配合比。查《水利建筑工程概算定额》，可知C25混凝土、42.5级普通硅酸盐水泥（水灰比0.55、二级配）每立方米混凝土材料预算量为：42.5级普通硅酸盐水泥289kg，粗砂0.49m^3，卵石0.81m^3，水0.15m^3。实际采用的是碎石和中砂，应进行换算。

② 代入各组成材料的单价。在混凝土组成材料中，水泥、外购砂石骨料等的预算价格超过基价时，应按基价计算。本案例中，水泥预算价格为340元/t，超过了水泥基价255元/t，应按基价计算。

③ 计算混凝土材料单价。

C25混凝土材料单价=(289×1.10×1.07)×0.255+(0.49×1.10×0.98)×35+(0.81×1.06×0.98)×45+(0.15×1.10×1.07)×0.50
=143.18（元/m^3）

C25混凝土补差=(289×1.10×1.07)×(0.34-0.255)=28.91（元/m^3）

【实例3-8】 某水利工程中某部位采用掺粉煤灰混凝土材料（掺粉煤灰量25%，取代系数1.3），采用的混凝土为C20三级配，混凝土用32.5级普通硅酸盐水泥。已知混凝土各组成材料的预算价格为：32.5级普通硅酸盐水泥330元/t，中砂80元/m^3，碎石60元/m^3，水0.80元/m^3，粉煤灰250元/t，外加剂5.0元/kg。试计算该混凝土材料的预算单价。

【解】 查《水利建筑工程概算定额》附录表7-8"掺粉煤灰混凝土材料配合比及材料用量"及附录表7-2，计算过程如下：

水泥：(178×1.1×1.07)×0.255=53.42（元/m^3）

粉煤灰：(79×1.1×1.07)×0.25=23.25（元/m^3）

中砂：(0.40×0.98×1.1)×70=30.19（元/m^3）

碎石：(0.95×0.98×1.06)×60=59.21（元/m^3）

外加剂（不调整）：0.36×5.0=1.80（元/m^3）

水：(0.125×1.07×1.1)×0.8=0.12（元/m^3）

合计：53.42+23.25+30.19+59.21+1.80+0.12=167.99（元/m^3）

材料补差：(178×1.1×1.07)×0.075+(0.40×0.98×1.1)×10=20.02（元/m^3）

预算价：167.99+20.02=188.01（元/m^3）

第4章 分类分项工程量计算

4.1 土石方开挖工程

土石方开挖工程是将土和岩石进行松动、破碎、挖掘并运出的工程。按岩土性质，土石方开挖分土方开挖和石方开挖；按施工环境是露天、地下或水下，分为明挖、洞挖和水下开挖。在水利工程中，土石方开挖广泛应用于场地平整和削坡，水工建筑物（水闸、坝、溢洪道、水电站厂房、泵站建筑物等）地基开挖，地下洞室（水工隧洞、地下厂房、各类平洞、竖井和斜井）开挖，河道、渠道、港口开挖及疏浚，填筑材料、建筑石料及混凝土骨料开采，围堰等临时建筑物或砌石、混凝土结构物的拆除等。土石方开挖如图4-1所示。

图 4-1 渠道土石方开挖及边坡修整

4.1.1 土石方开挖工程量计算方法

（1）土石方开挖工程分类

土石方的开挖工程量，应根据工程布置图切取剖面按土类分级表（冻土除外）、岩石类别分级表划分的十六级分类标准，将不同等级的土石方分开分别计算，以自然方计量。土石方开挖应区分明挖和暗挖。

① 土方开挖工程。

a. 一般土方开挖、渠道土方开挖、沟槽土方开挖、柱坑土方开挖、基础开挖等土方明挖工程。一般土方开挖指一般明挖土方工程和上口宽超过16m的渠道及上口面积大于80m^{2}的柱坑的土方工程；渠道土方开挖指上口宽小于或等于16m的梯形断面、长条形的渠道土方工程；沟槽土方开挖指上口宽小于或等于8m的矩形断面或边坡陡于1∶0.5的梯形断面，长度大于宽度3倍的长条形的土方工程，如截水墙、齿墙等各类墙基和电缆沟等；柱坑土方开挖指上口面积小于或等于80m^2，长度小于宽度3倍，深度小于上口短边长度或直径，且四侧垂直或边坡陡于1∶0.5的土方工程，如集水坑、柱坑、机座等工程。

b. 平洞土方开挖、斜井土方开挖和竖井土方开挖等暗挖工程。平洞土方开挖是指水平夹角小于或等于6°且断面面积大于2.5m^{2}的土方暗挖工程；斜井土方开挖是指水平夹角大于6°、小于或等于75°且断面面积大于2.5m^{2}的土方暗挖工程；竖井土方开挖是指水平夹角大于75°，且断面面积大于2.5m^{2}的土方暗挖工程。

② 石方开挖工程。

a. 一般石方开挖、一般坡面石方开挖、沟槽石方开挖、坡面沟槽石方开挖、坑石方开挖、保护层石方开挖等石方明挖工程。

b. 平洞石方开挖、斜井石方开挖、竖井石方开挖、地下厂房石方开挖等石方暗挖工程。平洞石方开挖是指水平夹角小于或等于6°的石方洞挖工程；斜井石方开挖是指水平夹角大于6°且小于或等于75°的石方洞挖工程；竖井石方开挖是指水平夹角大于75°的石方洞挖工程；地下厂房石方开挖是指地下厂房或窑洞式厂房的石方洞挖工程。

（2）定额工程量计算方法

① 土方开挖定额中的轴流通风机台时数量，按一个工作面长200m拟定，如超过200m，按定额乘以相应的系数。洞井石方开挖定额中通风机台时量系按一个工作面长度400m拟定，如工作面超过400m，应按规定系数调整通风机台时定额量。

② 基础石方开挖的预裂爆破钻孔或保护层石方开挖的工程量，应按工程地质及水工、施工设计等条件计算。地下工程石方开挖，必须按光面爆破施工方法计算工程量。

③ 土石方的填筑工程量，应根据建筑物设计断面中不同部位不同填筑材料的设计要求分别计算，以建筑物实体方计量。土石方填筑的概算定额已考虑了施工期沉陷量和施工附加量等因素，因此填筑工程量只需按不同部位不同材料，考虑设计沉陷量后乘以阶段系数分别计算。

④ 抛投工程量应按不同抛投方式，不同抛投机械，以抛投方计量。

⑤ 现行概预算定额中，土石方的开挖、装卸、运输是按自然方计量的，填方则是按实体方体积计量的。在造价编制过程中，当需要利用开挖料作为回填料时，应考虑土石方的自然方与实方体积之间的松实系数并进行换算。

（3）清单工程量计算方法

① 土方开挖工程。

a. 土方开挖工程的清单项目：场地平整、一般土方开挖、渠道土方开挖、沟槽土方开挖、坑土方开挖、砂砾石开挖、平洞土方开挖、斜洞土方开挖、竖井土方开挖、其他土方开挖工程。

b. 计算规则：除场地平整按招标设计图纸场地平整面积计量外，其他项目都按招标设计图示轮廓尺寸计算的有效自然方体积计量。施工过程中增加的超挖量和施工附加量所发生的费用,应摊入有效工程量的工程单价中。夹有孤石的土方开挖,大于0.7m的孤石按石方开挖计量。

土方开挖工程清单项目均包括弃土运输工作内容,开挖与运输不在同一标段的工程,应分别选取开挖与运输的工作内容计量。

② 石方开挖工程。

a. 石方开挖工程的清单项目:一般石方开挖、坡面石方开挖、渠道石方开挖、沟槽石方开挖、坑石方开挖、保护层石方开挖、平洞石方开挖、斜洞石方开挖、竖井石方开挖、洞室石方开挖、窑洞石方开挖、其他石方开挖工程、预裂爆破。

b. 计算规则:除预裂爆破按招标设计图示尺寸计算的面积计量外,其他项目都按招标设计图示轮廓尺寸计算的有效自然方体积计量。施工过程中增加的超挖量和施工附加量所发生的费用,应摊入有效工程量的工程单价中。石方开挖均包括弃渣运输的工作内容,开挖与运输不在同一标段的工程,应分别选取开挖与运输的工作内容计量。

4.1.2 土石方开挖工程量计算公式

(1) 地槽、地坑工程量计算

地槽示意图见图 4-2,地槽开挖施工现场如图 4-3 所示。

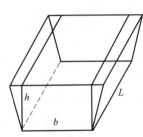

图 4-2 地槽示意图
b—地槽、地坑底部宽度;L—地槽、地坑底部长度;h—深度

图 4-3 地槽开挖施工

地槽工程量计算公式为:

$$V = hL(b+kh) \tag{4-1}$$

式中 V——挖方体积;
b——地槽或地坑底部宽度(包括加宽尺寸);
L——地槽或地坑底部长度;
h——地槽或地坑深度;
k——放坡坡度系数。

地坑示意图见图 4-4。地坑工程量计算公式为:

$$V = bhL + kh^2\left(b+L+\frac{4}{3}kh\right) \tag{4-2}$$

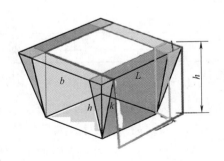

图 4-4 地坑示意图

放坡的圆形地坑（图 4-5）工程量计算公式为：

$$V = \frac{1}{3}\pi h (R_1^2 + R_2^2 + R_1 R_2) \tag{4-3}$$

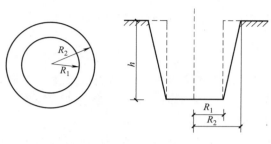

式中　R_1——坑底的圆半径；
　　　R_2——坑上口的圆半径；
　　　h——坑深度。

挡土板面积，按槽、坑垂直支撑面积计算，支挡土板后，不得再计算放坡。如果需要支护挡土板，应根据施工组织设计规定计算。

图 4-5　放坡的圆形地坑示意图

（2）大面积土石方开挖工程量的计算

① 横截面计算法。适于地形起伏变化较大地区采用，计算步骤如下：

a. 划分横截面。划分原则为垂直等高线，或垂直主要建筑物边长。横截面之间的间距可不等，地形变化复杂的间距宜小，反之宜大些，但最大不超过 100m。

b. 画截面图形。按比例画制每个横截面的自然地面和设计地面的轮廓线。设计地面轮廓线与自然地面轮廓线之间即为填方挖方的截面。

c. 计算横截面面积 F，如表 4-1 所示。

表 4-1　常用横截面面积 F 计算公式

图示	面积计算公式
梯形截面，底宽 b，高 h，两侧坡比 $1:m$ 和 $1:n$	$F = h\left[b + \dfrac{h(m+n)}{2}\right]$
折线截面，底宽 a_1, a_2, a_3, a_4, a_5，高 h_1, h_2, h_3, h_4	$F = h_1 \dfrac{a_1 + a_2}{2} + h_2 \dfrac{a_2 + a_3}{2} + h_3 \dfrac{a_3 + a_4}{2} + h_4 \dfrac{a_4 + a_5}{2}$
等间距 a，高程 $h_0, h_1, h_2, \cdots, h_n$	$F = \dfrac{a}{2}(h_0 + 2h + h_n)$ $h = h_1 + h_2 + h_3 + h_4 + h_5 + h_6$

d. 计算土石方量：$V = (F_1 + F_2) \cdot L / 2$，其中 V 为相邻两截面间的土石方量，m^3；F_1、F_2 为相邻两截面的填（挖）方截面面积，m^2；L 为相邻两截面间的间距，m。

e. 汇总。将上式计算成果汇总，得总土石方量。

② 方格网计算法。适用于地形较平坦的地区，计算精度较横截面法高，计算步骤如下：

a. 划分方格网。根据已有地形图套出方格各点的设计标高和地面标高，求出各点的施工（挖或填）高度。

b. 计算零点位置。建筑场地被零线划分为挖方区和填方区。

c. 计算土石方量。按图形的体积计算公式计算每个方格内的挖方和填方量。

d. 汇总。将挖方区（或填方区）所有方格计算土石方量汇总，即得该建筑场地挖方区（或填方区）的总土石方量。土石方量汇总表如表 4-2 所示。

表 4-2 土石方量汇总表

断面	填面积/m²	挖面积/m²	截面间距/m²	填方体积/m³	挖方体积/m³
$A—A'$					
$B—B'$					
$C—C'$					
合计					

(3) 实训案例

【实例 4-1】 某地槽示意图如图 4-6 所示，工程底部宽度为 3m，长度为 100m，地槽深度为 2m，放坡坡度系数为 0.3，则其挖方体积为多少？

【解】 $V = hL(b+kh)$
$= 2 \times 100 \times (3+2 \times 0.3) = 720$（m³）

【实例 4-2】 图 4-7 为横断面土方量挖填示意图，$A—A'$ 中，设桩号 0+0.00 的填方横截面积为 $2.80m^2$，挖方横截面积为 $3.90m^2$；$B—B'$ 中，设桩号 0+0.20 的填方横截面积为 $2.35m^2$，挖方横截面积为 $6.75m^2$，两桩间的距离为 20m，则其挖填方量分别是多少？

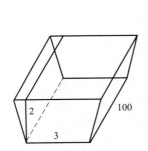

图 4-6 某地槽示意图（单位：m）

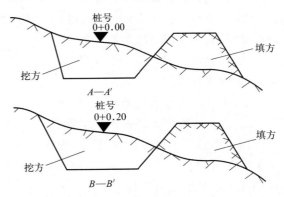

图 4-7 横断面土方量挖填示意图

【解】 $V = (F_1 + F_2) \cdot L/2$
$V_{挖} = (3.90+6.75) \times 20/2 = 106.5 (m^3)$
$V_{填} = (2.80+2.35) \times 20/2 = 51.5 (m^3)$

4.1.3 石方开挖工程中的超挖量及附加量

(1) 超挖产生的原因

石方开挖中，因为实际量测和钻孔的操作中常产生某些偏斜及误差、火工产品及岩体的性状差异等原因，石方开挖工程施工中几乎不可避免地要发生超挖，但应限制在一定范围内。用手持风钻在周边钻孔时需要有一个最小的钻孔操作距离，一般约为10cm，如图4-8所示。

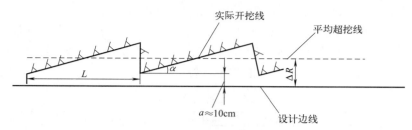

图4-8 实际开挖边线示意图

平均超挖值 ΔR 按下式计算：

$$\Delta R = a + 0.5L\tan\alpha$$

式中　　a——钻机离边线的最小操作距离，cm；

　　　　L——一次进尺长度，cm；

　　　　α——钻杆偏角，(°)。

按一般规定，开孔的孔位误差不大于5cm，每米钻孔斜率不大于5cm。当炮孔深度超过4m时，应采取减少超挖的措施。超挖量与设计开挖工程量的比值即为超挖百分率，断面越小，超挖百分率越大。

（2）施工附加量产生的原因

为满足施工需要，必须额外增加的工作量，称为附加量。主要包括：

① 因洞井开挖断面小，运输不方便，需部分扩大洞井尺寸而增加的错车道工程量。

② 放炮时，施工人员及设备需要躲藏的地方所增加的工程量。

③ 存放工具需要增加的工程量。

④ 因隧洞照明，需要存放照明设备而扩大断面增加工程量。

⑤ 设置临时的排水沟。

⑥ 为开挖创造条件而开挖的工作平台。

⑦ 为交通方便而开挖的零星施工便道。

施工附加量因建筑物的类别及形式而异，如小断面隧洞施工附加量大，而大断面隧洞的施工附加量相对来说则很小，具体计算时，应根据实际资料进行分析确定。施工附加量与设计断面工程量的比值称为施工附加量百分率。

（3）允许的超挖量及施工附加量

现行概算定额石方开挖超挖量根据《水工建筑物岩石基础开挖工程施工技术规范》（DL/T 5389—2007）和《水工建筑物地下工程开挖施工技术规范》（DL/T 5099—2011）的规定分析计算，施工附加量根据工程设计施工详图资料统计分析计算。

根据规范规定，超挖量和施工附加量的最大允许误差应符合下列规定：

① 石方明挖工程：平面高程一般应不大于0.2m；边坡开挖高度8m时，一般应不大于0.2m；边坡开挖高度8～15m时，一般应不大于0.3m；边坡开挖高度16～30m时，一般应不大于0.5m。

② 地下工程石方开挖：地下建筑物的平均径向超挖值，平洞应不大于20cm，斜缓井、斜井、竖井应不大于25cm。因地质原因产生的超挖根据实际情况确定。

4.2 土石方填筑工程

土石方填筑工程是指对土砂石等天然建筑材料进行开采、装料、运输、卸料、铺散、压实的工程。水利工程中,土石方填筑主要用于修筑渠堤、堤防、土石围堰、土石坝等建筑物。要求根据地形、土料性质、土层分布、工程性质、质量要求、工期、工程量、运距、机械性能等,合理布置施工场地、道路,选择机型、机械数量,各工序衔接配套,保证工程质量,高效率、低成本地组织施工,如图4-9所示。

图 4-9 土方填筑与压实

（土方填筑主要由取土、压实两大工序组成。此外还包括伐树挖根、覆盖层清除、土料处理等辅助工序）

（1）设计工程量计算方法

土石方的填筑工程量,应根据建筑物设计断面中不同部位不同填筑材料的设计要求分别计算,以建筑物实体方计量。

（2）定额工程量计算方法

土石方填筑的概算定额已考虑了施工期沉陷量和施工附加量等因素,因此填筑工程量只需按不同部位不同材料,考虑设计沉陷量后乘以阶段系数分别计算。

定额石料规格及标准说明:

① 碎石:指经破碎、加工分级后,粒径大于5mm的石块。

② 卵石:指最小粒径大于20cm的天然河卵石。

③ 块石:指厚度大于20cm,长、宽各为厚度的2～3倍,上下两面平行且大致平整,无尖角、薄边的石块。

④ 片石:指厚度大于15cm,长、宽各为厚度的3倍以上,无一定规则形状的石块。

⑤ 毛条石:指一般长度大于60cm的长条形四棱方正的石料。

⑥ 料石:指毛条石经过修边打荒加工,外露面方正,各相邻面正交,表面凸凹不超过10mm的石料。

⑦ 砂砾料:指天然砂卵（砾）石混合料。

⑧ 堆石料:指山场岩石经爆破后,无一定规格、无一定大小的任意石料。

⑨ 反滤料、过渡料:指土石坝或一般堆砌石工程的防渗体与坝壳（土料、砂砾料或堆石料）之间的过渡区石料,由粒径、级配均有一定要求的砂、砾石（碎石）等组成。

砌筑工程量应按不同砌筑材料、砌筑方式（干砌、浆砌等）和砌筑部位分别计算，以建筑物砌体方计量。抛投工程量应按不同抛投方式，不同抛投机械，以抛投方计量。

现行概预算定额中，土石方的开挖、装卸、运输是按自然方计量的，填方则是按实方计量的。在造价编制过程中，当需要利用开挖料作为回填料时，应考虑土石方的自然方与实方体积之间的松实系数并进行换算。土石方松实系数换算如表4-3所示。

表4-3 土石方松实系数换算表

项目	自然方	松方	实方	码方
土方	1	1.33	0.85	—
石方	1	1.53	1.31	—
砂方	1	1.07	0.94	—
混合料	1	1.19	0.88	—
块石	1	1.75	1.43	1.67

注：1. 松实系数是指土石料体积的比例关系，供一般土石方工程换算时参考；
2. 块石实方指堆石坝坝体方，块石松方即块石堆方。

（3）清单工程量计算方法

① 土石方填筑工程清单项目：一般土方填筑、黏土料填筑、人工掺合料填筑、防渗风化料填筑、反滤料填筑、过渡层料填筑、垫层料填筑、堆石料填筑、石渣料填筑、石料抛投、钢筋笼块石抛投、混凝土块抛投、袋装土方填筑、土工合成材料铺设、水下土石填筑体拆除、其他土石方填筑工程。

② 计算规则：石料抛投、钢筋笼块石抛投、混凝土块抛投，按招标设计文件要求，以抛投体积计量；袋装土方填筑，按招标设计图示尺寸计算的填筑体有效体积计量；土工合成材料铺设，按招标设计图纸尺寸计算有效面积计量；水下土石填筑体拆除，按招标设计文件要求，以拆除前后水下地形变化计算的体积计量；其他项目按招标设计图示尺寸计算的填筑体有效压实方体积计量。施工过程中增加的超填量、施工附加量、填筑体及基础的沉陷损失、填筑操作损耗等所发生的费用，应摊入有效工程量的工程单价中。钢筋笼块石的钢筋笼加工，按招标设计文件要求，按钢筋、钢构件加工及安装工程的计量计价规则计算，摊入钢筋笼块石抛投有效工程量的工程单价中。

4.3 疏浚和吹填工程

4.3.1 基本概念

疏浚工程主要用于河湖整治，内河航道疏浚，出海口门疏浚，及湖、渠道、海边的开挖与清淤工程，以挖泥船应用最广。挖泥船如图4-10所示。

疏浚工程，是指采用挖泥船或其他机具以及人工进行水下挖掘，为拓宽和加深水域而进行的土石方工程，是按规定范围和深度挖掘航道或港口水域的水底泥、沙、石等并加以处理的工程。疏浚工程的挖槽设计应力图通过改变河道水流几何边界，引起水流内部结构的变化，使得新形成的水流结构，不但可以保证泥砂不再淤积在航道内（至少在下一个汛期到来之前不再淤积），而且能将进入挖槽内的泥砂输送到下深槽中去，维持航道稳定。如图4-11所示。

绞吸式挖泥船的挖泥、运泥、卸泥等工作过程，可以一次连续完成，它是一种效率高、成本较低的挖泥船，是良好的水下挖掘机械

图 4-10　绞吸式挖泥船

保证疏浚成效的重要环节之一是处理好弃土。弃土处理方法大致分为两类，即水中抛卸和送泥上岸。需注意送泥上岸时要选择好吹填地

图 4-11　疏浚工程

疏浚工程是开发、改善和维护航道、港口水域的主要手段之一，其内容包括以下几方面：

① 挖深、拓宽、清理水道，以提高河道的行洪能力或改善河道的通航条件等，进行河道或航道的治理。

② 开挖新的水道，港池，沟渠，跨河、过海管道沟槽。

③ 开挖水工建筑物（码头、船闸、船坞、堤坝等）基槽或清除地基软弱土层。

④ 清除湖泊、水库、排灌沟渠内淤积的泥砂，扩大蓄水容量或改善行水条件。

⑤ 清除水域内受污染底泥（环保疏浚），改善生态环境。

挖泥船按工作机构原理和输送方式的不同划分为机械式挖泥船、水力式挖泥船和气动式挖泥船三大类，常用的机械式挖泥船有链斗式挖泥船、抓斗式挖泥船、铲斗式挖泥船；水力式挖泥船有绞吸式挖泥船、斗轮式挖泥船、耙吸式挖泥船、射流式挖泥船及冲吸式挖泥船等，以绞吸式挖泥船运用最广。水利水电工程典型疏浚设备如表 4-4 所示。

表 4-4　水利水电工程典型疏浚设备

设备名称	设备总体布置图
普通绞吸式挖泥船	（图示：排泥管、绞刀架吊架、浮管连接头、泥泵、吸泥管套筒、吸泥管、绞刀架起落钢缆、定位桩、绞刀架、绞刀马达、绞刀、边锚缆）

续表

设备名称	设备总体布置图
链斗式挖泥船	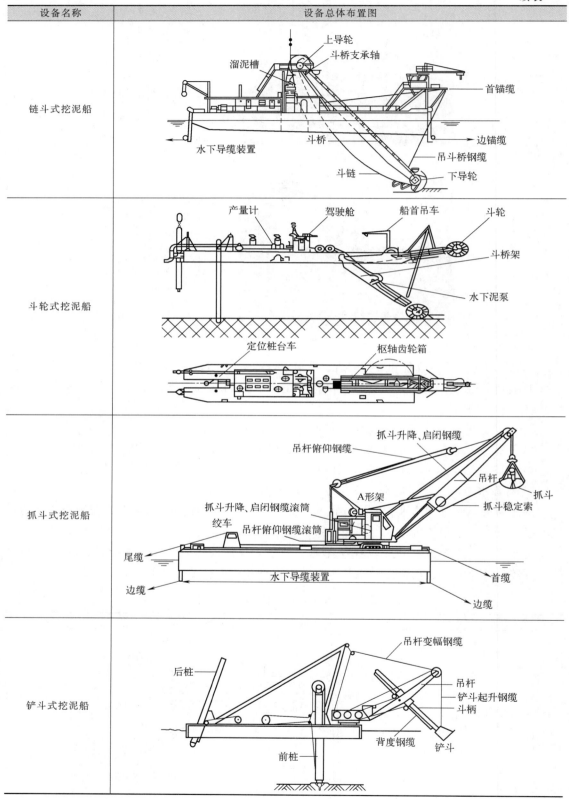
斗轮式挖泥船	
抓斗式挖泥船	
铲斗式挖泥船	

江河疏浚开挖经常与吹填工程相结合，这样可充分利用江河疏浚开挖的弃土对堤身两侧的池塘洼地作填充，进行堤基加固；吹填法施工不受雨天和黑夜的影响，能连续作业，施工效率高。在土质符合要求的情况下，弃土也可用作堵口或筑新堤。

水利工程吹填工程是指在水体中采用各种方法把坚实的填料向水下放置，形成一定的形体，用以隔离江、河、湖、海等水域或者作为建造港口、码头、海底隧道等工程的基础设施的一种工艺，如图4-12所示。吹填施工的工艺流程是采用机械挖土，以压力管道输送泥浆至作业面，完成作业面上土颗粒沉积淤填。

图4-12 吹填工程

吹填工程根据作用的不同可分为两类，一是放淤固堤，二是场平工程。

a. 放淤固堤。此施工方法主要用在黄河大堤之上，施工采用泥浆泵或挖泥船在黄河内滩吸土泥浆，通过加压接力泵输送至黄河大堤外滩起到加固堤防作用，黄河大堤大部分外平台均采用此工艺施工。

b. 场平工程。一般用于长江边上较大城市，施工时使用吸砂船在长江河道中心采砂，使用运砂船装载至定位码头，再通过泥浆泵及输送管线运至场平区域，此施工方法在中心城市区域并未涉及大量打桩这一施工作业或活动。

4.3.2 疏浚和吹填工程工程量计算

（1）设计工程量计算方法

疏浚工程量的计算，宜按设计水下方计量，开挖过程中的超挖及回淤量不应计入。

吹填工程量计算，除考虑吹填区填筑量，还应考虑吹填土层固结沉降、吹填区地基沉降和施工期泥砂流失等因素。

疏浚与吹填工程的定额计量单位为水下方，提供给造价专业的疏浚与吹填工程量计量单位均应为水下方。绞吸、链斗、抓斗、铲斗式挖泥船、吹泥船开挖水下方的泥土及粉细砂划分为Ⅰ至Ⅵ类，中砂、粗砂各分为松散、中密、紧密三类。水力冲挖机组的土类划分为Ⅰ至Ⅳ类。

如果疏浚区或取土区的土质变化较大，应按地质柱状剖面图分别计算各类土的工程量。

疏浚与吹填工程工程量计算有平均断面法、平均水深法、格网法、产量计计算等方法，如表4-5所示。

表 4-5　疏浚与吹填工程工程量计算方法

方法名称	方法要点	适用范围
平均断面法	①先根据实测挖槽或吹填横断面图求取断面面积,进而求得相邻两断面面积的平均值,再用该平均值乘以其断面间距,即得相邻两断面间的土方量,累加各断面间的土方量即为疏浚或吹填工程的总工程量; ②用该法在进行断面面积计算时,每一断面均应计算两次,且其计算值误差不应大于 5%	疏浚与吹填工程中常用
平均水深法	①根据疏浚或吹填区的实测地形图,计算平均挖深或吹填厚度,再乘以相应区域的面积,即为疏浚工程量或吹填工程量; ②用此法计算工程量时,应以不同的分块进行复核,且其误差值应控制在 5% 以内	多用于疏浚工程
格网法	先将吹填区按一定的面积分成许多方格,首先计算出每一方格的平均吹填厚度,再乘以方格面积即得该方格的吹填土方体积,所有方格的吹填土方体积累加即为该吹填工程总工程量。用此法计算工程量时,应注意以下两点: ①每个方格内用以测算平均吹填厚度的点位应足够多且具有代表性; ②吹填区边角不规则部位格子的面积计算应足够精确	多用于吹填工程
产量计计算	通过挖泥船所装备的产量指示器自动计算	只能在具备产量计的挖泥船上采用

（2）定额工程量计算方法

现行水利建筑工程概算定额的有关工程量计量规则为:

疏浚或吹填工程量均按水下自然方计量,疏浚或吹填工程陆上方应折算为水下自然方。在开挖过程中的超挖、回淤等因素,均包括在定额内。

排泥管安拆按单位"管长·次"计量。挖泥船及吹泥船的开工展布及收工集合按次数计算,一般一项工程只计一次。

（3）清单工程量计算方法

① 疏浚和吹填工程的清单项目:船舶疏浚、其他机械疏浚、船舶吹填、其他机械吹填、其他疏浚和吹填工程。

② 清单规则:在江河、水库、港湾、湖泊等处的疏浚工程（包括排泥于水中或陆地）,按招标设计图示轮廓尺寸计算的水下有效自然方体积计量。施工过程中疏浚设计断面以外增加的超挖量、施工期自然回淤量、开工展布与收工集合、避险与防干扰措施、排泥管安拆移动以及使用辅助船只等所发生的费用,应摊入有效工程量的工程单价中。辅助工程（如浚前扫床和障碍物清除、排泥区围堰、隔埝、退水口及排水渠等项目）另行计量计价。

吹填工程按招标设计图示轮廓尺寸计算（扣除吹填区围堰、隔埝等的体积）的有效吹填体积计量。

施工过程中吹填土体沉陷量、原地基因上部吹填荷载而产生的沉降量和泥砂流失量、对吹填区平整度要求较高的工程配备的陆上土方机械等所发生的费用,应摊入有效工程量的工程单价中。辅助工程（如浚前扫床和障碍物清除、排泥区围堰、隔埝、退水口及排水渠等项目）另行计量计价。

利用疏浚工程排泥进行吹填的工程,疏浚和吹填价格分界按招标设计文件的规定执行。

4.4　砌筑工程

砌筑工程是指在建筑工程中使用普通黏土砖、承重黏土空心砖、蒸压灰砂砖、粉煤灰砖、各种中小型砌块和石材等材料进行砌筑的工程。包括干砌和浆砌两种方法：干砌就是砌体之间的缝隙没有砂浆，直接铺码在一起的一种砌筑方法，包括干砌块石、干砌片石等；浆砌是砌体之间的缝隙填塞满砂浆的一种砌筑方法，包括浆砌块石、浆砌片石等。

砌筑工程包括干砌块石、钢筋（铅丝）石笼、浆砌块石、浆砌卵石、浆砌条（料）石、砌砖、干砌混凝土预制块、浆砌混凝土预制块、砌体拆除、砌体砂浆抹面等。

4.4.1 砌筑工程分类

（1）砌石工程

① 干砌石。干砌石（图 4-13）是指不用任何胶凝材料把石块砌筑起来，包括干砌块（片）石、干砌卵石。一般用于土坝（堤）迎水面护坡、渠系建筑物进出口护坡及渠道衬砌、水闸上下游护坦、河道护岸等工程。

图 4-13 河道干砌石

常用的干砌石施工方法有两种，即花缝砌筑法和平缝砌筑法，如图 4-14、图 4-15 所示。干砌块石是依靠块石之间的摩擦力来维持其整体稳定的。若砌体发生局部移动或变形，将会导致整体破坏。边口部位是最易损坏的地方，所以，封边工作十分重要。对护坡水下部分的封边，常采用大块石单层或双层干砌封边，然后将边外部用黏土回填夯实，有时也可采用浆砌石埂进行封边。对护坡水上部分的顶部封边，则常采用比较大的方正块石砌成 40cm 左右宽度的平台，平台后所留的空隙用黏土回填夯实，如图 4-16 所示。对于挡土墙、闸翼墙等重力式墙身顶部，一般用混凝土封闭。

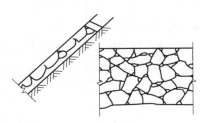

图 4-14 花缝砌筑法示意图

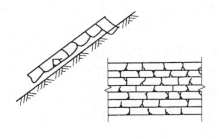

图 4-15 平缝砌筑法示意图

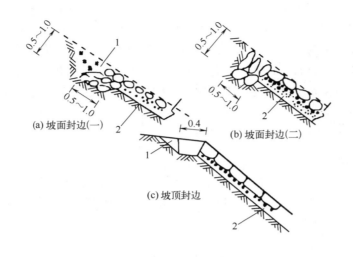

图 4-16　干砌块石封边（单位：m）
1—黏土夯实；2—垫层

② 浆砌石。浆砌石是用胶结材料把单个的石块联结在一起，使石块依靠胶结材料的黏结力、摩擦力和块石本身重量结合成为新的整体，以保持建筑物的稳固，同时，胶结材料充填着石块间的空隙，堵塞了一切可能产生的漏水通道。浆砌石具有良好的整体性、密实性和较高的强度，使用寿命更长，还具有较好的防止渗水和抵抗水流冲刷的能力。渠道浆砌石如图 4-17 所示。

砌第一层石块时，基底应坐浆。对于岩石基础，坐浆前还应洒水湿润。第一层使用的石块尽量挑大一些的，这样受力较好并便于错缝

图 4-17　渠道浆砌石

浆砌石施工的砌筑要领可概括为"平、稳、满、错"四个字。平，同一层面大致砌平，相邻石块的高差宜小于 2~3cm；稳，单块石料的安砌务求自身稳定；满，灰缝饱满密实，严禁石块间直接接触；错，相邻石块应错缝砌筑，尤其不允许顺水流方向通缝。

浆砌石挡土墙是一种采用浆砌石块作为主要建筑材料，通过石块之间的黏结力来形成墙体，以抵抗土压力的建筑物，具有较高的抗压、抗剪和抗拉强度，稳定性好，耐久性强，取材方便，成本低廉。浆砌石挡土墙如图 4-18 所示。

（2）砌砖工程

① 砖基础砌筑。砖基础是以砖为砌筑材料形成的建筑物基础。砖基础一般做成阶梯形

图 4-18　浆砌石挡土墙

的大放脚。砖基础的大放脚通常采用等高式或间隔式两种形式，如图 4-19 所示。砌筑时为保证最底层的整体性良好，底层采用"全丁法"砌筑。砖基础主要指由烧结普通砖和毛石砌筑而成的基础，属于刚性基础范畴，如图 4-20 所示。这种基础的特点是抗压性能好，整体性和抗拉、抗弯、抗剪性能较差，材料易得，施工操作简便，造价较低。

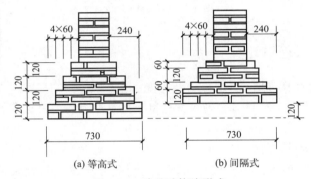

图 4-19　砖基础构造形式

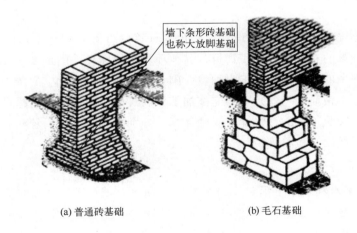

图 4-20　砖基础

② 砖墙砌筑。砖墙砌筑是建筑墙面的常见作业，但是不同建筑对砖墙的要求是不同的，因此砖墙砌筑形式也是有所差异的，各种形式都有自身独特的优点。砖墙的砌筑方式和种类多种多样，比如普通砖墙的砌筑形式主要有五种：即一顺一丁、三顺一丁、梅花丁、二平一

侧和全顺式。砖墙的种类则主要取决于所使用的砖的类型和生产形状。例如，按材料分类，砖可以分为黏土砖、灰砂砖、页岩砖、煤矸石砖、水泥砖以及各种工业废料砖（如粉煤灰砖、炉渣砖等）。按生产形状分类，砖可以分为实心砖、多孔砖、空心砖等。这些不同种类的砖，其性能和用途也各不相同，可以根据具体需求进行选择。砖砌挡土墙如图4-21所示。

图4-21 砖砌挡土墙

4.4.2 砌筑工程工程量计算

（1）设计工程量计算方法

砌筑工程量应按不同砌筑材料、砌筑方式（干砌、浆砌等）和砌筑部位分别计算，以建筑物砌体方计量。

（2）清单工程量计算方法

① 砌筑工程的清单项目：干砌块石、钢筋（铅丝）石笼、浆砌块石、浆砌卵石、浆砌条（料）石、砌砖、干砌混凝土预制块、浆砌混凝土预制块、砌体拆除、砌体砂浆抹面、其他砌筑工程。

② 计算规则：砌体拆除按招标设计图示尺寸计算的拆除体积计量，砌体砂浆抹面按招标设计图示尺寸计算的有效抹面面积计量，其他项目按招标设计图示尺寸计算的有效砌筑体积计量。施工过程中的超砌量、施工附加量、砌筑操作损耗等所发生的费用，应摊入有效工程量的工程单价中。钢筋（铅丝）石笼笼体加工和砌筑体拉结筋，按招标设计图示要求按钢筋、钢构件加工及安装工程的计量计价规则计算，分别摊入钢筋（铅丝）石笼和埋有拉结筋砌筑体的有效工程量的工程单价中。

（3）实训案例

【**实例4-3**】 某水利水电工程砖基础如图4-22所示，试计算砖基础的工程量。

【**解**】 外墙中心线长度 $L_{外}=(3×5.0+6.0)×2=42$（m）

内墙净长度 $L_{内}=(6.0-0.24)×2=11.52$（m）

砖基础断面面积 $S=S_{大放脚}+S_{砖墙}$

$=n×(n+1)×0.0625×0.126+0.24×(1.5-0.3-0.24)$

$=0.0945+0.231$

$=0.326$（m²）

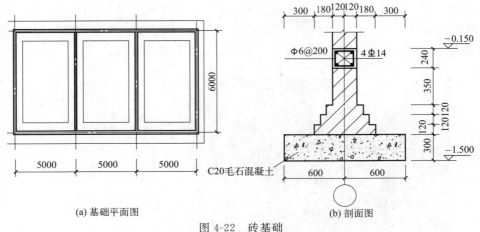

(a) 基础平面图 (b) 剖面图

图 4-22 砖基础

砖基础工程量 $V_{基}$ =（外墙中心线长度＋内墙净长度）×砖基础断面面积
$$= (42+11.52) \times 0.326$$
$$= 17.45 \ (m^3)$$

【实例 4-4】 某水利枢纽工程的毛石石柱如图 4-23 所示，试计算石柱基础的工程量。

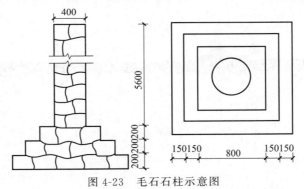

图 4-23 毛石石柱示意图

【解】 ① 清单工程量计算：

圆形毛石石柱基础工程量 $V_{基础}$ =$(0.8+0.15 \times 4) \times (0.8+0.15 \times 4) \times 0.20 + (0.8+0.15 \times 2) \times (0.8+0.15 \times 2) \times 0.20 + 0.8 \times 0.8 \times 0.20$
$$= 0.76 (m^3)$$

圆形毛石石柱柱身工程量 $V_{柱身}$ =$3.14 \times 0.20^2 \times 5.6 = 0.70 \ (m^3)$

② 定额工程量同清单工程量。

4.5 锚喷支护工程

4.5.1 基本概念

锚喷支护是由锚杆和喷射混凝土面板组成的支护，主要作用是限制围岩变形的自由发展，调整围岩的应力分布，防止岩体松散坠落。其既可作为施工过程中的临时支护使用，也可在某些情况下作为永久支护或衬砌，如图4-24所示。锚喷支护可以紧跟工作面进行，对于控制围岩早期应力释放、防止围岩发生任意松动和变形最为有利。

> 锚杆结合喷射混凝土，多用于地下洞室的顶拱和边墙。锚喷支护常紧跟开挖掘进，平行作业，特别是在隧洞或地下厂房施工中采用分部开挖的方式时，可随着开挖断面的扩大，边挖边喷，直至全断面完成

图4-24 锚喷支护

锚杆在锚喷支护体系中起骨干作用，通过锚杆的作用可以调动围岩自身承载作用。锚杆的组成如图4-25所示。

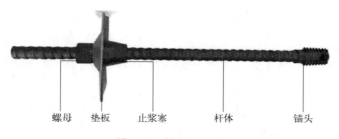

图4-25 锚杆的组成

在高边坡开挖和地下洞室开挖过程中及时完成锚杆施工，能够起到控制围岩变形、减小应力重分布造成塌落拱的高度、形成主动支护的作用。

在隧洞施工中采用锚杆和喷混凝土联合支护，是保证施工安全、方便施工、加快工程进度、节省投资的有效途径。在一些小跨度隧洞和不重要的临时工程，为简化工序，节省投资，常采用锚喷支护作为永久支护。为使锚杆之间的岩块稳定、不塌落，常采用锚杆与挂钢筋网、加强筋、钢拱架、喷射混凝土等联合支护方式。

采用锚杆对围岩进行加固，能够调动围岩的自身承载能力，加强围岩的自稳能力，形成锚杆与围岩组合的承载拱，控制塌方的发生概率，保证施工安全和工程安全，实现工程设计目的。

在工程中常用的锚杆有水泥砂浆锚杆、预应力锚杆、树脂锚杆、水泥速凝锚固锚杆、自进式锚杆、水压锚杆、楔形锚杆、胀壳锚杆和膨胀锚杆等。

喷射混凝土是利用压缩空气或其他动力，将按一定配比拌制的混凝土混合物沿管路输送至喷头处，以较高速度垂直喷射于受喷面，依赖喷射过程中水泥与骨料的连续撞击压密而形成的薄层支护结构，如图4-26所示。

图 4-26 锚杆挂钢筋网喷混凝土支护

4.5.2 锚喷支护工程工程量计算

（1）设计工程量计算方法

锚杆支护工程量，按锚杆类型、长度、直径和支护部位及相应岩石级别以根数计算；预应力锚索的工程量按不同预应力等级、长度、型式及锚固对象以束计算。

喷混凝土工程量应按喷射厚度、部位及有无钢筋以体积计，回弹量不应计入。喷浆工程量应根据喷射对象以面积计算。

锚杆（索）设计工程量长度为嵌入岩石设计有效长度，按规定应留外露部分及加工损耗均已计入定额，工程量中不再计算。

（2）定额工程量计算方法

锚杆按"根"计，锚索按"束"计，定额所列长度为设计锚杆（锚索）嵌入岩体的有效长度，按规定预留的外露部分及加工制作过程中的损耗等，均已计入定额。

喷浆按"m^2"计，喷混凝土按"m^3"计，定额以喷浆（混凝土）后的设计有效面积（体积）计算，定额已包括了拌制、运输及回弹的损耗量。

（3）清单工程量计算方法

① 喷锚支护工程清单项目：注浆黏结锚杆、水泥卷锚杆、普通树脂锚杆、加强锚杆束、预应力锚杆、其他黏结锚杆、单锚头预应力锚索、双锚头预应力锚索、岩石面喷浆、混凝土面喷浆、岩石面喷混凝土、钢支撑加工、钢支撑安装、钢筋格构架加工、钢筋格构架安装、木支撑安装、其他锚喷支护工程。

② 计算规则：锚杆（束）按招标设计图示尺寸计算有效根（或束）数量。钻孔、锚杆或锚杆束、附件、加工及安装过程中操作损耗等所发生的费用，应摊入有效工程量的工程单价中。锚索按招标设计图示尺寸计算的有效束数计量。钻孔、铺索、附件、加工及安装过程中操作损耗等所发生的费用，应摊入有效工程量的工程单价中。喷浆按招标设计图示范围的有效面积计量，喷混凝土按招标设计图示范围的有效实体方体积计量。由于被喷表面超挖等原因引起的超喷量、施喷回弹损耗量、操作损耗等所发生的费用，应摊入有效工程量的工程单价中。钢支撑加工、钢支撑安装、钢筋格构架加工、钢筋格构架安装，按招标设计图示尺寸计算的钢支撑或钢筋格构架及附件的有效重量（含两榀钢支撑或钢筋格构架间连接钢材、钢筋等的用量）计量。计算钢支撑或钢筋格构架重量时，不扣除孔眼的重量，也不增加电焊条、铆钉、螺栓等的重量。一般情况下钢支撑或钢筋格构架不拆除，如需拆除，招标人应另外支付拆除费用。木支撑安装按耗用木材体积计量。喷浆和喷混凝土工程中如设有钢筋

网，按钢筋、钢构件加工及安装工程的计量计价规则另行计量计价。

4.6 钻孔和灌浆工程

4.6.1 相关理论

（1）基本概念

钻孔和灌浆工程指为提高水工建筑物地基承载能力、改善和加强其抗渗性能及整体性所采取的处理措施，如图 4-27 所示。它包括帷幕灌浆、固结灌浆、回填（接触）灌浆、防渗墙、减压井等工程。其中，灌浆就是利用灌浆机施加一定的压力，将浆液通过预先设置的钻孔或灌浆管，灌入岩石、土或建筑物中，使其胶结成坚固、密实而不透水的整体。灌浆是水利工程基础处理中最常用的有效手段。通过灌浆可以提高被灌地层或建筑物的抗渗性和整体性，改善地基条件，保证水工建筑物安全运行，如图 4-28 所示。常用灌浆设备主要包括灌浆泵、灌浆管、混合器、阀门等。而钻孔常采用手风钻、回转式钻机和冲击钻等钻孔机械进行。

图 4-27 长螺旋钻孔压浆灌注桩施工

图 4-28 灌浆施工

（2）灌浆的分类

① 接触灌浆。接触灌浆是指为加强坝体混凝土和基岩接触面的结合能力，使其有效地传递应力，提高坝体的抗滑稳定性而进行的灌浆。接触灌浆多在坝体下部混凝土固化收缩基

本稳定后进行。

② 固结灌浆。固结灌浆是指为提高地基整体性、均匀性和承载能力而进行的灌浆。

③ 帷幕灌浆。帷幕灌浆是指为在坝基形成一道阻水帷幕以防止坝基及绕坝渗漏，降低坝底扬压力而进行的深孔灌浆。

④ 回填灌浆。回填灌浆是指为使隧道顶拱岩面与衬砌的混凝土面，或压力钢管与底部混凝土接触面结合密实而进行的灌浆。

⑤ 接缝灌浆。大体积混凝土由于施工需要而形成了许多施工缝，为了恢复建筑物的整体性，利用预埋的灌浆系统，对这些缝进行的灌浆。

（3）灌浆技术在水利工程中的应用

① 大坝基础处理。在水利工程建设中，大坝基础处理至关重要。利用灌浆技术可以加固松散的基础土层，提高地基承载力，保证大坝的稳定性。

② 堤防加固。堤防是防洪工程的重要组成部分。通过灌浆技术对堤体进行加固，可以提高堤防的防洪能力和稳定性。

③ 水库漏水处理。水库漏水是水利工程中常见的问题之一。利用灌浆技术对漏水部位进行封堵，可以保证水库的安全运行。

④ 渠道防渗。渠道是水利工程中输水的主要通道。通过灌浆技术对渠道进行防渗处理，可以减少水资源的浪费和提高输水效率。

4.6.2 钻孔和灌浆工程工程量计算

（1）设计工程量计算方法

基础固结灌浆与帷幕灌浆工程量自起灌基面算起，钻孔长度自实际孔顶高程算起。基础帷幕灌浆采用孔口封闭的，还应计算灌注孔口管工程量，根据不同孔口管长度以孔为单位计算。地下工程的固结灌浆，其钻孔和灌浆工程量根据设计要求以长度计。

回填灌浆工程量按设计的回填接触面积计算。

接触灌浆和接缝灌浆的工程量，按设计所需面积计算。

混凝土地下连续墙的成槽和混凝土浇筑工程量应分别计算，并应符合下列规定：① 成槽工程量按不同墙厚、孔深和地层以面积计算；② 混凝土浇筑工程量，按不同墙厚和地层以成墙面积计算。

混凝土灌注桩钻孔和灌注混凝土工程量应分别计算，并应符合下列规定：钻孔工程量按不同地层类别以钻孔长度计；灌注混凝土工程量按不同桩径以桩长度计。

振冲桩应按不同孔深以桩长计算。

现行概算定额中钻孔和灌浆各子目已包括检查孔钻孔和检查孔压水试验。

钻机钻灌浆孔需明确钻孔部位岩石级别。

混凝土灌注桩工程量计算应明确桩深。若为岩石地层，应明确岩石抗压强度。

（2）定额工程量计算方法

现行水利概算定额，钻灌浆孔、排水孔、垂线孔等工程量均以设计钻孔长度"m"计量。帷幕灌浆、固结灌浆、土坝劈裂灌浆、高压喷射灌浆等均按"延米"计量。

隧洞回填灌浆工程量按顶拱120°拱背面积以"m^2"计算，高压管道回填灌浆工程量按钢管外径面积以"m^2"计算。接缝（触）灌浆按设计被灌面积以"m^2"计量。灌注孔口管、水位观测孔等以"孔"计量。

地下连续墙的成槽和混凝土浇筑都以阻水面积以"m^2"计量。振冲桩以设计振冲孔长度以"延米"计算。灌注桩造孔和灌注工程量以"延米"计算。

（3）清单工程量计算方法

① 钻孔和灌浆工程清单项目：砂砾石层帷幕灌浆（含钻孔）、土坝（堤）劈裂灌浆（含钻孔）、岩石层钻孔、混凝土层钻孔、岩石层帷幕灌浆、岩石层固结灌浆、回填灌浆（含钻孔）、检查孔钻孔、检查孔压水试验、检查孔灌浆、接缝灌浆、接触灌浆、排水孔、化学灌浆、其他钻孔和灌浆工程。砂砾石层帷幕灌浆、土坝坝体劈裂灌浆，按招标设计图示尺寸计算的有效灌浆长度计量。钻孔、检查孔钻孔灌浆、浆液废弃、钻孔灌浆操作损耗等所发生的费用，应摊入砂砾石层帷幕灌浆、土坝坝体劈裂灌浆有效工程量的工程单价中。

② 计算规则：岩石层钻孔、混凝土层钻孔，按招标设计图示尺寸计算的有效钻孔进尺，按用途和孔径分别计量。有效钻孔进尺按钻机钻进工作面的位置开始计算。先导孔或观测孔取芯、灌浆孔取芯和扫孔等所发生的费用，应摊入岩石层钻孔、混凝土层钻孔有效工程量的工程单价中。直接用于灌浆的水泥或掺合料干耗量按设计净干耗灰量计量。

岩石层帷幕灌浆、固结灌浆，按招标设计图示尺寸计算的有效灌浆长度或设计净干耗灰量（水泥或掺和料的注入量）计量。补强灌浆、浆液废弃、灌浆操作损耗等所发生的费用，应摊入岩石层帷幕灌浆、固结灌浆有效工程量的工程单价中。

隧洞回填灌浆按招标设计图示尺寸规定的计量角度，以设计衬砌外缘弧长与灌浆段长度乘积的有效灌浆面积计量。混凝土层钻孔、预埋灌浆管路、预留灌浆孔的检查和处理、检查孔钻孔和压浆封堵、浆液废弃、灌浆操作损耗等所发生的费用，应摊入有效工程量的工程单价中。

高压钢管回填灌浆按招标设计图示衬砌钢板外缘全周长乘回填灌浆钢板衬砌段长度计算的有效灌浆面积计量。连接灌浆管、检查孔回填灌浆、浆液废弃、灌浆操作损耗等所发生的费用，应摊入有效工程量的工程单价中。钢板预留灌浆孔封堵不属于回填灌浆的工作内容，应计入压力钢管的安装费中。检查孔钻孔、检查孔压水试验、检查孔灌浆一般适用于坝（堰）基岩石帷幕、固结灌浆效果检查，混凝土浇筑质量检查。

接缝灌浆、接触灌浆，按招标设计图示尺寸计算的混凝土施工缝（或混凝土坝体与坝基、岸坡岩体的接触缝）有效灌浆面积计量。灌浆管路、灌浆盒及止浆片的制作、埋设、检查和处理、钻混凝土孔、灌浆操作损耗等所发生的费用，应摊入接缝灌浆、接触灌浆有效工程量的工程单价中。排水孔按招标设计图示尺寸计算的有效钻孔进尺计量。

化学灌浆按招标设计图示化学灌浆区域需要各种化学灌浆材料的有效总重量计量。化学灌浆试验、灌浆过程中操作损耗等所发生的费用，应摊入有效工程量的工程单价中。

钻孔和灌浆工程清单项目的工作内容不包括招标文件规定按总价报价的钻孔取芯样的检验试验费和灌浆试验费。

（4）实训案例

【实例 4-5】 某工程的基础处理项目中，基础加固采用灌注桩，地层为卵石层，灌注桩数量为 120 根，每根桩平均深度为 20m，桩径 0.8m。计算灌注桩的设计工程量。

【解】 灌注桩设计工程量按不同桩径以桩长度计算。

灌注桩的设计工程量＝120×20＝2400（m）

【实例 4-6】 已知：某工程的基础处理项目有引水隧洞回填灌浆、固结灌浆；坝基防渗采用混凝土防渗墙及墙下单排帷幕灌浆。坝顶高程 1800m。工程资料如下：

① 引水隧洞。隧洞全长 1500m，衬砌后内径 6m，混凝土衬砌厚 0.8m。进、出口段长度分别为 100m、200m，强风化岩层，岩石级别为四级。全洞进行回填灌浆，范围为顶部 120°，排距 2.5m，每排 3 孔、2 孔交替布置。进口和出口段进行固结灌浆，孔深 3m，环距 2.5m，每环 8 个孔，耗灰量为 100kg/m。

② 坝基。坝轴线长 500m，地层为粗砂层，混凝土防渗墙厚 0.8m，平均深度为 38m，要求入岩 0.5m，墙下帷幕灌浆，岩石级别为四级，透水率为 12Lu，孔距 2.5m，墙体预埋灌浆管（不考虑），钻孔灌浆深度平均为 15m，采用单排自上而下灌浆，灌浆试验耗灰量为 110kg/m，检查孔压水试验只考虑帷幕灌浆段。灌浆的灌基面与钻孔孔顶高程相同。计算：

a. 回填灌浆、固结灌浆钻孔、帷幕灌浆的设计工程量。

b. 混凝土防渗墙成槽的设计工程量，岩石层成槽工程量。

【解】 ① 隧洞回填灌浆的设计工程量为顶拱 120°，所以：

拱背面积＝1500×(6+0.8×2)×π/3＝11938（m²）

固结灌浆钻孔设计工程量＝[(100+200)/2.5+2]×8×3＝2928（m）

帷幕灌浆钻孔设计工程量＝(500/2.5+1)×15＝3015（m）

帷幕灌浆设计工程量＝钻孔长度＝3015（m）

② 混凝土防渗墙成槽的设计工程量＝500×38＝19000（m²）

其中，岩石层成槽工程量＝500×0.5＝250（m²）。

【实例 4-7】 某水利水电工程采用灰土挤密桩，如图 4-29 所示，直径 D＝500mm，共需打桩 40 根，计算桩的工程量。

【解】 清单工程量 L＝(6+0.45)×40＝258（m）

定额工程量 V＝π/4×0.5²×(6+0.45)×40＝50.66（m³）

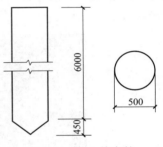

图 4-29 灰土挤密桩

4.7 基础防渗和地基加固工程

4.7.1 基本概念

4.7.1.1 基础防渗工程

（1）混凝土防渗墙

混凝土防渗墙是沿坝体延伸的，是在松散透水地基中连续造孔，以泥浆固壁，往孔内灌注混凝土而建成的墙形防渗建筑物，如图 4-30 所示。它是对闸坝等水工建筑物在松散透水地基中进行垂直防渗处理的主要措施之一。防渗墙按分段建造，一个圆孔或槽孔浇筑混凝土后构成一个墙段，许多墙段连成一整道墙。墙的顶部与闸坝的防渗体连接，两端与岸边的防渗设施连接，底部嵌入基岩或相对不透水地层中一定深度，即可截断或减少地基中的渗透水

图 4-30　混凝土防渗墙

流,对保证地基的渗透稳定和闸坝安全,充分发挥水库效益起着重要作用。

① 防渗墙的类型。a. 按墙体结构型式分类:桩柱型防渗墙、槽孔型防渗墙和混合型防渗墙三类,其中槽孔型防渗墙使用更为广泛,如图 4-31 所示。b. 按布置方式分类:嵌固式防渗墙、悬挂式防渗墙和组合式防渗墙。c. 按墙体材料分:主要有普通混凝土防渗墙、钢筋混凝土防渗墙、黏土混凝土防渗墙、塑性混凝土防渗墙和灰浆防渗墙(固化灰浆和自凝灰浆)。d. 按成槽方法分:主要有钻挖成槽防渗墙、射水成槽防渗墙、链斗成槽防渗墙和锯槽防渗墙。

图 4-31　槽孔型防渗墙

② 施工工序。水利水电工程中混凝土防渗墙,以槽孔型为主,施工程序主要包括:造孔前的准备工作;泥浆固壁与造孔成槽;终孔验收与清孔换浆;墙体混凝土浇筑;质量检查与验收等过程。造孔如图 4-32 所示。

图 4-32　造孔

（2）高压喷射灌浆防渗墙

高压喷射灌浆（简称高喷灌浆或高喷）是采用钻孔，将装有特制合金喷嘴的灌浆管下到预定位置，然后用高压水泵或高压泥浆泵（20～40MPa）将水或浆液通过喷嘴喷射出来，冲击破坏土体，使土粒在喷射流束的冲击力、离心力和重力等综合作用下，冲击、切割、破碎地层土体，并以水泥基质浆液充填、掺混其中，形成桩柱或板墙状的凝结体，用以提高地基防渗或承载能力的施工技术，如图4-33所示。

图4-33 高压喷射灌浆防渗墙施工

① 喷射形式。高压喷射灌浆的喷射形式有旋喷、摆喷、定喷三种。

② 施工工序。其施工程序为钻孔、地面试喷、下灌浆管、喷射提升（先进行原位喷射）、成桩成板或成墙，如图4-34所示。

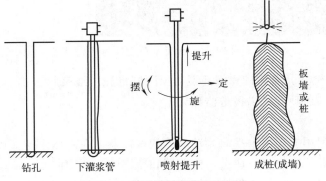

图4-34 高压喷射灌浆施工工艺

4.7.1.2 地基加固工程

（1）桩基

桩基工程是地基加固的主要方法之一，目的是提高地基承载力、抗剪强度和稳定性。

① 灌注桩。由于具有施工时无振动、无挤土、噪声小、宜于在城市建筑物密集地区使用等优点，灌注桩在施工中得到较为广泛的应用。根据成孔工艺的不同，灌注桩可以分为干作业成孔灌注桩、泥浆护壁成孔灌注桩和人工挖孔灌注桩等，如图4-35所示。

② 钢筋混凝土预制桩。钢筋混凝土预制桩需在预制构件加工厂预制，经过养护，达到设计强度后，运至施工现场，用打桩机打入土中，然后在桩的顶部浇筑承台梁（板）基础。为了抵抗锤击和穿越土层，在桩顶和桩尖部分应加密箍筋，并把桩尖处的主筋弯起，并焊在

图 4-35 泥浆护壁成孔灌注桩

泥浆护壁灌注桩施工工艺：场地平整→桩位放线→开挖浆池、浆沟→护筒埋设→钻机就位、孔位校正→成孔、泥浆循环、清除废浆和泥渣→第一次清孔→质量验收→下钢筋笼和钢导管→第二次清孔→浇筑水下混凝土→成桩

一根芯棒上。钢筋混凝土预制桩具有制作简便、强度高、刚度大和可制成各种截面形状的优点，是被广泛地采用的一种桩型，如图 4-36 所示。

图 4-36 钢筋混凝土预制桩

成品桩的桩体应达到100%设计强度后，方可起吊与运输。成品桩应装车运输，严禁采用沿地面直接拖拉桩体

③ 桩基的成桩检验。灌注桩和钢筋混凝土预制桩施工结束后 28d，应对桩体进行检验和检测，并应将检验和检测的成果报送监理人。

（2）振冲桩

软弱地基中，利用能产生水平向振动的管状振冲器，在高压水流下边振边冲成孔，再在孔内填入水泥、碎石等坚硬材料成桩，使桩体和原来的土体构成复合地基，此时形成的桩体称振冲桩，这种加固技术称振冲桩法。振冲桩法适用于杂填土、疏松的砂土、黏性土和粉土等地基。以振冲桩方法处理的地基，能够充分利用天然地基的强度优势，使地基强度均匀。采用振冲桩法可快速完成软弱地基的排水固结，增强地基强度，提高承载力和抗液化能力，加大地基的稳定性。振冲桩法的主要机械工具有振冲器、电控系统、起吊机械、水泵、泥浆泵、填料机械等，其施工现场如图 4-37 所示。

（3）沉井

沉井是井筒状的结构物。沉井施工时，先在井内挖土，沉井依靠自身重力克服井壁摩阻力后下沉到设计标高，然后经过混凝土封底并填塞井孔，成为桥梁墩台或其他结构物的基础，一般在施工大型桥墩的基坑、污水泵站、大型设备基础、人防掩蔽所、盾构拼装井、地下车道与车站水工基础施工围护装置时使用。沉井的截面形状有圆形、矩形等，井孔的布置方式有单孔、双孔、多孔，如图 4-38 所示。

图 4-37 振冲桩法施工现场图

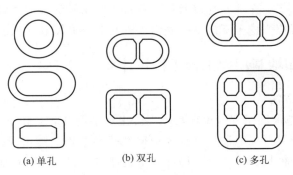

(a) 单孔　　(b) 双孔　　(c) 多孔

图 4-38 沉井井孔布置方式

按沉井的施工方法，沉井可分为陆地沉井与浮运沉井。

陆地沉井是指就地制造并下沉的沉井，如图 4-39 所示。陆地沉井制作应在场地清理和井位中轴线测量定位并经监理人验收签认后进行。陆地沉井采用分节制作、一次下沉的方法时，制作高度应不超过沉井短边或直径的长度，并不超过 12m。当第一节混凝土达到设计强度的 70% 后，方可浇筑其上一节混凝土。

图 4-39 陆地沉井

浮运沉井是在深水地区筑岛有困难或有碍通航时，可在岸边制作，再浮运就位后下沉的沉井，如图 4-40 所示。当水深 3~4m 以内且流速不大时，工序为水上筑岛→岛上制造→挖

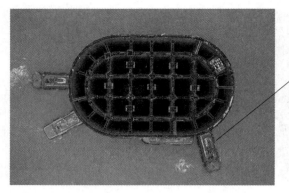

图 4-40 浮运沉井

土下沉→孔底清查→封底→充填井孔以及浇筑顶板；当水较深或流速较大时，工序为岸边制造→牵引滑移或起吊就位→挖土下沉→孔底清查→封底→充填井孔以及浇筑顶板。

4.7.2 基础防渗和地基加固工程工程量计算

（1）工程量计算方法

① 基础防渗和地基加固工程清单项目：混凝土地下连续墙、高压喷射灌浆连续防渗墙、高压喷射水泥搅拌桩、混凝土灌注桩（泥浆护壁钻孔灌注桩、锤击或振动沉管灌注桩）、钢筋混凝土预制桩、振冲桩加固地基、钢筋混凝土沉井、钢制沉井、其他基础防渗和地基加固工程。

② 计算规则：混凝土地下连续墙、高压喷射灌浆连续防渗墙，按招标设计图示尺寸计算不同墙厚的有效连续墙体截面积计量；高压喷射水泥搅拌桩，按招标设计图示尺寸计算的有效成孔长度计量。造（钻）孔、灌注槽孔混凝土（灰浆）、操作损耗等所发生的费用，应摊入有效工程量的工程单价中。混凝土地下连续墙与帷幕灌浆结合的墙体内预埋灌浆管、墙体内观测仪器（观测仪器的埋设、率定、下设桁架等）及钢筋笼下设（指保护预埋灌浆管的钢筋笼的加工、运输、垂直下设及孔口对接等），另行计量计价。

地下连续墙施工的导向槽、施工平台，另行计量计价。

混凝土灌注桩按招标设计图示尺寸计算的钻孔（沉管）灌注桩灌注混凝土的有效体积（不含灌注于桩顶设计高程以上需要挖去的混凝土）计量。检验试验、灌注于桩顶设计高程以上需要挖去的混凝土、钻孔（沉管）灌注混凝土的操作损耗等所发生的费用和周转使用沉管的费用，应摊入有效工程量的工程单价中。钢筋笼按钢筋、钢构件加工及安装工程的计量计价规则另行计量计价。

钢筋混凝土预制桩按招标设计图示桩径、桩长，以有效根数计量。地质复勘、检验试验、预制制作（或购置），运桩、打桩和接桩过程中的操作损耗等所发生的费用，应摊入有效工程量的工程单价中。

振冲桩加固地基按招标设计图示尺寸计算的有效振冲成孔长度计量。振冲试验、振冲桩体密实度和承载力等的检验、填料及在振冲造孔填料振密过程中的操作损耗等所发生的费用，应摊入有效工程量的工程单价中。

沉井按符合招标设计图示尺寸需要形成的水面（或地面）以下有效空间体积计量。地质复勘、检验试验和沉井制作、运输、清基或水中筑岛、沉放、封底、操作损耗等所发生的费用,应摊入有效工程量的工程单价中。

(2)实训案例

【实例 4-8】 某水利枢纽工程,需进行地基处理。坝轴线长 1500m,地层为砂卵石,混凝土防渗墙墙厚 0.9m,平均深度 50m,要求入岩 0.6m,施工采用钻孔成槽,槽段连接方式采用钻凿法,接头系数 1.11,扩孔系数 1.15。墙下帷幕灌浆,岩石级别为Ⅶ级,透水率 5Lu,孔距 3m,墙体预埋灌浆管。钻孔灌浆深度平均 16m,采用单排自下而上灌浆。根据以上资料计算混凝土防渗墙预算工程量及帷幕灌浆工程量。

【解】 ① 混凝土防渗墙:

钻孔总工程量=(1500×50)/0.9×1.11=92500(m)

其中,砂卵石层钻孔工程量=(1500×49.4)/0.9=82333(m)

岩石层钻孔工程量=(1500×0.6)/0.9=1000(m)

混凝土层钻孔工程量=(1500×50)/0.9×0.11=9167(m)

混凝土浇筑工程量=1500×50×1.11×1.15=95738(m²)

② 帷幕灌浆工程量=(1500/3+1)×16=8016(m)

【实例 4-9】 某桥梁墩基础第一节(底节)为钢壳浮运沉井,沉井刃脚平面尺寸为 12m×8.6m,墩位水深 3.2m,河床地层深 3m 内为砂砾层,向下 3~6.5m 为软质岩石,再向下为硬质岩石。沉井底节高 4.5m,在船坞拼装,钢结构总质量 54.2t;采用导向船浮运至墩位抽水下沉,沉井下沉入土深度 6.5m;导向船之间所需联结梁金属设备 35t;锚定系统为 4 个 20 号钢筋混凝土锚(每个重 15t);定位后灌注混凝土下沉;第二节为混凝土井壁,高度为 5.5m,井壁混凝土为泵送 C20 水下混凝土,总数量为 142.6m³(含钢壳沉井灌注混凝土);封底泵送 C20 水下混凝土 75.6m³;片石掺砂填心 168m³;封顶(有底板)C25 混凝土 68m³,封顶钢筋 4.5t。沉井下沉示意图如图 4-41 所示,试计算沉井下沉工程量。

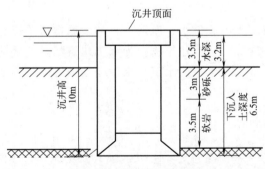

图 4-41 沉井下沉示意图

【解】 沉井下沉定额的工程量按沉井刃脚外缘所包围的面积乘沉井刃脚下沉入土深度计算。下沉深度指沉井顶面到沉井下沉作业面的高度。

砂砾层工程量 $V_1=12×8.6×1.5=154.8$(m³)

软岩层工程量 $V_2=12×8.6×1.5=154.8$(m³)

硬质岩石下沉工程量 $V_3=12×8.6×3.5=361.2$(m³)

4.8 混凝土与模板工程

4.8.1 基本概念

4.8.1.1 混凝土工程

(1) 混凝土工程的分类

混凝土工程按施工工艺可分为现浇混凝土和预制混凝土两大类。现浇混凝土又可分为常态混凝土、碾压混凝土和沥青混凝土。混凝土具有强度高、抗渗性、耐久性好等优点,在水利工程建设中应用十分广泛。如常态混凝土适用于坝、闸涵、船闸、水电站厂房、隧洞衬砌等工程,如图4-42所示;沥青混凝土适用于堆石坝、砂壳坝的心墙、斜墙及均质坝的上游防渗工程等。预制混凝土包括混凝土预制、构件运输、安装三个工序。

> 水利工程中,混凝土施工属于大面积施工,通常都是通过分缝、分块的方法进行的,如果对温度的控制稍有不慎,混凝土就会因温差或表面冻害产生裂缝,从而影响整体性能

图4-42 水利混凝土工程

(2) 水工混凝土

为了达到防洪、灌溉、发电、供水、航运等目的,通常需要修建不同类型的建筑物,用来挡水、泄洪、输水、排砂等,这些建筑物称为水工建筑物,这些建筑物所用的混凝土称为水工混凝土。水工混凝土常用于水上、水下和水位变动区等部位,如图4-43所示。

> 经常位于水中的称为水下混凝土;处于水位变动区域的称为水位变动区混凝土;水位变动区域以上的称为水上混凝土

图4-43 水工混凝土

根据水工构筑物的大小，可分为大体积混凝土（如大坝混凝土）和一般混凝土。大体积混凝土又分为内部混凝土和外部混凝土。

水工混凝土因其用途不同，技术要求也不同：常与环境水相接触时，一般要求具有较好的抗渗性；在寒冷地区，特别是在水位变动区应用时，要求具有较高的抗冻性；与侵蚀性的水相接触时，要求具有良好的耐蚀性；在大体积构筑物中应用时，为防止温度裂缝的出现，要求具有低热性和低收缩性；在受高速水流冲刷的部位使用时，要求具有抗冲刷、耐磨及抗气蚀性等。水工混凝土是水利工程中，尤其是大型水利工程中最主要的建筑材料。

水利工程的构、建筑物，如大坝、水运码头等，因必须承担水压力，所以体积庞大，少则数万立方米，多则数十万乃至数千万立方米，所用混凝土大部分是大体积混凝土。能否控制混凝土温升和防止温度应力裂缝是施工成败的关键。因此，配制时需要努力降低水泥用量，以减少混凝土的绝热温升值和提高混凝土的抗裂能力。而建工混凝土，即普通混凝土结构的体积相对小，配筋密，因主要采用泵送施工，对混凝土的流动度要求高（一般为100～220mm）。此外，普通混凝土结构使用的混凝土强度范围要大很多，C30至C50都很常用，高的可能到C70、C80。

4.8.1.2 模板工程

模板工程指新浇混凝土成型的模板以及支承模板的一整套构造体系，如图4-44所示。其中，接触混凝土并控制预定尺寸、形状、位置的构造部分称为模板，支持和固定模板的杆件、桁架、联结件、金属附件、工作便桥等构成支承体系，对于滑动模板、自升模板则增设提升动力以及提升架、平台等。

图4-44　混凝土与模板

> 模板可以按照材质、形式、安装性质和使用性质划分为多种类型。比如按材质划分，模板可分为木模板、钢模板、预制混凝土模板

（1）模板安装

① 模板安装必须按设计图纸测量放样，对重要结构应多设控制点，以利检查校正，且应经常保持足够的固定设施，以防模板倾覆。

② 支架必须支承在稳固的地基或已凝固的混凝土上，并有足够的支承面积，防止滑动。支架的立柱必须在两个互相垂直的方向上，用撑拉杆固定，以确保稳定。

③ 对于大体积混凝土浇筑，成型后的偏差不应超过模板安装允许偏差的50%～100%。

（2）模板拆除

① 对非承重模板，混凝土强度应达到2.5MPa以上。对于承重板，要求达到规定的混凝土设计强度的百分率后才能拆模。

② 提高模板使用的周转率是降低模板成本的关键。

③ 立模后浇筑前，应在模板内表面涂脱模剂，以利拆除。

4.8.2　混凝土与模板工程工程量计算

4.8.2.1　混凝土工程量计算

（1）设计工程量计算方法

混凝土工程量计算以成品实体方计量，并应符合下列规定：

① 项目建议书阶段混凝土工程量宜按工程各建筑物分项、分强度、分级配计算。可行性研究、初步设计、招标设计和施工图设计阶段应根据设计图纸分部位、分强度、分级配计算。

② 现行概算定额已考虑了混凝土的拌制、运输、凿毛、干缩等损耗及允许的施工超填量，设计工程量中不再另行考虑。

预算定额不包括允许的施工超填量及合理的附加量，使用预算定额时，应将这部分工程量计入混凝土单价中。

③ 碾压混凝土宜提出工法，沥青混凝土宜提出开级配或密级配。混凝土衬砌、板、墙等宜提出衬砌或者相应的厚度。

④ 钢筋混凝土的钢筋在不同设计阶段按含钢率或含钢量计算，或者根据设计图纸分部位计算工程量并注明其规格。钢筋制作与安装过程中的加工损耗、搭接损耗及施工架立筋附加量已包括在钢筋概算定额消耗量中，不再另算。混凝土结构中的钢衬工程量应单独列出，以重量计量。不同坝型结构含筋量如表4-6所示。

⑤ 混凝土管、止水等以设计铺设长度计算；支座以数量计量；防水层以防水面积计量；伸缩缝、涂层以面积计量。

表4-6　不同坝型结构含筋量　　　　　　　　　　　　单位：kg/m³

坝型结构	重力式挡土墙	重力坝	重力拱坝	溢流坝	连拱坝	溢流坝	闸墩
含筋量	5	5	10	10～15	20～27	25	40

（2）定额工程量计算方法

① 混凝土定额材料量。

现行预算定额的混凝土浇筑定额中，包括有效实体量和各种施工操作损耗及干缩，一般情况下损耗量及干缩比率为3%。

现行概算定额的混凝土浇筑定额中，混凝土材料量包括有效实体量、超填量、施工附加量及各种施工操作损耗（包括凿毛、干缩、运输、拌制、接缝砂浆等）。现行概算定额混凝土材料量用下式表示：

$$Q_{ghc}=Q_{yhc}[1+Q_{ct}(\%)+Q_{fj}(\%)] \tag{4-4}$$

式中　Q_{ghc}——概算定额混凝土材料量；

Q_{yhc}——预算定额混凝土材料量；

Q_{ct}——规范允许的超填量；

Q_{fj}——施工附加量。

概算定额混凝土定额材料中计入的超填量，是根据现行的施工规范允许的施工超挖量分析计算而来的；施工附加量是按工程设计施工详图资料统计分析计算得出的。

② 混凝土的运输量。

现行混凝土运输定额均以半成品方为计量单位，不包括干缩、运输、浇筑和超填等损耗的人工、材料、机械。

运输施工超填量及施工附加量所消耗的运输人工、材料、机械的费用，需根据超填量、施工附加量单独加计。

如《水利建筑工程概算定额》中，泵站下部混凝土浇筑中，每 $100m^3$ 成品方混凝土运输量为 $108m^3$，其中 $8m^3$ 为施工附加量和混凝土超填量，单位有效实体方为 $100m^3$。

计算泵站下部混凝土运输费时，根据施工方法选定运输定额后，需乘以 1.08 的系数。

③ 混凝土的拌制量。

现行混凝土拌制定额均以半成品方为计量单位，不包括干缩、运输、浇筑和超填等损耗的人工、材料、机械。

拌制施工超填量及施工附加量所消耗的运输人工、材料、机械的费用，需根据超填量、施工附加量单独加计。

④ 钢筋的定额量。

水利建筑工程的钢筋制作与安装定额，是按水工建筑工程的不同部位、不同制作安装方式综合制定的，适用于水工建筑物各部位及预制构件，定额数量包括全部施工工序所需的人工、材料、机械使用等数量。

现行概算定额中钢筋损耗率是 7%，包括钢筋制作与安装过程中的切断损耗、对焊时钢筋的损耗、截余短头作为废料处理的损耗、钢筋搭接时的绑条等。

（3）清单工程量计算方法

① 混凝土工程清单项目：普通混凝土、碾压混凝土、水下浇筑混凝土、模袋混凝土、预应力混凝土、二期混凝土、沥青混凝土、止水工程、伸缩缝、混凝土凿除、其他混凝土工程。

② 计算规则：普通混凝土按招标设计图示尺寸计算有效实体方体积计量。体积小于 $0.1m^3$ 圆角或斜角，钢筋和金属件占用的空间体积小于 $0.1m^3$ 或截面面积小于 $0.1m^2$ 孔洞、排水管、预埋管和凹槽等的工程量不予扣除。按设计要求对上述孔洞所回填混凝土也不重复计量。施工过程中由于超挖引起的超填量，冲（凿）毛、拌和、运输和浇筑过程中的操作损耗所发生的费用（不包括以总价承包的混凝土配合比试验费），应摊入有效工程量的工程单价中。

温控混凝土与普通混凝土的工程量计算规则相同。温控措施费应摊入相应温控混凝土的工程单价中。

混凝土冬季施工中对原材料（如砂石料）加温、热水拌和、成品混凝土的保温等措施所发生的冬季施工增加费应包含在相应混凝土的工程单价中。

碾压混凝土按招标设计图示尺寸计算的有效实体方体积计量。施工过程中由于超挖引起的超填量，冲（刷）毛、拌和、运输和碾压过程中的操作损耗所发生的费用（不包括配合比试验和生产性碾压试验的费用），应摊入有效工程量的工程单价中。

水下浇筑混凝土按招标设计图示浇筑前后水下地形变化计算的有效体积计量。拌和、运输和浇筑过程中的操作损耗所发生的费用，应摊入有效工程量的工程单价中。

模袋混凝土、预应力混凝土按招标设计图示尺寸计算的有效实体方体积计量。钢筋、锚索、钢管、钢构件、埋件等所占用的空间体积不予扣除。锚索及其附件的加工、运输、安装、张拉、注浆封闭、混凝土浇筑过程中操作损耗等所发生的费用，应摊入有效工程量的工程单价中。

二期混凝土按招标设计图示尺寸计算的有效实体方体积计量。钢筋和埋件等所占用的空间不予扣除。拌和、运输和浇筑过程中的操作损耗所发生的费用，应摊入有效工程量的工程单价中。

沥青混凝土按招标设计防渗心墙及防渗面板的防渗层、整平胶结层和加厚层沥青混凝土图示尺寸计算的有效体积计量；封闭层按招标设计图示尺寸计算的有效面积计量。施工过程中由于超挖引起的超填量及拌和、运输和摊铺碾压过程中的操作损耗所发生的费用（不包括室内试验、现场试验和生产性试验的费用），应摊入有效工程量的工程单价中。

止水工程按招标设计图示尺寸计算的有效长度计量。止水片的搭接长度、加工及安装过程中操作损耗等所发生的费用，应摊入有效工程量的工程单价中。

伸缩缝按招标设计图示尺寸计算的有效面积计量。缝中填料及其在加工及安装过程中的操作损耗所发生的费用，应摊入有效工程量的工程单价中。

混凝土凿除按招标设计图示凿除范围内的实体方体积计量。

混凝土工程中的小型钢构件，如温控需要的冷却水管、预应力混凝土中固定锚索位置的钢管等所发生的费用，应分别摊入相应混凝土有效工程量的工程单价中。

混凝土拌和与浇筑分属两个投标人时，价格分界点按招标文件的规定执行。

当开挖与混凝土浇筑分属两个投标人时，混凝土工程按开挖实测断面计算工程量，相应由于超挖引起的超填量所发生的费用，不摊入混凝土有效工程量的工程单价中。

招标人如要求将模板使用费摊入混凝土工程单价中，各摊入模板使用费的混凝土工程单价应包括模板周转使用摊销费。

（4）实训案例

【实例 4-10】 某水利水电工程所需钢筋混凝土檩条如图 4-45 所示，试计算其工程量。

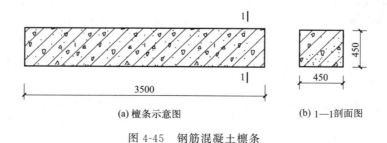

图 4-45 钢筋混凝土檩条

【解】 清单工程量：$V = 3.5 \times 0.45 \times 0.45 = 0.71$（$m^3$）

定额工程量：同清单工程量。

【实例 4-11】 已知：某导流平洞洞长 400m，设计衬砌后隧洞内径为 3m，设计衬砌厚度为 50cm，如图 4-46 所示。拟依据《水利建筑工程概算定额》计算项目投资。施工超挖按 16cm 计，不考虑施工附加量及运输操作损耗，设计混凝土龄期为 28d，强度等级为 C20，其混凝土配合比参考资料见表 4-7。计算：

① 设计开挖量，设计混凝土衬砌量。
② 预计的开挖出渣量。
③ 若考虑 5%的综合损耗，为完成此导流洞混凝土浇筑工作应至少准备多少砂、碎石、水泥。
④ 若含钢量为 50kg/m³，钢筋的设计工程量为多少。

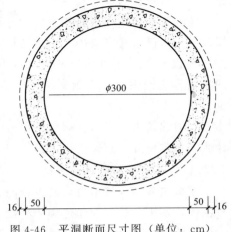

图 4-46 平洞断面尺寸图（单位：cm）

表 4-7 某工程混凝土配合比

混凝土强度等级	P·O42.5/kg	碎石/m³	砂/m³	水/m³
C20	261	0.85	0.51	0.15

【解】 ① 设计开挖量、混凝土衬砌量。采用《水利建筑工程概算定额》时，混凝土施工超填量及附加量已计入定额中，设计工程量不再加计这部分工程量。

设计开挖量=设计开挖断面面积×开挖长度=$\pi \times (3+0.5\times 2)^2/4 \times 400 = 5026.55$（m³）

混凝土衬砌工程量=设计衬砌断面尺寸×衬砌长度=$\pi \times [(3+0.5\times 2)^2 - 3^2]/4 \times 400 = 2199.11$（m³）

② 预计的开挖出渣量=实际开挖量=实际开挖断面尺寸×开挖长度
$= \pi \times [(3+0.5\times 2+0.16\times 2)^2]/4 \times 400 = 5862.97$（m³）

③ 备料量。备料量按实际混凝土衬砌量计算。

实际混凝土衬砌量=实际衬砌断面尺寸×衬砌长度
$= \pi \times [(3+0.5\times 2+0.16\times 2)^2 - 3^2]/4 \times 400 = 3035.53$（m³）

水泥备料量=实际混凝土衬砌量×损耗系数×单方混凝土水泥耗量
$= 3035.53 \times 1.05 \times 261/1000 = 831.89$（t）

砂备料量=实际混凝土衬砌量×损耗系数×单方混凝土砂耗量
$= 3035.53 \times 1.05 \times 0.51 = 1625.53$（m³）

碎石备料量=实际混凝土衬砌量×损耗系数×单方混凝土碎石耗量
$= 3035.53 \times 1.05 \times 0.85 = 2709.21$（m³）

④ 设计钢筋量=设计混凝土量×含筋率=$2199.11 \times 50/1000 = 109.96$（t）

【实例 4-12】 某导流平洞洞长 423m，设计衬砌后隧洞内径为 4m，设计衬砌厚度为 50cm，超挖 18cm，阶段系数为 1.03，求混凝土衬砌工程量。

【解】 $\pi \times (2.5^2 - 2^2) \times 423 \times 1.03 = 3079.71$（m³）

4.8.2.2 模板工程量计算

（1）设计工程量计算方法

混凝土立模面积是指混凝土与模板的接触面积，其工程量计算与工程施工组织设计密切相关，应根据建筑物结构体形、施工分缝要求和使用模板的类型计算。

定额中已考虑模板露明系数，计算工程量时不再考虑；支撑模板的立柱、围令和（排）架及铁件等已含在定额中，不再计算；各式隧洞衬砌模板及涵洞模板的堵头和键槽模板已按一定比例摊入概算定额中，不再单独计算立模面积；对于悬空建筑物（如渡槽槽身）的模板，定额中只计算到支撑模板结构的承重梁为止，承重梁以下的支撑结构未包括在定额内。

项目建议书和可行性研究阶段可参考现行《水利建筑工程概算定额》按混凝土立模系数计算，初步设计、招标设计和施工图设计阶段可根据工程设计立模面积计算。

（2）定额工程量计算方法

模板定额的计量单位均按模板与混凝土接触面积以 $100m^2$ 计。概算定额中已考虑了模板的周转使用，模板制作定额的消耗量是使用一次应摊销的人工、材料、机械使用量。如果采用外购模板，要按照规定对模板的预算价格进行摊销。

根据水利部发布的《水利建筑工程概算定额》，模板工程是单独计量、单独计价，所以采用水利部定额编制造价时，需要计算模板的工程量；但有些省市（如陕西省）的水利定额，模板的制作、安装和拆除已摊销在混凝土浇筑定额子目中，因此在采用时，不需要单独计算模板工程量。

（3）清单工程量计算方法

模板工程清单项目包括普通模板、滑动模板、移置模板、其他模板工程。

坝体纵、横缝键槽模板的立模面积按各立模面在竖直面上的投影面积计算（与无键槽的纵、横缝立模面积计算相同）。

模板工程中的普通模板包括平面模板、曲面模板、异形模板、预制混凝土模板等；其他模板包括装饰模板等。

模板按招标设计图示混凝土建筑物（包括碾压混凝土和沥青混凝土）结构体形、浇筑分块和跳块顺序要求所需有效立模面积计量。不与混凝土面接触的模板面积不予计量。模板面板和支撑构件的制作、组装、运输、安装、埋设、拆卸及修理过程中操作损耗等所发生的费用，应摊入有效工程量的工程单价中。

不构成混凝土永久结构、作为模板周转使用的预制混凝土模板，应计入吊运、吊装的费用。构成永久结构的预制混凝土模板，按预制混凝土构件计算。

模板制作安装中所用钢筋、小型钢构件，应摊入相应模板有效工程量的工程单价中。

模板工程结算的工程量，按实际完成进行周转使用的有效立模面积计算。

（4）实训案例

【**实例 4-13**】 某水利工程现浇钢筋混凝土有梁板如图 4-47 所示，试计算其工程量。

【**解**】 模板工程量 $= (11.1-0.24) \times (5.2-0.24) + (5.2-0.24) \times 0.3 \times 4$
$\qquad + (11.1+0.24+5.2+0.24) \times 2 \times 0.08$
$\qquad = 62.50 \ (m^2)$

混凝土工程量 $= (11.1+0.24) \times (5.2+0.24) \times 0.08 + (5.2+0.24) \times 0.3 \times 0.2 \times 2$
$\qquad = 5.59 \ (m^3)$

【**实例 4-14**】 某水利水电工程现浇钢筋混凝土十字形梁（花篮梁）如图 4-48 所示，求

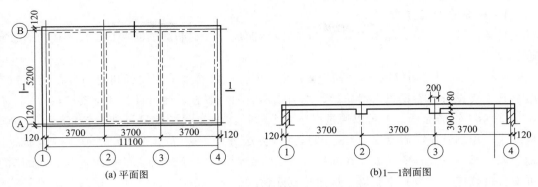

图 4-47 现浇钢筋混凝土有梁板

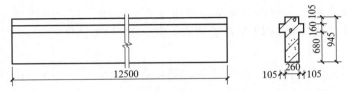

图 4-48 现浇钢筋混凝土十字形梁示意图

其模板工程量。

【解】 模板工程量按接触面积计算，即

$S_{模板} = 12.5 \times 0.945 \times 2 + 0.26 \times 0.945 \times 2 + 0.105 \times 0.16 \times 2 \times 2$

$= 24.18 \, (m^2)$

4.9 钢筋、钢构件加工及安装工程

钢筋是指配置在钢筋混凝土及预应力钢筋混凝土构件中的钢条或钢丝的总称。钢筋加工和安装系指将钢筋原材料加工成设计要求的形状并且安放在结构或构件的固定位置中的过程，如图 4-49 所示。

钢构件是指用角钢、钢板、槽钢、H 型钢等型钢或它们的组合制作的结构构件，包括钢柱、钢梁、钢屋架等。钢构件焊接加工如图 4-50 所示。

图 4-49 钢筋加工与安装

图 4-50 钢构件焊接

(1) 钢筋的加工方法

钢筋的加工有冷拉、除锈、调直、切断及弯曲成形。钢筋加工的形状、尺寸应符合设计要求。

① 冷拉。可用卷扬机或长行程液压千斤顶进行,目前多采用卷扬机进行。用卷扬机冷拉时,其主要设备有卷扬机、滑轮组、承力结构、回程装置、测量设备和钢筋夹具等。

② 除锈。钢筋除锈一般可以通过以下两个途径:a. 少量的钢筋局部除锈可采用电动除锈机或人工用钢丝刷、砂盘以及喷砂和酸洗等方法进行。b. 大量钢筋除锈可通过钢筋冷拉或钢筋调直机调直过程中完成。在冷拉过程中,由于钢筋受到拉伸力的作用,其表面的锈迹有可能会被拉伸、破裂甚至脱落,从而达到除锈的效果。在调直过程中,钢筋与滚轮等部件的摩擦和挤压也可能使钢筋表面的锈迹被去除或减轻。

③ 调直。钢筋调直宜采用机械方法,也可以采用冷拉。对局部曲折、弯曲或成盘的钢筋在使用前应加以调直。钢筋调直方法很多,常用的方法是使用卷扬机拉直和用调直机调直。

④ 切断。切断前,应将同规格钢筋长短搭配,统筹安排,一般先断长料,后断短料,以减少断头和损耗。钢筋切断可用钢筋切断机或手动剪切器。

⑤ 弯曲成形。钢筋弯曲的顺序是画线、试弯、弯曲成形。画线根据不同的弯曲角在钢筋上标出弯折的部位,以外包尺寸为依据,扣除弯曲量度差值。钢筋弯曲有人工弯曲和机械弯曲。

(2) 钢筋连接技术

钢筋连接技术包括机械连接、焊接和绑扎搭接。

① 钢筋机械连接。钢筋机械连接是通过连接件的机械咬合作用或钢筋端面的承压作用,将一根钢筋中的力传递至另一根钢筋的连接方法,如图4-51所示。常用的机械连接接头类型有:挤压套筒接头、锥螺纹套筒接头、直螺纹套筒接头、熔融金属充填套筒接头、水泥灌浆充填套筒接头和受压钢筋端面平接头等。

> 钢筋机械连接具有施工简便、工艺性能良好、接头质量可靠、不受钢筋焊接性能的制约、可全天候施工、节约钢材和能源等优点

图 4-51 钢筋机械连接

② 钢筋焊接。在钢筋混凝土预制加工及现场施工中,钢筋成形加工常应用焊接的方法。通过钢筋的焊接,既可保证钢筋接头质量,又可节省钢材。目前普遍采用的焊接方法有:闪光对焊、电阻点焊、电弧焊、窄间隙电弧焊、电渣压力焊、气压焊、预埋件钢筋埋弧压力焊等。

③ 钢筋绑扎搭接。钢筋绑扎搭接是借助钢筋钩用铁线把各种单根钢筋绑扎成整体骨架或网片的连接方法。如图 4-52 所示。绑扎钢筋的扎扣方法按稳固、顺势等操作的要求可分为若干种，其中，最常用的是一面顺扣绑扎方法。

图 4-52　钢筋绑扎搭接

（绑扎时，要根据标记的位置和数量，准确地将钢筋放置在指定位置上，并进行锚固，以确保钢筋的准确定位）

（3）钢筋安装技术

① 预制钢筋网、架的安装。单片或单个的预制钢筋网、架的安装比较简单，只要在钢筋入模后，按规定的保护层厚度垫好垫块，即可进行下一道工序。但当多片或多个预制的钢筋网、架（尤其是多个钢筋骨架）在一起组合使用时，则要注意节点相交处的交错和搭接。钢筋网与钢筋骨架应分段（块）安装，其分段（块）的大小、长度应按结构配筋、施工条件、起重运输能力来确定。一般钢筋网的分块面积为 6~20m²，钢筋骨架的分段长度为 6~12m。为防止变形，在运输和安装过程中，要采取临时加固措施。

② 钢筋焊接网的安装。钢筋焊接网的搭接方法有叠搭法、平搭法和扣搭法。钢筋焊接网安装时，下部网片应设置与保护层厚度相当的塑料卡或水泥砂浆垫块；板的上部网片应在接近短向钢筋两端，沿长向钢筋方向每隔 600~900mm 设一钢筋支架。

（4）钢构件的安装

① 钢构件运输。构件运输时，应根据构件的类型、尺寸、重量、工期要求、运距、费用和效率以及现场具体条件，选择合适的运输工具和装卸机具。必要时，可将装运最大尺寸的构件的运输架安装在车辆上，模拟构件尺寸，沿运输道路试运行。构件运输时，屋架和薄壁构件强度应达到 100%。

② 钢构件堆放。构件堆放场地应平整紧实，排水良好，以防因地面不均匀下沉造成构件裂缝或倾倒损坏。构件应按型号、编号、吊装顺序、方向，依次分类配套堆放。构件堆放应平稳，底部应设置垫木，避免搁空而引起翘曲。

③ 钢构件组装。钢构件的组装方法较多，但较常采用地样组装法和胎模组装法。在选择构件组装方法时，必须根据构件的结构特性和技术要求，结合制造厂的加工能力、机械设备等情况，选择能有效控制组装精度、耗工少、效益高的方法进行。

④ 钢构件拼装。钢构件拼装方法有平装法、立拼法和利用模具拼装法三种。

（5）钢筋、钢构件加工及安装工程工程量计算方法

① 钢筋、钢构件加工及安装工程清单项目：钢筋加工及安装、钢构件加工及安装。

② 计算规则：钢筋加工及安装按招标设计图示计算的有效质量计量。适用于钢筋混凝

土中的钢筋、喷混凝土（浆）中的钢筋网、砌筑体中的拉结筋等。施工架立筋、搭接、焊接、套筒连接、加工及安装过程中操作损耗等所发生的费用，应摊入有效工程量的工程单价中。

　　钢构件加工及安装，指用钢材（如型材、管材、板材、钢筋等）制成的构件、埋件，按招标设计图示钢构件的有效质量计量。有效质量中不扣减切肢、切边和孔眼的质量，不增加电焊条、铆钉和螺栓的质量。施工架立件、搭接、焊接、套筒连接、加工及安装过程中操作损耗等所发生的费用，应摊入有效工程量的工程单价中。

第 5 章
水利水电安装工程工程量计算

5.1 机电设备安装工程

(1) 定额工程量计算方法

机电设备工程量,根据不同设计阶段按已建工程类比确定或按设计图示数量 [台(套)]、有效长度 (m) 或重量 (t) 计算。

水轮机、发电机以台(套)为计量单位,并注明其型式、单机容量及设备本体质量;调速器应以台为单位,并注明其型式;油压装置应以套为单位,并注明其型式与设备容量;励磁装置应以台(套)为单位,并注明其设备本体质量。

水泵以台为计量单位,并注明其型式、设计扬程、设计流量及设备本体质量;电动机应以台为单位,并注明其额定功率与设备本体质量。

蝴蝶阀以台为计量单位,并注明其型式、直径和压力等主要规格;其他进水阀以设备质量(t)为计量单位。

电气设备应以台(套)等为单位。变频器应注明其工作电压与额定功率。变压器应注明其相数、冷却方式、高压侧电压等级、绕组数以及容量。

起重设备应以台为单位,并注明其型式、起重量(t)及设备本体质量。轨道应按设计铺设长度(双,10m)计算,并注明其类型。滑触线应按设计铺设长度(三相,10m)计算。

电缆、母线应按设计铺设长度 (m, m/单相, m/三相) 计算,电缆应区分控制电缆与电力电缆,电力电缆应注明电压等级与导线截面面积。母线应区分型式与材质,注明截面面积。

一次拉线根据不同设计阶段以设计铺设长度 (m/单相, m/三相) 计算。电缆架、接地装置应按质量计算,并注明其材质;电缆架应区分桥架与支架。

水工建筑物的各种钢闸门和拦污栅工程量以 "t" 计。

各种闸门和拦污栅的埋件工程量计算均应与其主设备工程量计算精度一致。闸门、闸门埋件防腐应按防腐材料的设计涂抹面积计算,并注明防腐材料类型与厚度。

启闭设备、清污设备工程量计算,宜与闸门和拦污栅工程量计算精度相适应,并分别列出设备重量（t）和数量（台、套），门式起重机还需注明其起重量（t）。

压力钢管工程量按钢管型式（一般、叉管）、直径和壁厚分别计算，以 t 为计量单位，不计入钢管制作与安装的操作损耗量。

一般钢管工程量的计算应包括直管、弯管、渐变管和伸缩节等钢管本体和加劲环、支承环的用量；叉管工程量仅计算叉管段中叉管及方渐变管管节部分的工程量，叉管段中其他管节部分应按一般钢管计算。

在编制造价文件时，设备采购与安装工程中的设备购置费与安装费是分别计列的，但是材料的购置费和安装费是合并列入安装费的，所以要区分设备与材料的界限，划分原则如下：

① 制造厂成套供货范围的部件、备品备件、设备体腔内定量填充物（透平油、变压器油、六氟化硫气体等）均为设备。

② 不论成套供货、现场加工或零星购置的储气罐、阀门、盘用仪表、机组本体上的梯子、平台和栏杆等均作为设备，不能因供货来源不同而改变设备的性质。

③ 管道和阀门如构成设备本体部件，应作为设备，否则应作为材料。

④ 随设备供应的保护罩、网门等，凡已计入相应设备出厂价格内的，应作为设备，否则应作为材料。

⑤ 电缆、电缆头、电缆和管道用的支架、母线、金具、滑触线和架、屏盘的基础型钢、钢轨、石棉板、穿墙隔板、绝缘子、一般用保护网、罩、门、梯子、平台、栏杆和蓄电池木架等，均作为材料。

（2）工程量清单计算方法

① 机电主要设备安装工程项目组成内容：水轮机（水泵-水轮机）、大型泵站水泵、调速器及油压装置、发电机（发电机-电动机）、大型泵站电动机、励磁系统、主阀、桥式起重机、主变压器等设备，均由设备本体和附属设备及埋件组成，按招标设计图示数量计量。

② 机电其他设备安装工程项目组成内容：轨道安装、滑触线安装、电缆安装及敷设、发电电压母线安装、一次拉线安装，按招标设计图示尺寸计算的有效长度计量。

③ 计算规则：接地装置安装，招标设计图示尺寸计算有效长度或质量计量。

水力机械辅助设备安装，发电电压设备安装，发电机-电动机静止变频启动装置（SFC）安装，厂用电系统设备安装，照明系统安装，高压电气设备安装，控制、保护、测量及信号系统设备安装，计算机监控系统设备安装，直流系统设备安装，工业电视系统设备安装，电工试验室设备安装，通信系统设备安装，消防系统设备安装，通风、空调、采暖及其监控设备安装，机修设备安装，电梯设备安装按招标设计图示的数量计量。

以长度或重量计算的机电设备装置性材料，如电缆、母线、轨道等，按招标设计图示尺寸计算的有效长度或重量计量。运输、加工及安装过程中的操作损耗所发生的费用，应摊入有效工程量的工程单价中。

机电设备安装工程费。包括设备安装前的开箱检查、清扫、验收、仓储保管、防腐、油漆、安装现场运输、主体设备及随机成套供应的管路与附件安装、现场试验、调试、试运行及移交生产前的维护、保养等工作所发生的费用。

（3）实训案例

【实例 5-1】 如图 5-1 所示，某水利枢纽工程管线采用 BV（$3\times10+1\times4$）、SC32，水平距离 25m，求管线工程量。

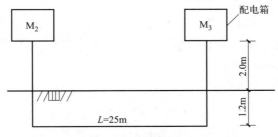

图 5-1 管线配置图

【解】 电气配管：SC32 工程量 $=25+(1.2+2.0)\times2=31.4$（m）

电气配线：BV10 工程量 $=31.4\times3=94.2$（m）

BV4 工程量 $=31.4\times1=31.4$（m）

【实例 5-2】 某水利水电工程中风机盘管采用卧式暗装（吊顶式），如图 5-2 所示，试计算其工程量。

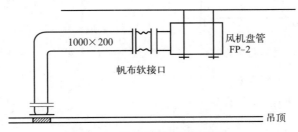

图 5-2 风机盘管安装示意图

【解】 清单工程量：风机盘管 1 台。

定额工程量同清单工程量。

5.2 金属结构设备安装工程

（1）清单工程量计算方法

① 金属结构设备安装工程清单项目：门式起重机设备安装、油压启闭机设备安装、卷扬式启闭机设备安装、升船机设备安装、闸门设备安装、拦污栅设备安装、一期埋件安装、压力钢管安装、其他金属结构设备安装工程。

② 启闭机、闸门、拦污栅设备、升船机设备，均由设备本体和附属设备及埋件组成。启闭机、升船机按招标设计图示的数量计量。闸门、拦污栅、埋件、高压钢管，按招标设计图示尺寸计算的有效重量计量。运输、加工及安装过程中的操作损耗所发生的费用，应摊入有效工程量的工程单价中。

③ 金属结构设备安装工程费。包括设备及附属设备验收、接货、涂装、仓储保管、焊缝检查及处理、安装现场运输、设备本体和附件及埋件安装、设备安装调试、试运行、质量检查和验收、完工验收前的维护等工作内容所发生的费用。

（2）实训案例

【实例5-3】 如图5-3所示，某水利水电工程，需安装一台电动双梁桥式起重机，150t/30t，跨度22m，单机重130t，安装高度为25m，最重件35t。计算其工程量。

【解】 清单工程量：桥式起重机1台。

定额工程量同清单工程量。

【实例5-4】 如图5-4所示，某水利工程安装2台型号为CQ5280的立式车床，外形尺寸为8500mm×17500mm×9600mm，单机重150t。计算其工程量。

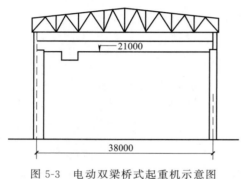

图5-3 电动双梁桥式起重机示意图　　　图5-4 立式车床示意图

【解】 清单工程量：立式车床2台。

定额工程量同清单工程量。

5.3 安全监测设备采购及安装工程

安全监测设备采购及安装工程清单项目包括：工程变形监测；控制网变形监测；应力应变及温度监测；渗流监测；环境质量监测；水力学监测；结构振动、结构强振、其他专项监测；工程安全监测自动化采集系统安装；工程安全监测信息管理系统、特殊监测设备采购及安装；施工期观测；设备维护；资料整理分析。

安全监测工程中的建筑分类工程项目，执行水利建筑工程工程量清单项目及计算规则，安全监测设备采购及安装工程包括设备费和安装工程费，在分类分项工程量清单中的单价或合价可分别以设备费、安装费分列表示。

安全监测设备采购及安装工程清单项目的工程量计算规则：安全监测项目的各种仪器设备按招标设计文件列示的数量计量。施工过程中仪表设备损耗、备品备件等所发生的费用，应摊入有效工程量的工程单价中。施工期观测、设备维护、资料整理分析等按招标文件规定的项目计量。

第6章 水利水电工程定额计价

6.1 水利工程初步设计概算文件的组成与编制

概算文件包括设计概算报告（正件）、设计概算报告附件、投资对比分析报告。

6.1.1 设计概算报告（正件）组成内容

（1）编制说明

① 工程概况。工程概况包括流域、河系，兴建地点，工程规模，工程效益，工程布置型式，主体建筑工程量，主要材料用量，施工总工期等。

② 投资主要指标。投资主要指标包括工程总投资和静态总投资，年度价格指数，基本预备费率，建设期融资额度、利率和利息等。

③ 编制原则和依据。包括如下内容：

a. 概算编制原则。

b. 人工预算单价，主要材料，施工用电、水、风以及砂石料等基础单价的计算依据。

c. 主要设备价格的编制依据。

d. 建筑安装工程定额、施工机械台时费定额和有关指标的采用依据。

e. 费用计算标准及依据。

f. 工程资金筹措方案。

④ 概算编制中其他应说明的问题。

⑤ 主要技术经济指标表。主要技术经济指标表根据工程特性表编制，反映工程主要技术经济指标。

（2）工程概算总表

工程概算总表应汇总工程部分、建设征地移民补偿、环境保护工程、水土保持工程等部分的总概算。

（3）工程部分概算表和概算附表

① 概算表。包括如下内容：

a. 工程部分总概算表。
b. 建筑工程概算表。
c. 机电设备及安装工程概算表。
d. 金属结构设备及安装工程概算表。
e. 施工临时工程概算表。
f. 独立费用概算表。
g. 分年度投资表。
h. 资金流量表（枢纽工程）。
② 概算附表。包括如下内容：
a. 建筑工程单价汇总表。
b. 安装工程单价汇总表。
c. 主要材料预算价格汇总表。
d. 次要材料预算价格汇总表。
e. 施工机械台时费汇总表。
f. 主要工程量汇总表。
g. 主要材料量汇总表。
h. 工时数量汇总表。

6.1.2 设计概算报告附件组成内容

① 人工预算单价计算表。
② 主要材料运输费用计算表。
③ 主要材料预算价格计算表。
④ 施工用电价格计算书（附计算说明）。
⑤ 施工用水价格计算书（附计算说明）。
⑥ 施工用风价格计算书（附计算说明）。
⑦ 补充定额计算书（附计算说明）。
⑧ 补充施工机械台时费计算书（附计算说明）。
⑨ 砂石料单价计算书（附计算说明）。
⑩ 混凝土材料单价计算表。
⑪ 建筑工程单价表。
⑫ 安装工程单价表。
⑬ 主要设备运杂费率计算书（附计算说明）。
⑭ 施工房屋建筑工程投资计算书（附计算说明）。
⑮ 独立费用计算书（勘测设计费可另附计算书）。
⑯ 分年度投资计算表。
⑰ 资金流量计算表。
⑱ 价差预备费计算表。
⑲ 建设期融资利息计算书（附计算说明）。
⑳ 计算人工、材料、设备预算价格和费用依据的有关文件、询价报价资料及其他。

注：设计概算报告正件及附件均应单独成册并随初步设计文件报审。

6.1.3 投资对比分析报告组成内容

应从价格变动、项目及工程量调整、国家政策性变化等方面进行详细分析，说明初步设计阶段与可行性研究阶段（或可行性研究阶段与项目建议书阶段）相比较的投资变化原因和结论，编写投资对比分析报告。投资对比分析报告应汇总工程部分、建设征地移民补偿、环境保护、水土保持各部分对比分析内容。工程部分报告应包括以下附表：

① 总投资对比表。
② 主要工程量对比表。
③ 主要材料和设备价格对比表。
④ 其他相关表格。

注：a. 设计概算报告（正件）、投资对比分析报告可单独成册，也可作为初步设计报告（设计概算章节）的相关内容。

b. 设计概算报告附件宜单独成册，并应随初步设计文件报审。

6.1.4 工程概算表格

（1）工程概算总表

工程概算总表由工程部分的总概算表与建设征地移民补偿、环境保护工程、水土保持工程的总概算表汇总并计算而成，如表 6-1 所示。表中：

Ⅰ为工程部分总概算表，按项目划分的五部分填表并列示至一级项目；

Ⅱ为建设征地移民补偿总概算表，列示至一级项目；

Ⅲ为环境保护工程总概算表；

Ⅳ为水土保持工程总概算表；

Ⅴ包括静态总投资（Ⅰ～Ⅳ项静态投资合计）、价差预备费、建设期融资利息、总投资。

表 6-1 工程概算总表 单位：万元

序号	工程或费用名称	建安工程费	设备购置费	独立费用	合计
Ⅰ	工程部分投资 第一部分　建筑工程 第二部分　机电设备及安装工程 第三部分　金属结构设备及安装工程 第四部分　施工临时工程 第五部分　独立费用 一至五部分投资合计 基本预备费 静态投资				
Ⅱ	建设征地移民补偿投资 一　农村部分补偿费 二　城（集）镇部分补偿费 三　工业企业补偿费 四　专业项目补偿费 五　防护工程费 六　库底清理费				

续表

序号	工程或费用名称	建安工程费	设备购置费	独立费用	合计
Ⅱ	七 其他费用 一至七项小计 基本预备费 有关税费 静态投资				
Ⅲ	环境保护工程投资 静态投资				
Ⅳ	水土保持工程投资 静态投资				
Ⅴ	工程投资总计（Ⅰ～Ⅳ合计） 静态总投资 价差预备费 建设期融资利息 总投资				

（2）工程部分概算表

工程部分概算表包括工程部分总概算表、建筑工程概算表、设备及安装工程概算表、分年度投资表、资金流量表。

① 工程部分总概算表如表6-2所示。按项目划分的五部分填表并列示至一级项目。五部分之后的内容为：一至五部分投资合计、基本预备费、静态投资。

表6-2 工程部分总概算表　　　　　　　　　　　　单位：万元

序号	工程或费用名称	建安工程费	设备购置费	独立费用	合计	占一至五部分投资比例/%
	各部分投资					
	一至五部分投资合计					
	基本预备费					
	静态投资					

② 建筑工程概算表如表6-3所示。按项目划分列示至三级项目。本表适用于编制建筑工程概算、施工临时工程概算和独立费用概算。

表6-3 建筑工程概算表

序号	工程或费用名称	单位	数量	单价/元	合计/万元

③ 设备及安装工程概算表如表6-4所示。按项目划分列示至三级项目。本表适用于编制机电和金属结构设备及安装工程概算。

表 6-4 设备及安装工程概算表

序号	名称及规格	单位	数量	单价/元		合计/万元	
				设备费	安装费	设备费	安装费

④ 分年度投资表。按表 6-5 编制分年度投资表，可视不同情况按项目划分列示至一级项目或二级项目。

表 6-5 分年度投资表　　　　　　　　　　　　　　　单位：万元

序号	项　目	合计	建设工期/年						
			1	2	3	4	5	6	
Ⅰ	工程部分投资								
一	建筑工程								
1	建筑工程								
	×××工程（一级项目）								
2	施工临时工程								
	×××工程（一级项目）								
二	安装工程								
1	机电设备安装工程								
	×××工程（一级项目）								
2	金属结构设备安装工程								
	×××工程（一级项目）								
三	设备购置费								
1	机电设备								
	×××设备								
2	金属结构设备								
	×××设备								
四	独立费用								
1	建设管理费								
2	工程建设监理费								
3	联合试运转费								
4	生产准备费								
5	科研勘测设计费								
6	其他								
	一至四项合计								
	基本预备费								
	静态投资								
Ⅱ	建设征地移民补偿投资								
	静态投资								
Ⅲ	环境保护工程投资								
	静态投资								
Ⅳ	水土保持工程投资								
	静态投资								
Ⅴ	工程投资总计（Ⅰ～Ⅴ合计）								
	静态总投资								
	价差预备费								
	建设期融资利息								
	总投资								

⑤ 资金流量表。需要编制资金流量表的项目可按表 6-6 编制，可视不同情况按项目划分列示至一级项目或二级项目。项目排列方法同分年度投资表。资金流量表应汇总征地移民、环境保护、水土保持部分投资，并计算总投资。资金流量表是资金流量计算表的成果汇总。

表 6-6 资金流量表   单位：万元

序号	项目	合计	建设工期/年						
			1	2	3	4	5	6	
Ⅰ	工程部分投资								
一	建筑工程								
（一）	建筑工程								
	×××工程（一级项目）								
（二）	施工临时工程								
	×××工程（一级项目）								
二	安装工程								
（一）	机电设备安装工程								
	×××工程（一级项目）								
（二）	金属结构设备安装工程								
	×××工程（一级项目）								
三	设备购置费								
四	独立费用								
	一至四项合计								
	基本预备费								
	静态投资								
Ⅱ	建设征地移民补偿投资								
	静态投资								
Ⅲ	环境保护工程投资								
	静态投资								
Ⅳ	水土保持工程投资								
	静态投资								
Ⅴ	工程投资总计（Ⅰ～Ⅳ合计）								
	静态总投资								
	价差预备费								
	建设期融资利息								
	总投资								

（3）工程部分概算附表

工程部分概算附表包括建筑工程单价汇总表、安装工程单价汇总表、主要材料预算价格汇总表、其他材料预算价格汇总表、施工机械台时费汇总表、主要工程量汇总表、主要材料量汇总表、工时数量汇总表，见表 6-7～表 6-14。

表 6-7 建筑工程单价汇总表

单价编号	名称	单位	单价/元	其中/元							
				人工费	材料费	机械使用费	其他直接费	间接费	利润	材料补差	税金

表 6-8 安装工程单价汇总表

单价编号	名称	单位	单价/元	其中/元								
				人工费	材料费	机械使用费	其他直接费	间接费	利润	材料补差	未计价装置性材料费	税金

表 6-9 主要材料预算价格汇总表

序号	名称及规格	单位	预算价格/元	其中/元			
				原价	运杂费	运输保险费	采购及保管费

表 6-10 其他材料预算价格汇总表

序号	名称及规格	单位	原价/元	运杂费/元	合计/元

表 6-11 施工机械台时费汇总表

序号	名称及规格	台时费/元	其中/元				
			折旧费	修理及替换设备费	安拆费	人工费	动力燃料费

表 6-12 主要工程量汇总表

序号	项目	土石方明挖/m³	石方洞挖/m³	土石方填筑/m³	混凝土/m³	模板/m²	钢筋/t	帷幕灌浆/m	固结灌浆/m

表 6-13　主要材料量汇总表

序号	项目	水泥/t	钢筋/t	钢材/t	木材/m³	炸药/t	沥青/t	粉煤灰/t	汽油/t	柴油/t

表 6-14　工时数量汇总表

序号	项　目	工时数量	备　注

（4）工程部分概算附件附表

工程部分概算附件附表包括人工预算单价计算表、主要材料运输费用计算表、主要材料预算价格计算表、混凝土材料单价计算表、建筑工程单价表、安装工程单价表、资金流量计算表，见表 6-15～表 6-21。

表 6-15　人工预算单价计算表

	艰苦边远地区类别		定额人工等级	
序号	项目	计算式		单价/元
1	人工工时预算单价			
2	人工工日预算单价			

表 6-16　主要材料运输费用计算表

编号		1	2	3	材料名称				材料编号	
	交货条件				运输方式	火车	汽车	船运	火车	
	交货地点				货物等级				整车	零担
	交货比例/%				装载系数					
编号	运输费用项目	运输起讫地点			运输距离/km		计算公式		合计/元	
1	铁路运杂费									
	公路运杂费									
	水路运杂费									
	综合运杂费									
2	铁路运杂费									
	公路运杂费									
	水路运杂费									
	综合运杂费									
3	铁路运杂费									
	公路运杂费									
	水路运杂费									
	综合运杂费									
	每吨运杂费									

表 6-17　主要材料预算价格计算表

编号	名称及规格	单位	原价依据	单位毛重/t	每吨运费/元	价格/元				
						原价	运杂费	采购及保管费	运输保险费	预算价格

表 6-18　混凝土材料单价计算表

编号	名称及规格	单位	预算量	调整系数	单价/元	合价/元

注：1."名称及规格"栏要求标明混凝土标号及级配、水泥强度等级等。
　　2."调整系数"为卵石换碎石、粗砂换中细砂及其他调整配合比材料用量系数。

表 6-19　建筑工程单价表

单价编号		项目名称				
定额编号				定额单位		
施工方法		（填写施工方法、土或岩石类别、运距等）				
编号	名称及规格		单位	数量	单价/元	合计/元

表 6-20　安装工程单价表

单价编号		项目名称				
定额编号				定额单位		
型号规格						
编号	名称及规格		单位	数量	单价/元	合计/元

表 6-21　资金流量计算表　　　　　　　　　　　　　　　单位：万元

序号	项目	合计	建设工期/年					
			1	2	3	4	5	6
Ⅰ	工程部分投资							
一	建筑工程							
（一）	×××工程							
1	分年度完成工作量							
2	预付款							
3	扣回预付款							
4	保留金							
5	偿还保留金							
（二）	×××工程							
二	安装工程							
三	设备购置费							
四	独立费用							
五	一至四项合计							
1	分年度费用							
2	预付款							
3	扣回预付款							
4	保留金							
5	偿还保留金							
	基本预备费							
	静态投资							

续表

序号	项 目	合计	建设工期/年					
			1	2	3	4	5	6
Ⅱ	建设征地移民补偿投资							
	静态投资							
Ⅲ	环境保护工程投资							
	静态投资							
Ⅳ	水土保持工程投资							
	静态投资							
Ⅴ	工程投资总计（Ⅰ～Ⅴ合计）							
	静态总投资							
	价差预备费							
	建设期融资利息							
	总投资							

（5）投资对比分析报告附表

投资对比分析报告附表包含如下内容：

① 总投资对比表。格式参见表 6-22，可根据工程情况进行调整。可视不同情况按项目划分列示至一级项目或二级项目。

表 6-22　总投资对比表　　　　　　　　　　　　　　　　　　　　单位：万元

序号	工程或费用名称	可研阶段投资	初步设计阶段投资	增减额度	增减幅度/%	备注
（1）	（2）	（3）	（4）	（4）－（3）	[（4）－（3）]/（3）	
Ⅰ	工程部分投资 第一部分　建筑工程 第二部分　机电设备及安装工程 第三部分　金属结构设备及安装工程 第四部分　施工临时工程 第五部分　独立费用 一至五部分投资合计 基本预备费 静态投资					
Ⅱ	建设征地移民补偿投资 一　农村部分补偿费 二　城（集）镇部分补偿费 三　工业企业补偿费 四　专业项目补偿费 五　防护工程费 六　库底清理费 七　其他费用 一至七项小计 基本预备费 有关税费 静态投资					
Ⅲ	环境保护工程投资 静态投资					
Ⅳ	水土保持工程投资 静态投资					
Ⅴ	工程投资总计（Ⅰ～Ⅴ合计） 静态总投资 价差预备费 建设期融资利息 总投资					

② 主要工程量对比表。格式参见表 6-23，可根据工程情况进行调整，应列出主要工程项目的主要工程量。

表 6-23 主要工程量对比表

序号	工程或 费用名称	单位	可研 阶段	初步设计 阶段	增减 数量	增减幅度/%	备注
(1)	(2)	(3)	(4)	(5)	(5)-(4)	[(5)-(4)]/(4)	
1	挡水工程						
	石方开挖						
	混凝土						
	钢筋						

③ 主要材料和设备价格对比表。格式参见表 6-24，可根据工程情况进行调整。设备投资较少时，可不附设备价格对比。

表 6-24 主要材料和设备价格对比表　　　　　　　　　　　　　单位：元

序号	工程或 费用名称	单位	可研 阶段	初步设计 阶段	增减额度	增减幅度/%	备注
(1)	(2)	(3)	(4)	(5)	(5)-(4)	[(5)-(4)]/(4)	
1	主要材料价格						
	水泥						
	油料						
	钢筋						
	……						
2	主要设备价格						
	水轮机						
	……						

（6）其他说明

编制概算小数点后位数取定方法：基础单价、工程单价单位为"元"，计算结果精确到小数点后两位。一至五部分概算表、分年度概算表及总概算表单位为"万元"，计算结果精确到小数点后两位。计量单位为"m^3""m^2""m"的工程量精确到整数位。

6.2 水利水电工程定额编制方法

6.2.1 定额编制概述

水利工程建设定额的编制要以施工定额为基础，而施工定额又由劳动定额、材料消耗定额和机械使用定额三部分组成。在总结施工定额的基础上，编制预算定额和概算定额。在根据施工定额综合编制预算定额时，应充分考虑各种制约因素的影响，对人工工时和机械台时要分别按施工定额乘以 1.10 和 1.07 的幅度差系数。由于概算定额比预算定额有更大的综合性和包含了更多的可变因素，因此以预算定额为基础综合扩大编制概算定额时，一般对人工工时和机械台时乘以不大于 1.05 的扩大系数。编制定额的基本方法有结构计算法、技术测定法、经验估算法和统计分析法。这些方法各有其自身的优缺点，实际应用中常将这几种方法结合使用。

6.2.2 施工定额的编制

施工定额是以同一性质的施工过程或工序为测定对象，确定建筑安装工人在正常施工条件下，为完成单位合格产品所需劳动、机械、材料消耗的数量标准。建筑安装企业定额一般称为施工定额。施工定额是施工企业直接用于建筑安装工程施工管理的一种定额，是编制施工预算、实行内部经济核算的依据，也是编制预算定额的基础。施工定额由劳动定额、材料消耗定额和机械台班定额组成，是最基本的定额。

施工定额是施工企业进行科学管理的基础，施工定额的作用体现在：它是施工企业编制施工预算、进行工料分析和"两算对比"的基础，也是编制施工组织设计、施工作业设计和确定人工、材料及机械台班需要量计划的基础；是施工企业向工作班（组）签发任务单、限额领料的依据；是组织工人班（组）开展劳动竞赛、实行内部经济核算以及承发包、计取劳动报酬和奖励工作的依据；是编制预算定额和企业补充定额的基础。

在施工过程中，正确使用施工定额，对于调动劳动者的生产积极性，开展劳动竞赛和提高劳动生产率以及推动技术进步，都有积极的促进作用。

（1）施工定额的编制依据

① 国家的经济政策和劳动制度。如建筑安装工人技术等级标准、工资标准、工资奖励制度、工作日时制度以及劳动保护制度等。

② 有关规范、规程、标准和制度。如现行国家建筑安装工程施工验收规范、技术安全操作规程和有关标准图；全国建筑安装工程统一劳动定额及有关专业部颁劳动定额；全国建筑安装工程设计预算定额及有关专业部颁预算定额。

③ 技术测定和统计资料。主要指现场技术测定数据及工时消耗的单项和综合统计资料。技术测定数据和统计分析资料必须准确可靠。

（2）编制施工定额应遵循的基本原则

① 确定施工定额水平要遵循平均先进的原则。在确定施工定额时，要注意处理好以下五个方面的关系：

a. 要正确处理数量与质量的关系。要使平均先进的定额水平，不仅表现为数量，还包括质量，要在生产合格产品的前提下规定必要的劳动消耗标准。

b. 明确劳动手段和劳动对象。任何生产过程都是生产者借助劳动手段作用于劳动对象，不同的劳动手段（机具和设备）和不同的劳动对象（材料和构件），对劳动者的效率有不同的影响。确定平均先进的定额水平，必须针对具体的劳动手段与劳动对象。因此，在确定定额时，必须明确规定达到定额时使用的机具、设备和操作方法，明确规定原材料和构件的规格、型号、等级以及品种质量要求等。

c. 正确对待先进的技术和先进的经验。现阶段生产技术发展很不平衡，新的技术和先进经验不断涌现，其中有些新技术、新经验虽已成熟，但只限于少数企业和生产者使用，没有形成社会生产力水平。因此，编制定额时应区别对待，对于尚不成熟的先进技术和经验，不能作为确定定额水平的依据；对于成熟的先进技术和经验，由于种种原因没有得到推广应用，可在保留原有定额项目水平的基础上，同时编制出新的定额项目。一方面照顾现有的实际情况，另一方面也起到了鼓励先进的作用。对于那些已经得到普遍推广使用的先进技术和经验，应作为确定定额水平的依据，把已经提高了的并得到普及的社会生产力水平确定下来。

　　d. 合理确定劳动组织。劳动组织对完成施工任务和定额影响很大，它包含劳动组织的人数和技术等级两个因素。人员过多，会造成工作面过小和窝工浪费，影响完成定额水平；人员过少又会延误工期，影响工程进度。人员技术等级过低，低等级组工人做高等级活，不易达到定额，也保证不了工程（产品）质量；人员技术等级过高，浪费技术力量，增加产品的人工成本。因此，在确定定额水平时，要按照工作对象的技术复杂程度和工艺要求，合理地配备劳动力，使劳动力的技术等级同工作对象的技术等级相适应，在保证工程质量的前提下，以较少的劳动消耗，生产较多的产品。

　　e. 全面比较，协调一致。既要做到挖掘企业的潜力，又要考虑在现有技术条件下，能够达到的程度，使地区之间和企业之间的水平相对平衡，尤其要注意工种之间的定额水平，要协调一致，避免出现苦乐不均的现象。

　　② 定额的编制要专业和实际相结合。编制施工定额是一项专业性很强的技术经济工作，而且又是一项政策性很强的工作，需要有专门的技术机构和专业人员进行大量的组织、技术测定、分析和资料整理、拟定定额方案和协调等工作。同时，广大生产者是生产力的创造者和定额的执行者，他们对施工生产过程中的情况最为清楚，对定额的执行情况和问题也最了解。因此，在编制定额的过程中必须深入调查研究，广泛征求群众意见，充分发扬他们的民主精神，取得他们的配合和支持，这是确保定额质量的有效方法。

　　③ 定额结构形式要结合实际、简明扼要。

　　a. 定额项目划分要合理。要适应生产（施工）管理的要求，满足基层和工人班组签发施工任务书、考核劳动效率和结算工资及奖励的需要，并要便于编制生产（施工）作业计划。项目要齐全配套，要把那些已经成熟和推广应用的新技术、新工艺和新材料编入定额；对于缺漏项目要注意积累资料，组织测定，尽快补充到定额项目中。对于那些已过时，在实际工作中已不采用的结构材料和技术，则应删除。

　　b. 定额步距大小要适当。步距是指定额中两个相邻定额项目或定额子目的水平差距，定额步距大，项目就少，定额水平的精确度就低；定额步距小，精确度高，但编制定额的工作量大，定额的项目使用也不方便。为了既简明实用，又比较精确，一般来说，对于主要工种、主要项目和常用的项目，步距要小些；对于次要工种、工程量不大或不常用的项目，步距可适当大些。对于以手工操作为主的定额，步距可适当小些；对于机械操作的定额，步距可略大一些。

　　c. 定额的文字要通俗易懂，内容要标准化、规范化，计算方法要简便，容易为群众掌握运用。

（3）劳动定额

　　劳动定额是在一定的施工组织和施工条件下，为完成单位合格产品所必需的劳动消耗标准。劳动定额是人工的消耗定额，因此又称为人工定额。劳动定额按其表现形式不同又可分为时间定额和产量定额。

　　① 时间定额。时间定额也称为工时定额，是指在合理的劳动组织与一定的生产技术条件下，某种专业、某种技术等级的工人班组或个人，为完成单位合格产品所必须消耗的工作时间。定额时间包括准备时间与结束时间、基本生产时间、辅助生产时间、不可避免的中断时间及工人必需的休息时间。

时间定额的单位一般以"工日""工时"表示,一个工日表示一个人工作一个工作班,每个工日工作时间按现行制度为 8h/人。其计算公式如式（6-1）所示：

$$单位产品时间定额（工日或工时）=\frac{1}{每工日或工时产量} \quad (6-1)$$

② 产量定额。产量定额是指在合理的劳动组织与一定的生产技术条件下，某种专业、某种技术等级的工人班组或个人，在单位时间内完成的合格产品数量。其计算公式如式（6-2）所示：

$$每工日或工时产量=\frac{1}{单位产品时间定额（工日或工时）} \quad (6-2)$$

时间定额和产量定额互为倒数，使用过程中两种形式可以任意选择。在一般情况下，生产过程中需要较长时间才能完成一件产品，采用工时定额较为方便；如果需要时间不长，或者在单位时间内产量很多的则以产量定额较为方便。一般定额中常常采用工时定额。

劳动定额是根据国家的经济政策、劳动制度和有关技术文件及资料制定的。制定劳动定额常用经验估计法、统计分析法、比例类推法和技术测定法。

（4）材料消耗定额

材料消耗定额是指在既节约又合理地使用材料的条件下，生产单位合格产品所必须消耗的材料数量，它包括在合格产品上的净用量以及在生产合格产品过程中的合理的损耗量。前者是指用于合格产品的实际数量；后者指材料从现场仓库里领出，到完成合格产品的过程中的合理损耗量，包括场内搬运的合理损耗、加工制作的合理损耗以及施工操作的合理损耗等。基本建设中建筑材料的费用约占建筑安装费用的 60%，因此节约而合理地使用材料具有重要意义。

水利水电工程使用的材料可分为直接性消耗材料和周转性材料。材料消耗定额的编制方法有观察法、试验法、统计法和计算法等。

① 直接性消耗材料。根据工程需要直接构成实体的消耗材料，为直接性消耗材料，包括不可避免的合理损耗材料。单位合格产品中某种材料的消耗量等于该材料的净耗量和损耗量之和如式（6-3）所示：

$$消耗量=净耗量+损耗量 \quad (6-3)$$

材料的损耗量是指在合理和节约使用材料情况下的不可避免的损耗量，其多少常用损耗率来表示，如式（6-4）所示：

$$损耗率=\frac{损耗量}{消耗量}\times 100\% \quad (6-4)$$

之所以用损耗率这种形式表示材料损耗定额，主要是因为净耗量需要根据结构图和建筑产品图来计算或根据试验确定，而往往在制定材料消耗定额时，有关图纸和试验结果还没有做出来。而且即使是同样的产品，其规格型号也各异，不可能在编制定额时把所有的不同规格的产品都编制进材料损耗定额，否则这个定额就太烦琐了。用损耗率这种形式表示，则简单省事，在使用时只要根据图纸计算出净耗量，应用式（6-3）、式（6-4）就可以算出单位合格产品中某种材料的消耗量。计算公式如下：

$$消耗量=\frac{净耗量}{1-损耗率} \quad (6-5)$$

材料消耗定额是编制物资供应计划的依据，是加强企业管理和经济核算的重要工具，是企业确定材料需要量和储备量的依据，是施工队向工人班组签发领料的依据，是减少材料积压、浪费，促进合理使用材料的重要手段。

② 周转性材料。前述介绍的是直接消耗在工程实体上的各种建筑材料、成品、半成品，还有一些材料是施工作业用料，也称为施工手段用料，如脚手架和模板等，这些材料在施工中并不是一次消耗完，而是随着使用次数的增加逐渐消耗，并不断得到补充，多次周转。这些材料称为周转性材料。

周转性材料的消耗量，应按多次使用、分次摊销的方法进行计算。周转性材料每一次在单位产品上的消耗量，称为周转性材料摊销量。周转性材料摊销量与周转次数有直接关系。

a. 现浇混凝土结构模板摊销量的计算。

$$摊销量 = 周转使用量 - 周转回收量 \tag{6-6}$$

$$周转使用量 = \frac{一次使用量 + 一次使用量 \times (周转次数 - 1) \times 损耗率}{周转次数}$$

$$= 一次使用量 \times \left[1 + \frac{(周转次数 - 1) \times 损耗率}{周转次数} \right] \tag{6-7}$$

$$周转回收量 = 一次使用量 \times \frac{1 - 损耗率}{周转次数} \tag{6-8}$$

式中　一次使用量——周转材料为完成产品每一次生产时所需要的材料数量；

　　　损耗率——周转材料使用一次后因损坏而不能复用的数量占二次使用量的比例；

　　　周转次数——新的周转材料从第一次使用起，到材料不能再使用时的次数。

周转次数的确定是制定周转性材料消耗定额的关键。影响周转次数的因素有：材料性质（如木质材料在 6 次左右，而金属材料可达 100 次以上），工程结构、形状、规格，操作技术，施工进度以及材料的保管维修等。材料的周转次数，必须经过长期现场观测，获得大量的统计资料，按平均合理的水平确定。

b. 预制混凝土构件模板摊销量的计算。在水利工程定额中，预制混凝土构件模板摊销量的计算方法与现浇混凝土结构模板摊销量的计算方法基本相同。但在工业民用建筑定额中，其计算方法与现浇混凝土结构模板摊销量的计算方法不同，预制混凝土构件的模板摊销量是按多次使用平均摊销的计算方法，不计算每次周转损耗率，摊销量直接按式（6-9）计算。

$$摊销量 = \frac{一次使用量}{周转次数} \tag{6-9}$$

（5）机械台班使用定额

机械台班使用定额是施工机械生产效率的反映。在合理使用机械和合理的施工组织条件下，完成单位合格产品所必须消耗的机械台班的数量标准，称为机械台班使用定额，也称为机械台班消耗定额。

机械台班消耗定额的数量单位一般为"台班""台时"或"机组班"。一个台班是指一台机械工作一个工作班，即按现行工作制工作 8h。一个台时是指一台机械工作 1h。一个机组班表示一组机械工作一个工作班。

机械台班使用定额与劳动消耗定额的表示方法相同，有时间和产量两种定额。

① 机械时间定额。机械时间定额就是在正常的施工条件和劳动组织条件下，使用某种规定的机械，完成单位合格产品所必须消耗的台班数量，用式（6-10）计算。

$$机械时间定额(台班或台时) = \frac{1}{机械台班或台时产量定额} \quad (6-10)$$

② 机械产量定额。机械产量定额就是在正常的施工条件和劳动组织条件下，某种机械在一个台班或台时内必须完成单位合格产品的数量。所以，机械时间定额和机械产量定额互为倒数。

6.2.3 预算定额的编制

预算定额是确定一定计量单位的分项工程或构件的人工、材料和机械台班消耗量的数量标准。全国统一预算定额由国家发展改革委或其授权单位组织编制、审批并颁发执行。专业预算定额由专业部委组织编制、审批并颁发执行。地方定额由地方业务主管部门会同同级发展改革委组织编制、审批并颁发执行。

预算定额是编制施工图预算的依据。建设单位按预算定额的规定，为建设工程提供必要的人力、物力和资金供应；施工单位则在预算定额范围内，通过施工活动，保证按期完成施工任务。

（1）预算定额编制的方法

① 划分定额项目，确定工作内容及施工方法。预算定额项目应在施工定额的基础上进一步综合。通常应根据建筑的不同部位、不同构件，将庞大的建筑物分解为各种不同的、较为简单的、可以用适当的计量单位计算工程量的基本构造要素。做到项目齐全、粗细适度、简明实用。同时，根据项目的划分，确定预算定额的名称、工作内容及施工方法，并使施工和预算定额协调一致，以便于相互比较。

② 选择计量单位。为了准确计算每个定额项目中的消耗指标，并有利于简化工程量计算，必须根据结构构件或分项工程的特征及变化规律来确定定额项目的计量单位。若物体有一定厚度，而长度和宽度不定时，采用面积单位，如层面、地面等；若物体的长、宽、高均不一定时，则采用体积单位，如土方、砖石、混凝土工程等；若物体断面形状、大小固定，则采用长度单位，如管道、钢筋等。

③ 计算工程量。选择有代表性的图纸和已确定的定额项目计量单位，计算分项工程的工程量。

④ 确定人工、材料、机械台班的消耗指标。预算定额中的人工、材料、机械台班消耗指标，是以施工定额中的人工、材料、机械台班消耗指标为基础，并考虑预算定额中所包括的其他因素，采用理论计算与现场测试相结合、编制定额人员与现场工作人员相结合的方法确定的。

（2）预算定额编制的步骤

① 组织编制小组，拟定编制大纲，就定额的水平、项目划分和表示形式等进行统一研究，并对参加人员、完成时间和编制进度作出安排。

② 调查熟悉基础资料，按确定的项目和图纸逐项计算工程量，并在此基础上，对有关规范、资料进行深入分析和测算，编制初稿。

③ 全面审查，组织有关基本建设部门讨论，听取基层单位和职工的意见，并通过新旧预算定额的对比，测算定额水平，对定额进行必要的修正，报送领导机关审批。

（3）预算定额项目消耗指标的确定

① 人工消耗指标的确定。预算定额中，人工消耗指标包括完成该分项工程所必需的各种用工量。而各种用工量根据对多个典型工程测算后综合取定的工程量数据和国家颁布的《全国建筑安装工程统一劳动定额》计算求得。预算定额中，人工消耗指标是由基本用工和其他用工两部分组成的。

a. 基本用工。基本用工是指为完成某个分项工程所需的主要用工量。例如，混凝土浇筑施工中，混凝土的运输、摊铺、振捣及养护等的用工量。此外，还包括属于预算定额项目工作内容范围内的一些基本用工量，如在混凝土中的孔洞等工作内容。

b. 其他用工。即辅助基本用工消耗的工日或工时，按其工作内容分为三类：一是人工幅度差用工，是指在劳动定额中未包括的，而在一般正常施工情况下又不可避免的一些工时消耗。例如，施工过程中各种工种的工序搭接、交叉配合所需的停歇时间，工程检查及隐蔽工程验收而影响工人的操作时间，场内工作操作地点的转移所消耗的时间及少量的零星用工等。二是超运距用工，是指超过劳动定额所规定的材料、半成品运距的用工数量。三是辅助用工，是指材料需要在现场加工的用工数量，如筛砂子等需要增加的用工数量。

② 材料消耗指标的确定。材料消耗指标是指在正常施工条件下，用合理使用材料的方法，完成单位合格产品所必须消耗的各种材料、成品和半成品的数量标准。

a. 材料消耗指标的组成。预算中的材料用量由材料的净用量和材料的损耗量组成。预算定额内的材料，按其使用性质、用途和用量大小划分为主要材料、次要材料和周转性材料。

b. 材料消耗指标的确定。它在编制预算定额方案中已经确定的有关因素（如工程项目划分、工程内容范围、计量单位和工程量的计算）的基础上，可采用观测法、试验法、统计法和计算法确定。首先确定出材料的净用量，然后确定材料的损耗率，计算出材料的消耗量，并结合测定的资料，采用加权平均的方法计算出材料的消耗指标。

③ 机械台班消耗量的确定。

a. 编制依据。预算定额中的机械台班消耗指标是以台时为单位计算的，有的按台班计算，一台机械工作 8h 为一个台班，其中：以手工操作为主的工人班组所配备的施工机械（如砂浆、混凝土搅拌机，垂直运输的塔式起重机）为小组配合使用，因此应以小组产量计算机械台班量或台时量；机械施工过程（如机械化土石方工程、打桩工程、机械化运输及吊装工程所用的大型机械及其他专用机械）应在劳动定额中的台班定额或台时定额的基础上另加机械幅度差。

b. 机械幅度差。机械幅度差是指在劳动定额中机械台班或台时耗用量中未包括的，而机械在合理的施工组织条件下所必需的停歇时间。这些因素会影响机械的生产效率，因此应另外增加一定的机械幅度差的因素，其内容包括：施工机械转移工作面及配套机械互相影响损失的时间；在正常施工情况下，机械施工中不可避免的工序间歇时间；工程质量检查影响机械的操作时间；临时水、电线路在施工中移动位置所发生的机械停歇时间；施工中工作面不饱满和工程结尾时工作量不多而影响机械的操作时间等。

c. 预算定额中机械台班消耗指标的计算方法。具体有以下三种指标：

ⅰ. 操作小组配合机械台班消耗指标。操作小组和机械配合的情况很多，如起重机、混凝土搅拌机等。对于这种机械，计算台班消耗指标时以综合取定的小组产量计算，不另计机械幅度差。即：

$$机械台班消耗指标 = \frac{分项定额的计算单位值}{小组总产量} \quad (6-11)$$

ⅱ．按机械台班产量计算机械台班消耗量。大型机械施工的土石方、打桩、构件吊装和运输等项目机械台班消耗量按劳动定额中规定的各分项工程的机械台班产量计算，再加上机械幅度差。即：

$$大型机械台班消耗量 = \frac{工序工程量}{机械台班产量定额} \times (1 + 机械幅度差) \quad (6-12)$$

式中的机械幅度差一般为20%～40%。

ⅲ．打夯、钢筋加工和水磨石等各种专用机械台班消耗指标。专用机械台班消耗指标，有的直接将值计入预算定额中，也有的以机械费表示，不列入台班数量。其计算公式为：

$$台班产量 = 机械配备人数 \times 每工产量 \quad (6-13)$$

6.2.4 概算定额的编制

水利水电工程建筑工程概算定额也叫扩大结构定额，它规定了完成一定计量单位的扩大结构构件或扩大分项工程的人工、材料和机械台班的数量标准。

概算定额是以预算定额为基础，根据通用图和标准图等资料，经过适当综合扩大编制而成的。定额的计量单位为体积（m^3）、面积（m^2）、长度（m），或以每座小型独立构筑物计算，定额内容包括人工工日或工时、机械台班或台时、主要材料耗用量。

（1）概算定额的内容

概算定额一般由目录、总说明、工程量计算规则、分部工程说明或章节说明、有关附录或附表等组成。

在总说明中主要阐明编制依据、使用范围、定额的作用及有关统一规定等。在分部工程说明中主要阐明有关工程量计算规则及本分部工程的有关规定等。在概算定额表中，分节定额的表头部分列有本节定额的工作内容及计量单位，表格中列有定额项目的人工、材料和机械台班消耗量指标。

（2）概算定额的编制依据

① 现行的设计标准及规范、施工验收规范。

② 现行的工程预算定额和施工定额。

③ 经过批准的标准设计和有代表性的设计图纸等。

④ 人工工资标准、材料预算价格和机械台班费用等。

⑤ 有关的工程概算、施工图预算、工程结算和工程决算等经济资料。

（3）概算定额的作用

① 是编制初步设计、技术设计的设计概算和修正设计概算的依据。

② 是编制机械和材料需用计划的依据。

③ 是进行设计方案经济比较的依据。

④ 是编制建设工程招标标底、投标报价、评定标价以及进行工程结算的依据。

⑤ 是编制投资估算指标的基础。

（4）概算定额的编制步骤

概算定额的编制步骤一般分为三个阶段，即编制概算定额准备阶段、编制概算定额初审阶段和审查定稿阶段。

① 编制概算定额准备阶段。确定编制定额的机构和人员组成，进行调查研究，了解现行的概算定额执行情况和存在的问题，明确编制目的，并制定概算定额的编制方案和划分概算定额的项目。

② 编制概算定额初审阶段。根据所制定的编制方案和定额项目，在收集资料和整理分析各种测算资料的基础上，选定有代表性的工程图纸计算出工程量，套用预算定额中的人工、材料和机械消耗量，再加权平均得出概算项目的人工、材料、机械的消耗指标，并计算出概算项目的基价。

③ 审查定稿阶段。对概算定额和预算定额水平进行测算，以保证两者在水平上的一致性。如预算定额水平不一致或幅度差不合理，则需要对概算定额做必要的修改，经定稿批准后，颁布执行。

（5）概算定额的编制方法

概算定额的编制原则、编制方法与预算定额基本相似，由于在可行性研究阶段及初步设计阶段，设计资料尚不如施工图设计阶段详细和准确，设计深度也有限，要求概算定额具有比预算定额更大的综合性，所包含的可变因素更多。因此，概算定额与预算定额之间允许有5%以内的幅度差。在水利工程中，从预算定额过渡到概算定额，一般采用的扩大系数为1.03。

6.3 各分部工程概算编制

6.3.1 建筑工程部分

建筑工程按主体建筑工程、交通工程、房屋建筑工程、供电设施工程、其他建筑工程分别采用不同的方法编制。

（1）主体建筑工程

① 主体建筑工程概算按设计工程量乘以工程单价进行编制。

② 主体建筑工程量应根据现行《水利水电工程设计工程量计算规定》（SL 328—2005），按项目划分要求，计算到三级项目。

③ 当设计对混凝土施工有温控要求时，应根据温控措施设计，计算温控措施费用，也可以经过分析确定指标后，按建筑物混凝土方量进行计算。

④ 细部结构工程。参照水工建筑工程细部结构指标表确定，见表 6-25。

表 6-25　水工建筑工程细部结构指标表

项目名称	混凝土重力坝、重力拱坝、宽缝重力坝、支墩坝	混凝土双曲拱坝	土坝、堆石坝	水闸	冲沙闸、泄洪闸
单位	元/m³（坝体方）			元/m³（混凝土）	
综合指标	16.2	17.2	1.15	48	42

续表

项目名称	进水口、进水塔		溢洪道	隧洞	竖井、调压井	高压管道
单位	元/m³（混凝土）					
综合指标	19		18.1	15.3	19	4
项目名称	电（泵）站地面厂房	电（泵）站地下厂房	船闸	倒虹吸、暗渠	渡槽	明渠（衬砌）
单位	元/m³（混凝土）					
综合指标	37	57	30	17.7	54	8.45

注：1. 表中综合指标包括多孔混凝土排水管、廊道木模制作与安装、止水工程（面板坝除外）、伸缩缝工程、接缝灌浆管路、冷却水管路、栏杆、照明工程、爬梯、通气管道、排水工程、排水渗井钻孔及反滤料、坝坡踏步、孔洞钢盖板、厂房内上下水工程、防潮层、建筑钢材及其他细部结构工程。

2. 表中综合指标仅包括基本直接费内容。

3. 改扩建及加固工程根据设计确定细部结构工程的工程量。其他工程，如果工程设计能够确定细部结构工程的工程量，可按设计工程量乘以工程单价进行计算，不再按表 6-25 指标计算。

（2）交通工程

交通工程投资按设计工程量乘以单价进行计算，也可根据工程所在地区造价指标或有关实际资料，采用扩大单位指标编制。

（3）房屋建筑工程

① 永久房屋建筑。用于生产、办公的房屋建筑面积，由设计单位按有关规定结合工程规模确定，单位造价指标根据当地相应建筑造价水平确定。值班宿舍及文化福利建筑的投资按主体建筑工程投资的百分率计算。

a. 枢纽工程：投资≤50000 万元，1.0%～1.5%；50000 万元＜投资≤100000 万元，0.8%～1.0%；投资＞100000 万元，0.5%～0.8%。

b. 引水工程：0.4%～0.6%。

c. 河道工程：0.4%。

注：投资小或工程位置偏远者取大值，反之取小值。除险加固工程（含枢纽、引水、河道工程）、灌溉田间工程的永久房屋建筑面积由设计单位根据有关规定结合工程建设需要确定。

② 室外工程投资。一般按房屋建筑工程投资的 15%～20% 计算。

（4）供电设施工程

供电设施工程根据设计的电压等级、线路架设长度及所需配备的变配电设施要求，采用工程所在地区造价指标或有关实际资料计算。

（5）其他建筑工程

① 安全监测设施工程，指属于建筑工程性质的内外部观测设施。安全监测工程项目投资应按设计资料计算。如无设计资料时，可根据坝型或其他工程型式，按照主体建筑工程投资的百分率计算：

a. 当地材料坝：0.9%～1.1%。

b. 混凝土坝：1.1%～1.3%。

c. 引水式电站（引水建筑物）：1.1%～1.3%。

d. 堤防工程：0.2%～0.3%。

② 照明线路、通信线路等三项工程投资按设计工程量乘以单价或采用扩大单位指标编制。

③ 其余各项按设计要求分析计算。

6.3.2 机电设备及安装工程

机电设备及安装工程投资包括设备费和安装工程费两部分。

（1）设备费

设备费包括设备原价、运杂费、运输保险费、采购及保管费、运杂综合费率、交通工具购置费等。

（2）安装工程费

安装工程费按设备数量乘以安装单价进行计算。

6.3.3 金属结构设备及安装工程

编制方法同"6.3.2 机电设备及安装工程"部分。

金属结构设备及安装工程包括各种永久水工建筑工程中的闸门、启闭机和拦污栅设备及安装，引水工程的压力钢管制作与安装，航运工程的升降机设备及安装。

① 起重设备及安装：水电站的起重设备是安装、运行和检修电站各种设备的起吊工具，包括的设备有桥式起重机、门式起重机、油压启闭机、卷扬式启闭机、螺杆式启闭机、电梯、轨道、滑触线。

② 闸门及安装：闭塞孔口，而又能开放孔口的堵水装置叫闸门，包括平板门、弧形门、船闸闸门、闸门埋件、闸门压重物、拦污栅、小型金属结构等的安装。

③ 压力钢管制作及安装。

6.3.4 施工临时工程

在水利水电基本建设工程项目的施工准备阶段和建设过程中，为保证永久建筑安装工程的施工，按照施工进度的要求，需要修建的导流、施工交通、施工场外供电、施工房屋建筑等临时工程的设施，统称为施工临时工程。

由于水利水电工程建设的特点，施工临时工程规模大、项目多、投资高，所以在《编制规定》中把临时工程划为一大部分。在编制概算时，应区别不同工程情况，根据施工组织设计确定的工程项目和工程量，分别采用工程量乘单价或扩大单位指标进行编制。

（1）导流工程

导流工程按设计工程量乘以工程单价进行计算。

（2）施工交通工程

施工交通工程按设计工程量乘以工程单价进行计算，也可根据工程所在地区造价指标或有关实际资料，采用扩大单位指标编制。

（3）施工场外供电工程

根据设计的电压等级、线路架设长度及所需配备的变配电设施要求，采用工程所在地区造价指标或有关实际资料计算。

（4）施工房屋建筑工程

施工房屋建筑工程包括施工仓库和办公、生活及文化福利建筑两部分。施工仓库，指为工程施工而临时兴建的设备、材料、工器具等仓库,其建筑面积由施工组织设计确定,单位造价指标根据当地相应建筑造价水平确定;办公、生活及文化福利建筑,指施工单位、建设单位、监理单位及设计代表在工程建设期间所需的办公用房、宿舍、招待所和其他文化福利设施等房屋建筑工程。

施工房屋建筑工程不包括列入临时设施和其他施工临时工程项目内的电、风、水系统,通信系统,砂石料系统,混凝土拌和及浇筑系统,木工、钢筋、机修等辅助加工厂,混凝土预制构件厂,混凝土制冷、供热系统,施工排水等生产用房。

枢纽工程、引水工程、河道工程的施工房屋建筑工程投资计算方法分别如下。

① 枢纽工程,按下列公式计算:

$$I = \frac{A \times U \times P}{N \times L} \times K_1 \times K_2 \times K_3 \tag{6-14}$$

式中　I——房屋建筑工程投资;

　　　A——建安工作量,按工程一至四部分建安工作量(不包括办公、生活及文化福利建筑和其他施工临时工程)之和乘以(1+其他施工临时工程百分率)计算;

　　　U——人均建筑面积综合指标,按 12~15m² /人计算;

　　　P——单位造价指标,参考工程所在地的永久房屋造价指标(元/m²)计算;

　　　N——施工年限,按施工组织设计确定的合理工期计算;

　　　L——全员劳动生产率,一般按 80000~120000 元/(人·年);施工机械化程度高取大值,反之取小值;采用掘进机施工为主的工程全员劳动生产率应适当提高;

　　　K_1——施工高峰人数调整系数,取 1.10;

　　　K_2——室外工程系数,取 1.10~1.15,地形条件差的可取大值,反之取小值;

　　　K_3——单位造价指标调整系数,按不同施工年限,采用表 6-26 中的调整系数。

表 6-26　单位造价指标调整系数表

工期	系数	工期	系数
2 年以内	0.25	5~8 年	0.70
2~3 年	0.40	8~11 年	0.80
3~5 年	0.55	—	—

② 引水工程按一至四部分建安工作量的百分率计算,见表 6-27。

表 6-27　引水工程施工房屋建筑工程费率表

工期	百分率	工期	百分率
≤3 年	1.5%~2.0%	>3 年	1.0%~1.5%

注:1. 一般引水工程取中上限,大型引水工程取下限。
2. 掘进机施工隧洞工程按表中费率乘调整系数 0.5。

③ 河道工程按一至四部分建安工作量的百分率计算,见表 6-28。

表 6-28　河道工程施工房屋建筑工程费率表

工期	百分率	工期	百分率
≤3 年	1.5%~2.0%	>3 年	1.0%~1.5%

(5) 其他施工临时工程

按工程一至四部分建安工作量(不包括其他施工临时工程)之和的百分率计算。相应费率取值如下：

① 枢纽工程为 3.0%～4.0%。

② 引水工程为 2.5%～3.0%。一般引水工程取下限，隧洞、渡槽等大型建筑物较多的引水工程、施工条件复杂的引水工程取上限。

③ 河道工程为 0.5%～1.5%。灌溉田间工程取下限，建筑物较多、施工排水量大或施工条件复杂的河道工程取上限。

6.3.5 独立费用

独立费用指不属于永久工程和临时工程基本建设工作的费用，由建设管理费、生产及管理单位准备费、科研勘测设计费和其他费用四项内容组成。由于该部分费用数额与工程项目中的各个单项或单位工程不构成直接关联，无法纳入间接费，因此只能单独列项计算。其计费标准及其组成具有较强的政策性，所以在计算时应严格执行主管部门颁发的有关规定。

6.3.6 实训案例

西部某地区以脱贫攻坚为宗旨，为改善当地水环境，解决居民用水难题，拟新建一引水工程，该工程以供水为主，主要任务为渠道改建及保证饮水安全。该引水工程目前正处于初步设计阶段，初步设计概算部分成果如表 6-29 所示。

表 6-29 初步设计概算部分成果　　　　　　　　　　单位：万元

序号	项目	建安工程费	设备购置费	合计
1	管道工程	4070.6	—	4070.6
2	建筑物工程	1984.2	—	1984.2
3	运营管理维护道路	42.9	—	42.9
4	永久对外公路	82.2	—	82.2
5	施工支洞工程	237.7	—	237.7
6	房屋建筑工程	101.1	—	101.1
7	供电设施工程	203.5	—	203.5
8	施工供电工程	12.5	—	12.5
9	其他建筑物工程	95.4	—	95.4
10	导流工程	1.5	—	1.5
11	其他施工临时工程	222.1	—	222.1
12	施工仓库	360	—	360
13	办公、生活及文化福利建筑	138.1	—	138.1
14	机电设备及安装工程	59.5	477.6	537.1
15	金属结构设备及安装工程	13.1	119.4	132.5

已知：① 独立费用包含的内容及计算方法如下：

a. 建设管理费。查引水工程建设管理费费率（本书表 2-6）。

b. 工程建设监理费为 137.2 万元。

c. 联合试运转费：本项目不计。

d. 生产准备费。生产准备费包含的各项费用计算方法如下。生产及管理单位提前进场费：按一至四部分建安工作量的 0.15%～0.35% 计算，本工程取上限。生产职工培训费：按一至四部分建安工作量的 0.35%～0.55% 计算，本工程取上限。管理用具购置费：枢纽工程按一至四部分建安工作量的 0.04%～0.06%计算，大（1）型工程取小值，大（2）型工程取大值；引水工程按建安工作量的 0.03%计算；河道工程按建安工作量的 0.02%计算。备品备件购置费：按占设备费的 0.4%～0.6%计算，本工程取上限。工器具及生产家具购置费：按占设备费的 0.1%～0.2%计算，本工程取上限。

e. 科研勘测设计费为 205.9 万元。

f. 其他。仅计列工程保险费，按一至四部分投资的 0.45%计算。

② 建设征地移民补偿静态投资为 9.7 万元，环境保护工程静态投资为 55.1 万元，水土保持工程静态投资为 141.4 万元。

③ 价差预备费取 0，基本预备费根据工程规模、施工年限和地质条件等不同情况，按一至五部分投资合计的百分率计算。初步设计阶段为 5%～8%，本工程取下限。

④ 建设期融资利息为 1150 万元。

请根据以上已知内容，计算建筑工程投资、施工临时工程投资；根据上述资料，完成工程部分总概算表。

【解】① 建筑工程投资的计算。

主体建筑工程投资＝管道工程投资＋建筑物工程投资
$$=4070.6+1984.2=6054.8（万元）$$

交通工程投资＝永久对外公路投资＋运行管理维护道路投资
$$=82.2+42.9=125.1（万元）$$

房屋建筑工程投资：101.1 万元

供电设施工程投资：203.5 万元

其他建筑物工程投资：95.4 万元

建筑工程投资＝主体建筑工程投资＋交通工程投资＋房屋建筑工程投资＋供电设施工程投资＋其他建筑物工程投资
$$=6054.8+125.1+101.1+203.5+95.4=6579.9（万元）$$

② 施工临时工程投资的计算。

导流工程投资：1.5 万元

施工交通工程投资＝施工支洞工程投资＝237.7（万元）

施工供电工程投资：12.5 万元

施工房屋建筑工程投资＝施工仓库投资＋办公、生活及文化福利建筑投资
$$=360.0+138.1=498.1（万元）$$

其他施工临时工程投资：222.1 万元

施工临时工程投资＝导流工程投资＋施工交通工程投资＋施工供电工程投资＋施工房屋建筑工程投资＋其他施工临时工程投资
$$=1.5+237.7+12.5+498.1+222.1=971.9（万元）$$

③ 工程部分总概算。

由表 6-29 得，机电设备及安装工程投资为 537.1 万元，其中建安工程费 59.5 万元，设备购置费 477.6 万元。

金属结构设备及安装工程投资为 132.5 万元，其中建安工程费 13.1 万元，设备购置费 119.4 万元。

所以：一至四部分投资＝6579.9＋537.1＋132.5＋971.9＝8221.4（万元）
一至四部分建安工作量＝6579.9＋59.5＋13.1＋971.9＝7624.4（万元）
设备费＝477.6＋119.4＝597.0（万元）
建设管理费＝一至四部分建安工作量×该档费率＋辅助参数
　　　　　　＝7624.4×4.2％＋0
　　　　　　＝320.22（万元）
工程建设监理费：137.2 万元
生产准备费＝生产及管理单位提前进场费＋生产职工培训费＋管理用具购置费
　　　　　　＋备品备件购置费＋工器具及生产家具购置
　　　　　　＝0.35％×7624.4＋0.55％×7624.4＋0.03％×7624.4＋0.6％×
　　　　　　597.0＋0.2％×597.0
　　　　　　＝75.68（万元）
科研勘测设计费：205.9 万元
其他费用＝工程保险费＝0.45％×8221.4＝37.0（万元）
独立费用＝建设管理费＋工程建设监理费＋生产准备费＋科研勘测设计费＋其他费用
　　　　　＝320.22＋137.2＋75.68＋205.9＋37.0
　　　　　＝776.0（万元）
一至五部分投资＝6579.9＋537.1＋132.5＋971.9＋776.0＝8997.4（万元）
基本预备费＝一至五部分投资×5％＝8997.4×5％＝449.87（万元）
工程部分静态总投资＝一至五部分投资＋基本预备费
　　　　　　　　　＝8997.4＋449.87＝9447.27（万元）

因此，工程部分总概算表如表 6-30 所示。

表 6-30　工程部分总概算表　　　　　　　　　　　　　　　单位：万元

序号	工程或费用名称	建安工程费	设备购置费	独立费用	合计	占一至五部分投资比例
	第一部分 建筑工程	6579.90			6579.90	73.13％
一	主体建筑工程	6054.80			6054.80	
	管道工程	4070.60			4070.60	
	建筑物工程	1984.20			1984.20	
二	交通工程	125.10			125.10	
三	房屋建筑工程	101.10			101.10	
四	供电设施工程	203.50			203.50	
五	其他建筑物工程	95.40			95.40	
	第二部分 机电设备及安装工程	59.50	477.60		537.10	5.97％
	第三部分 金属结构设备及安装工程	13.10	119.40		132.50	1.47％
	第四部分 施工临时工程	971.90			971.90	10.80％
一	导流工程	1.50			1.50	
二	施工交通工程	237.70			237.70	
三	施工供电工程	12.50			12.50	
四	施工房屋建筑工程	498.10			498.10	
五	其他施工临时工程	222.10			222.10	

续表

序号	工程或费用名称	建安工程费	设备购置费	独立费用	合计	占一至五部分投资比例
	第五部分 独立费用			776.00	776.00	8.62%
一	建设管理费			320.22	320.22	
二	工程建设监理费			137.20	137.20	
三	生产准备费			75.68	75.68	
四	科研勘测设计费			205.90	205.90	
五	其他			37.00	37.00	
	一至五部分投资合计	7624.40	597.00	776.00	8997.40	100.00%
	基本预备费				449.87	
	静态总投资				9447.27	

6.4 水利工程总概算编制

6.4.1 总概算编制表格

（1）主要表格

主要表格有：总概算表；建筑工程概算表；设备及安装工程概算表；分年度投资表；资金流量表；建筑工程单价汇总表；安装工程单价汇总表；主要材料预算价格汇总表；次要材料预算价格汇总表；施工机械台时汇总表；主要工程量汇总表；主要材料量汇总表；工时数量汇总表；建设及施工场地数量汇总表。表格样式可参考本节前面内容。

（2）表格填写说明

① 建筑工程概算表：第2栏填至项目划分第三级项目。

② 设备及安装工程概算表：第2栏填至项目划分第三级项目。

③ 分年度投资表：枢纽工程按此表编制，项目划分至一级项目，为编制资金流量表做准备。某些工程施工期较短可不编制资金流量表，其分年度投资表的项目可按总概算表的项目列入。

④ 次要材料预算价格汇总表：第4栏为次要材料工程所在地市场供应价格；第5栏为由供应地点至工地仓库的运杂费用。

⑤ 主要工程量汇总表、主要材料量汇总表和工时数量汇总表：统计范围均为主体建筑工程和施工导流工程；各表第2栏可按不同情况，填至项目划分第一级和第二级项目。

6.4.2 总概算编制顺序

（1）基本预备费

根据规定的费率，按本书2.2.3小节"预备费及建设期融资利息"所述计算方法计算。

（2）价差预备费

按照合理建设工期和资金流量表的静态投资（含基本预备费），根据国家发展改革委发布的物价指数按有关公式进行计算。

（3）建设期融资利息

根据合理建设工期、资金流量表、建设融资利率及有关公式进行计算。

（4）静态总投资

编制工程部分总概算表时，在第五部分独立费用之后，应顺序计列以下项目：

① 一至五部分投资合计。

② 基本预备费。

③ 静态投资。

一至五部分投资与基本预备费之和构成工程部分静态投资。工程部分、建设征地移民补偿、环境保护工程、水土保持工程一至五部分投资与基本预备费之和构成静态总投资。

（5）总投资

编制总概算表时，在第五部分独立费用之后，按顺序计列以下项目：

① 工程一至五部分投资合计。

② 基本预备费。

③ 静态总投资。

④ 价差预备费。

⑤ 建设期融资利息。

⑥ 总投资。

工程一至五部分投资、基本预备费、价差预备费、建设期融资利息之和构成总投资。

第7章 水利水电工程清单计价

7.1 工程量清单概述

（1）工程量清单的概念

工程量清单是由建设工程招标人发出的，对招标工程的全部项目，按统一的项目编码、工程量计算规则、项目划分和计量单位计算出的工程数量所列出的表格。

工程量清单可以由招标人自行编制，也可以由其委托有资质的招标代理机构或咨询单位编制。工程量清单是招标文件的重要组成部分。

（2）工程量清单相关名词

① 项目编码。项目编码用12位阿拉伯数字表示。前9位为全国统一编码，不得变动，后3位是清单项目名称编码，由清单编制人根据设计图纸的要求、拟建工程的实际情况和项目特征设置。项目编码的各项编码的含义如下：

a. 第1、2位编码"50"为水利工程分类的顺序码；

b. 第3、4位编码为水利建筑工程和水利安装工程的分类顺序码，"01"为水利建筑工程，"02"为水利安装工程；

c. 第5、6位编码为分类工程的顺序码，如"01"为土方开挖工程，"02"为石方开挖工程，"03"为土方填筑工程；

d. 第7、8、9位编码为分类工程项目名称的顺序码，如"500101001"中的后3位"001"为场地平整；

e. 第10、11、12位编码为具体清单项目名称的顺序码，由工程量清单编制人确定。

② 工程单价。工程单价是指完成工程量清单中一个质量合格的规定计量单位项目所需的直接费（包括人工费、材料费、机械使用费，和因季节、夜间、高原、风沙等原因增加的直接费）、施工管理费、企业利润和税金，并考虑风险因素。

③ 措施项目。措施项目是指为完成工程项目施工，发生于该工程施工前和施工过程中招标人不要求列示工程量的施工措施项目。

④ 其他项目。其他项目是指为完成工程项目施工，发生于该工程施工过程中招标人要求计列的费用项目。

⑤ 零星工作项目（或称"计日工"，下同），是指完成招标人提出的零星工作项目所需的人工、材料、机械单价。

⑥ 预留金（或称"暂定金额"下同）。招标人为暂定项目和可能发生的合同变更而预留的金额。

⑦ 企业定额。企业定额是指施工企业根据本企业的施工技术、生产效率和管理水平制定的，供本企业使用的，生产一个质量合格的规定计量单位项目所需的人工、材料和机械台时（班）消耗量的标准。

（3）工程量清单的作用

工程量清单除为潜在的投标人提供必要的信息外，还具有以下作用：

① 为投标人提供一个公开、公平、公正的竞争环境。工程量清单由招标人统一提供，统一的工程量避免了由于计算不准确、项目不一致等人为因素造成的不公正影响，创造了一个公平的竞争环境，投标人根据自身的实力来报不同的单价，符合商品交换的一般性原则。

② 工程量清单是计价和询标、评标的基础。无论是标底的编制还是企业投标报价，都必须以工程量清单为基础进行，同样也为今后的招标、评标奠定了基础。

③ 为施工过程中支付工程进度款提供依据。根据相关合同条款，工程量清单为施工过程中的进度款支付提供了依据。工程竣工后，根据实际工程量乘以相应单价，业主很容易确定工程的最终造价。

④ 为办理工程结算及工程索赔提供了重要依据。

⑤ 设有标底价格的招标工程，招标人利用工程量清单编制标底价格，供评标时参考。

⑥ 有利于实现风险的合理分担。采用工程量清单报价方式后，投标人只对自己所报的成本、单价等负责，而由业主承担工程量计算不准确的风险，这种格局符合风险合理分担与责权利关系对等的一般原则。

⑦ 有利于业主对投资的控制。工程量清单计价模式下，设计变更、工程量的增减对工程造价的影响容易确定，业主能根据投资情况来决定是否变更或进行方案比较，以决定最恰当的处理方法。

（4）工程量清单编制依据和原则

《水利工程工程量清单计价规范》（GB 50501—2007，下文简称《计价规范》）规定："分类分项工程量清单应根据本规范附录 A 和附录 B 规定的项目编码、项目名称、项目主要特征、计量单位、工程量计算规则、主要工作内容和一般适用范围进行编制。"综合起来，工程量清单的编制依据有以下几点：

① 招标设计文件及技术条款。

② 有关的工程施工规范与工程验收规范。

③ 拟采用的施工组织设计和施工技术方案。

④ 相关的法律法规及本地区相关的计价条例等。

水利水电工程工程量清单编制原则如下：

① 必须遵循市场经济活动的基本原则。即客观、公正、公平的原则。所谓客观、公正、公平的原则，就是要求工程量清单的编制要实事求是，不弄虚作假，招标要机会均等，一律公平地对待所有投标人。

② 符合《计价规范》的原则。项目分项类别、分项名称、清单分项编码、计量单位、

分类项目特征、工作内容等，都必须符合《计价规范》的规定和要求。

③ 符合工程量实物分项与描述准确的原则。工程量清单是对招标人和投标人都有很强约束力的重要文件，专业性强，内容复杂，对编制人的业务技术水平和能力要求高，能否编制出完整、严谨、准确的工程量清单，是招标成败的关键。工程量清单是传达招标人要求，便于投标人响应和完成招标工程实体、工程任务目标及相应分项工程数量，全面反映投标报价要求的直接依据。因此，招标人向投标人所提供的清单，必须与设计的施工图纸相符合，能充分体现设计意图，充分反映施工现场的实际施工条件，为投标人能够合理报价创造有利条件，贯彻互利互惠的原则。

④ 贯彻工作认真审慎的原则。应当认真学习《计价规范》、相关政策法规、工程量计算规则、施工图纸、工程地质与水文资料和相关的技术资料等。熟悉施工现场情况，注重现场施工条件分析。对初定的工程量清单的各个分项，按有关的规定进行认真核对、审核，避免错漏项、少算或多算工程数量等现象的发生，对措施项目与其他措施工程量项目清单也应当认真反复核实，最大限度地减少人为因素的错误发生。重要的问题是不留缺口，防止日后追加工程投资，增加工程造价。

（5）**工程量清单的编制步骤**

工程量清单编制的内容，应包括分类分项工程量清单、措施项目清单、其他项目清单，且必须严格按照《计价规范》规定的计价规则和标准格式进行。在编制工程量清单时，应根据规范和招标图纸及其他有关要求对清单项目进行准确详细的描述，以保证投标企业正确理解各清单项目的内容，合理报价。工程量清单编制程序与步骤如下：

a. 收集熟悉有关资料文件；

b. 分析图纸确定清单分项；

c. 按分项及计算规则计算清单工程量；

d. 编制分部分项工程量清单；

e. 编制措施项目清单和其他项目清单；

f. 按规范格式整理工程量清单。

（6）**工程量清单组成**

① 分类分项工程量清单。

a. 分类分项工程量清单应包括序号、项目编码、项目名称、计量单位、工程数量、主要技术条款编码和备注。

b. 分类分项工程量清单应根据《计价规范》附录A和附录B规定的项目编码、项目名称、项目主要特征、计量单位、工程量计算规则、主要工作内容和一般适用范围进行编制。

c. 分类分项工程量清单的项目编码，一至九位应按《计价规范》附录A和附录B的规定设置；十至十二位应根据招标工程的工程量清单项目名称由编制人设置，并应自001起顺序编码。

d. 分类分项工程量清单的项目名称应按下列规定确定：项目名称应按《计价规范》附录A和附录B的项目名称及项目主要特征并结合招标工程的实际确定；编制工程量清单，出现《计价规范》附录A、附录B中未包括的项目时，编制人可作补充。

e. 分类分项工程量清单的计量单位应按《计价规范》附录A和附录B中规定的计量单位确定。

f. 工程数量应按下列规定进行计算：工程数量应按《计价规范》附录 A 和附录 B 中规定的工程量计算规则和相关条款说明计算；工程数量的有效位数应遵守下列规定：以"m""m^2""m^3""kg""个""项""根""块""台""套""组""面""只""相""站""孔""束"为单位的，应取整数；以"t""km"为单位的，应保留小数点后两位数字，第三位数字四舍五入。

② 措施项目清单。在编制措施项目清单时，应考虑在工程施工前和施工过程中所发生的多种因素，除工程本身的因素外，还要涉及水文、气象、环境、安全等因素和施工企业的实际情况。

"措施项目一览表"所列内容是各专业工程均可列出的措施项目，主要有：环境保护措施，文明施工措施，安全防护措施，小型临时工程，施工企业进退场费，大型施工设备安拆费，见表 7-1。

措施项目清单根据拟建工程的具体情况和设计要求列项编制，对《计价规范》中所列项目，编制人可以根据工程的规模、涵盖的内容等具体实际情况作增减。

表 7-1 措施项目一览表

序号	项目名称	序号	项目名称
1	环境保护措施	5	施工企业进退场费
2	文明施工措施	6	大型施工设备安拆费
3	安全防护措施	……	……
4	小型临时工程		

③ 其他项目清单。其他项目清单，暂列预留金一项，根据招标工程具体情况，编制人可作补充。预留金是招标人为可能发生的工程变更而预留的金额。此处的工程变更主要是指工程量清单漏项、有误引起的工程量增加和施工中的设计变更引起标准提高或工程量增加等。

④ 零星工作项目清单。零星工作项目清单，编制人应根据招标工程具体情况，对工程实施过程中可能发生的变更或新增加的零星项目，列出人工（按工种）、材料（按名称和型号规格）、机械（按名称和型号规格）的计量单位，并随工程量清单发至投标人。

（7）工程量清单格式

工程量清单应采用统一格式，工程量清单格式应由下列内容组成。

① 封面。招标人需在工程量清单封面上填写拟建的工程项目名称、招标人（招标单位）、法定代表人、中介机构法定代表人、造价工程师及注册证号、编制时间，见表 7-2。

表 7-2 工程量清单封面格式

＿＿＿＿＿＿＿工程
工程量清单
合同编号：(招标项目合同编号)
招　标　人：＿＿＿＿＿＿＿（单位盖章）
招标单位 法定代表人 （或委托代理人）：＿＿＿＿＿＿＿（签字盖章）
中介机构 法定代表人 （或委托代理人）：＿＿＿＿＿＿＿（签字盖章）
造价工程师 及注册证号：＿＿＿＿＿＿＿（签字盖执业专用章） 编制时间：

② 填表须知。招标人在编写工程量清单表格时，必须按照规定的要求完成。具体规定有四条，如表 7-3 所示。

表 7-3 填表须知

1. 工程量清单及其计价格式中所有要求签字、盖章的地方，必须由规定的单位和人员盖章、签字（其中法定代表人也可由其授权委托的代理人签字、盖章）； 2. 工程量清单及其计价格式中的任何内容不得随意删除或涂改； 3. 工程量清单计价格式中列明的所有需要填报的单价和合价，投标人均应填报，未填报的单价和合价，视为此项费用已包含在工程量清单的其他单价及合价中； 4. 投标金额（价格）均应以 _____ 币表示。

③ 总说明。工程量清单的总说明如表 7-4 所示。其主要包括以下内容：a. 工程概况，即建设规模、工程特征、计划工期、施工现场实际情况、交通运输情况、自然地理条件、环境保护要求等；b. 工程招标和分包范围；c. 工程量清单编制依据；d. 工程质量、材料、施工等的特殊要求，即工程质量要求达到的标准、主要材料的材质等级标准、规格型号、价格要求及其他；e. 招标人自行采购材料的名称、规格型号、数量等。

表 7-4 总说明

合同编号：（招标项目合同号）
工程名称：（招标项目名称）　　　　　　　　　　　　　　　　　　　　　　第　页　共　页

④ 分类分项工程量清单，见表 7-5。

表 7-5 分类分项工程量清单

合同编号：（招标项目合同号）
工程名称：（招标项目名称）　　　　　　　　　　　　　　　　　　　　　　第　页　共　页

序号	项目编码	项目名称	计量单位	工程数量	主要技术条款编码	备注
1		一级××项目				
1.1		二级××项目				
1.1.1		三级××项目				
	50××××××××××	最末一级项目				
1.1.2						
2		一级××项目				
2.1		二级××项目				
2.1.1		三级××项目				
	50××××××××××	最末一级项目				
2.1.2						

⑤ 措施项目清单，见表 7-6。措施项目清单按招标文件确定的措施项目名称填写。凡能列出工程数量并按单价结算的措施项目，均应列入分类分项工程量清单。

表 7-6 措施项目清单

合同编号：（招标项目合同号）
工程名称：（招标项目名称）   第 页 共 页

序 号	项 目 名 称	备 注

⑥ 其他项目清单，见表 7-7。

表 7-7 其他项目清单

合同编号：（招标项目合同号）
工程名称：（招标项目名称）   第 页 共 页

序号	项 目 名 称	金额/元	备注

⑦ 零星工作项目清单，见表 7-8。零星工作项目清单填写内容包括：a. 名称及型号规格，人工按工种，材料按名称和型号规格，机械按名称和型号规格，分别填写；b. 计量单位，人工以工日或工时，材料以 t、m^2 等，机械以台时或台班，分别填写。

表 7-8 零星工作项目清单

合同编号：（招标项目合同号）
工程名称：（招标项目名称）   第 页 共 页

序号	名称	型号规格	计量单位	备注
1	人工			
2	材料			
3	机械			

⑧ 其他辅助表格。

a. 招标人供应材料价格表，见表 7-9。招标人供应材料价格按表中材料名称、型号规格、计量单位和供应价填写，并在供应条件和备注栏内说明材料供应的边界条件。

表 7-9 招标人供应材料价格表

合同编号：（招标项目合同号）
工程名称：（招标项目名称）　　　　　　　　　　　　　第　页　共　页

序号	材料名称	型号规格	计量单位	供应价/元	供应条件	备注

b. 招标人提供施工设备表，见表 7-10。招标人提供施工设备表按表中设备名称、型号规格、设备状况、设备所在地点、计量单位、数量和折旧费填写，并在备注栏内说明对投标人使用施工设备的要求。

表 7-10 招标人提供施工设备表

合同编号：（招标项目合同号）
工程名称：（招标项目名称）　　　　　　　　　　　　　第　页　共　页

序号	设备名称	型号规格	设备状况	设备所在地	计量单位	数量	折旧费		备注
							元/台时（台班）		

c. 招标人提供施工设施表，见表 7-11。招标人提供施工设施表按表中项目名称、计量单位和数量填写，并在备注栏内说明对投标人使用施工设施的要求。

表 7-11 招标人提供施工设施表

合同编号：（招标项目合同号）
工程名称：（招标项目名称）　　　　　　　　　　　　　第　页　共　页

序号	项目名称	计量单位	数量	备注

7.2　工程量清单计价表的编制

工程量清单计价是指在建设工程招标时由招标人计算出工程量，并作为招标文件内容提供给投标人，再由投标人根据招标人提供的工程量自主报价的一种计价行为。就投标单位而言，工程量清单计价可称为工程量清单报价。

7.2.1　工程量清单计价方法

工程量清单计价应包括按招标文件规定完成工程量清单所列项目的全部费用，包括分类分项工程费、措施项目费、其他项目费和零星工作项目费。

（1）分类分项工程量清单计价

分类分项工程量清单计价应采用工程单价计价，其计算公式为

$$\text{分类分项工程费} = \sum (\text{清单工程量} \times \text{工程单价}) \tag{7-1}$$

工程单价是指完成工程量清单中一个质量合格的规定计量单位项目所需的直接费（包括人工费、材料费、机械使用费和因季节、夜间、高原、风沙等原因增加的直接费）、施工管理费、企业利润和税金，并考虑风险因素。

分类分项工程量清单的工程单价，应根据《计价规范》规定的工程单价组成内容，按招标设计文件、图纸、《计价规范》附录 A 和附录 B 中的"主要工作内容"确定，除另有规定外，对有效工程量以外的超挖超填工程量，施工附加量，加工、运输损耗量等，所消耗的人工、材料和机械费用，均应摊入相应有效工程量的工程单价之内。

分类分项工程量清单的工程单价计算，可用下式表达：

$$\text{工程单价} = \frac{\sum (\text{组价项目工程量} \times \text{组价项目直接费}) \times (1 + \text{施工管理费}) \times (1 + \text{税率})}{\text{清单项目工程量}}$$

$$\tag{7-2}$$

按照招标文件的规定，根据招标项目涵盖的内容，投标人一般应编制以下基础单价，作为编制分类分项工程单价的依据：

① 人工费单价。
② 主要材料预算价格。
③ 电、风、水单价。
④ 砂石料单价。
⑤ 块石、料石单价。
⑥ 混凝土配合比材料费。
⑦ 施工机械台时（班）费。

（2）措施项目清单计价

措施项目清单的金额应根据招标文件的要求以及工程的施工方案，以每一项措施项目为单位，按项计价。投标报价时，应根据招标文件的要求详细分析各措施项目所包含的工程内容和施工难度，编制合理的施工方案，据此确定其价格。

投标人在报价时不得增删招标人提出的措施项目清单项目，投标人若有疑问，必须在招标文件规定的时间内向招标人进行书面澄清。

（3）其他项目清单计价

其他项目清单是指为保证工程项目施工，在该工程施工过程中难以量化又可能发生的工程和费用，按招标人要求的计算方法或估算金额计列的费用项目。其他项目清单由招标人按估算金额确定。

（4）零星工作项目清单计价

零星工作项目清单中的人工、材料、机械台时（班）单价由投标人根据招标文件要求分析确定，其单价的内涵不仅包含基础单价，还有辅助性消耗的费用，如工人所用的工器具使用费、需进行的辅助性工作、相应要消耗的零星材料、相配合要消耗的辅助机械等。另外，对零星工作按预计准备的用量，可能与将来实际发生的有较大的差异，准备多了出现闲置或准备少了还要补充，有引起成本增加的风险。所以，相同工种的人工，相同规格的材料和机械，零星工作项目的单价应高于基础单价，但不应违背工作实际和有意过分放大风险程度。零星工作项目清单的单价由投标人填报。

7.2.2 工程量清单计价表的格式

工程量清单计价应采用统一格式,填写工程量清单计价表。工程量清单计价表应由下列内容组成:

① 封面,见表7-12。

表7-12 封面

_____工程
工程量清单报价表
合同编号:(投标项目合同编号)
投 标 人:_____(单位盖章)
法定代表人 (或委托代理人):_____(签字盖章)
法定代表人 (或委托代理人):_____(签字盖章)
造价工程师 及注册证号:_____(签字盖执业专用章) 编制时间:_____

② 投标总价,见表7-13。

表7-13 投标总价

投 标 总 价
工 程 名 称:_____
合 同 编 号:_____
投标总价(小写):_____
(大写):_____
投 标 人:_____(单位盖章)
法 定 代 表 人 (或委托代理人):_____(签字盖章)
编 制 时 间:

③ 工程项目总价表,见表7-14。

表7-14 工程项目总价表

合同编号:(投标项目合同号)

工程名称:(投标项目名称)   第 页 共 页

序号	工程项目名称	金额/元
1	一级××项目	
2	一级××项目	
××	措施项目	
××	其他项目	
	合计	

                 法定代表人
                (或委托代理人):_____(签字)

④ 分类分项工程量清单计价表，见表 7-15。

表 7-15 分类分项工程量清单计价表

合同编号：（投标项目合同号）

工程名称：（投标项目名称）　　　　　　　　　　　　　　　　第　页　共　页

序号	项目编码	项目名称	计量单位	工程数量	单价/元	合价/元	主要技术条款编码
1		一级××项目					
1.1		二级××项目					
1.1.1		三级××项目					
	50××××××××××	最末一级项目					
2		一级××项目					
2.1		二级××项目					
2.1.1		三级××项目					
	50××××××××××	最末一级项目					
2.1.2							
		合计					

　　　　　　　　　　　　　　　　　　　　　　　　法定代表人
　　　　　　　　　　　　　　　　　　　　　　　（或委托代理人）：_____（签字）

⑤ 措施项目清单计价表，见表 7-16。

表 7-16 措施项目清单计价表

合同编号：（投标项目合同号）

工程名称：（投标项目名称）　　　　　　　　　　　　　　　　第　页　共　页

序号	项目名称	金额/元
	合　计	

　　　　　　　　　　　　　　　　　　　　　　　　法定代表人
　　　　　　　　　　　　　　　　　　　　　　　（或委托代理人）：_____（签字）

⑥ 其他项目清单计价表，见表 7-17。

表 7-17 其他项目清单计价表

合同编号：（投标项目合同号）

工程名称：（投标项目名称）　　　　　　　　　　　　　　　　第　页　共　页

序号	项目名称	金额/元	备注
	合　计		

　　　　　　　　　　　　　　　　　　　　　　　　法定代表人
　　　　　　　　　　　　　　　　　　　　　　　（或委托代理人）：_____（签字）

⑦ 零星工作项目计价表,见表 7-18。

表 7-18 零星工作项目计价表

合同编号:(投标项目合同号)

工程名称:(投标项目名称) 第 页 共 页

序号	名称	型号规格	计量单位	备注
1	人工			
2	材料			
3	机械			

法定代表人
(或委托代理人):_____(签字)

⑧ 工程单价汇总表,见表 7-19。

表 7-19 工程单价汇总表

合同编号:(投标项目合同号)

工程名称:(投标项目名称) 第 页 共 页

序号	项目编码	项目名称	计量单位	人工费	材料费	机械使用费	施工管理费	企业利润	税金	合计
1		建筑工程								
1.1		土方开挖工程								
1.1.1	500101×××××									
1.1.2										
2		安装工程								
2.1		机电设备安装工程								
2.1.1	500201×××××									
2.1.2										

法定代表人
(或委托代理人):_____(签字)

⑨ 工程单价费(税)率汇总表,见表 7-20。

表 7-20 工程单价费(税)率汇总表

合同编号:(投标项目合同号)

工程名称:(投标项目名称) 第 页 共 页

序号	工程类别	工程单价费(税)率/%			备注
		施工管理费	企业利润	税金	
一	建筑工程				
二	安装工程				

法定代表人
(或委托代理人):_____(签字)

⑩ 投标人生产电、风、水、砂石基础单价汇总表，见表 7-21。

表 7-21　投标人生产电、风、水、砂石基础单价汇总表

合同编号：（投标项目合同号）

工程名称：（投标项目名称）　　　　　　　　　　　　　　　第　页　共　页

单位：元

序号	名称	型号规格	计量单位	人工费	材料费	机械使用费	（其他）	（其他）	合计	备注

法定代表人
（或委托代理人）：_____（签字）

⑪ 投标人生产混凝土配合比材料费表，见表 7-22。

表 7-22　投标人生产混凝土配合比材料费表

合同编号：（投标项目合同号）

工程名称：（投标项目名称）　　　　　　　　　　　　　　　第　页　共　页

序号	工程部位	混凝土强度等级	水泥强度等级	级配	水灰比	预算材料量/(kg/m³)					单价/(元/m³)	备注
						水泥	砂	石	（其他）	（其他）		

法定代表人
（或委托代理人）：_____（签字）

⑫ 招标人供应材料价格汇总表，见表 7-23。

表 7-23　招标人供应材料价格汇总表

合同编号：（投标项目合同号）

工程名称：（投标项目名称）　　　　　　　　　　　　　　　第　页　共　页

序号	材料名称	型号规格	计量单位	供应价/元	预算价/元

法定代表人
（或委托代理人）：_____（签字）

⑬ 投标人自行采购主要材料预算价格汇总表，见表 7-24。

表 7-24　投标人自行采购主要材料预算价格汇总表

合同编号：（投标项目合同号）

工程名称：（投标项目名称）　　　　　　　　　　　　　　　第　页　共　页

序号	材料名称	型号规格	计量单位	预算价/元	备注

法定代表人
（或委托代理人）：＿＿＿＿＿＿（签字）

⑭ 招标人提供施工机械台时（班）费汇总表，见表 7-25。

表 7-25　招标人提供施工机械台时（班）费汇总表

合同编号：（投标项目合同号）

工程名称：（投标项目名称）　　　　　　　　　　　　　　　第　页　共　页

单位：元/台时（班）

序号	机械名称	型号规格	招标人收取的折旧费	投标人应计算的费用						合计
				维修费	安拆费	人工	柴油	电	（其他）	小计

法定代表人
（或委托代理人）：＿＿＿＿＿＿（签字）

⑮ 投标人自备施工机械台时（班）费汇总表，见表 7-26。

表 7-26　投标人自备施工机械台时（班）费汇总表

合同编号：（投标项目合同号）

工程名称：（投标项目名称）　　　　　　　　　　　　　　　第　页　共　页

单位：元/台时（班）

序号	机械名称	型号规格	一类费用				二类费用					合计
			折旧费	维修费	安拆费	小计	人工	柴油	电	（其他）	小计	

法定代表人
（或委托代理人）：＿＿＿＿＿＿（签字）

⑯ 总价项目分类分项工程分解表。

⑰ 工程单价计算表，见表 7-27。

表 7-27　工程单价计算表

_____工程

单价编号：　　　　　　　　　　　　　　　　　　　　　　　　　　　　　　　　定额单位：

序号	名称	型号规格	计量单位	数量	单价/元	合价/元
1	直接费					
1.1	人工费					
1.2	材料费					
1.3	机械使用费					
2	施工管理费					
3	企业利润					
4	税金					
	合计					
	单价					

法定代表人
（或委托代理人）：_____（签字）

7.2.3　工程量清单计价表的填写要求

工程量清单报价表的填写应符合下列规定。

① 工程量清单报价表的内容应由投标人填写。

② 投标人不得随意增加、删除或涂改招标人提供的工程量清单中的任何内容。

③ 工程量清单报价表中所有要求盖章、签字的地方，必须由规定的单位和人员盖章签字（其中法定代表人签字、盖章处也可由其授权委托的代理人签字、盖章）。

④ 投标总价应按工程项目总价表合计金额填写。

⑤ 工程项目总价表填写要求：表中一级项目名称按招标人提供的招标项目工程量清单中的相应名称填写，并按分类分项工程量清单计价表中相应项目合计金额填写。

⑥ 分类分项工程量清单计价表填写要求：

a. 表中的序号、项目编码、项目名称、计量单位、工程数量、主要技术条款编码，按招标人提供的分类分项工程量清单中的相应内容填写；

b. 表中列明的所有需要填写的单价和合价，投标人均应填写；未填写的单价和合价，视为此项费用已包含在工程量清单的其他单价和合价中。

⑦ 措施项目清单计价表填写要求：表中的序号、项目名称，按招标人提供的措施项目清单中的相应内容填写，并填写相应措施项目的金额和合计金额。

⑧ 其他项目清单计价表填写要求：表中的序号、项目名称、金额，按招标人提供的其他项目清单中的相应内容填写。

⑨ 零星工作项目计价表填写要求：表中的序号、人工、材料、机械的名称、型号规格以及计量单位，按招标人提供的零星工作项目清单中的相应内容填写，并填写相应项目单价。

⑩ 辅助表格填写要求：

a. 工程单价汇总表，按工程单价计算表中的相应内容、价格（费率）填写。

b. 工程单价费（税）率汇总表，按工程单价计算表中的相应费（税）率填写。

c. 投标人生产电、风、水、砂石基础单价汇总表，按基础单价分析计算成果的相应内容、价格填写，并附相应基础单价的分析计算书。

d. 投标人生产混凝土配合比材料费表，按表中工程部位、混凝土和水泥强度等级、级配、水灰比、相应材料用量和单价填写，填写的单价必须与工程单价计算表中采用的相应混凝土材料单价一致。

e. 招标人供应材料价格汇总表，按招标人供应的材料名称、型号规格、计量单位和供应价填写，并填写经分析计算后的相应材料预算价格，填写的预算价格必须与工程单价计算表中采用的相应材料预算价格一致。

f. 投标人自行采购主要材料预算价格汇总表，按表中的序号、材料名称、型号规格计量单位和预算价填写，填写的预算价必须与工程单价计算表中采用的相应材料预算价格一致。

g. 招标人提供施工机械台时（班）费汇总表，按招标人提供的机械名称、型号规格和招标人收取的台时（班）折旧费填写；投标人填写的台时（班）费用合计金额必须与工程单价计算表中相应的施工机械台时（班）费单价一致。

h. 投标人自备施工机械台时（班）费汇总表，按表中的序号、机械名称、型号规格、一类费用和二类费用填写，填写的台时（班）费合计金额必须与工程单价计算表中相应的施工机械台时（班）费单价一致。

i. 工程单价计算表，按表中的施工方法、序号、名称、型号规格、计量单位、数量、单价、合价填写，填写的人工、材料和机械等基础价格，必须与基础材料单价汇总表、主要材料预算价格汇总表及施工机械台时（班）费汇总表中单价相一致；填写的施工管理费、企业利润和税金等费（税）率必须与工程单价费（税）率汇总表中费（税）率相一致。凡投标金额小于投标总报价万分之五及以下的工程项目，投标人可不编报工程单价计算表。

⑪ 总价项目一般不再分设分类分项工程项目，若招标人要求投标人填写总价项目分类分项工程分解表，其表式同分类分项工程量清单计价表。

7.2.4　工程量清单计价的费用构成及计价程序

（1）费用构成

水利工程工程量清单计价的费用构成如下。

① 分类分项工程费。分类分项工程费是指完成《计价规范》中"分类分项工程量清单"项目所需的费用，包括人工费、材料费（消耗的材料费总和）、机械使用费、企业管理费、利润、税金以及风险费。

② 措施项目费。措施项目费是指分类分项工程费以外，为完成该工程项目施工必须采取的措施所需的费用，是《计价规范》中"措施项目一览表"确定的工程措施项目金额的总和。具体措施项目包括环境保护费、文明施工费、安全施工费、临时设施费、大型机械设备进出场及安装拆卸费等。以上措施项目费包括：人工费、材料费、机械使用费、企业管理费、利润、税金以及风险费。

③ 其他项目费。其他项目费是指除分类分项工程费和措施项目费以外，该工程项目施工中可能发生的其他费用。其他项目费包括招标人部分的预留金、材料购置费（仅指由招标人购置的材料费）、投标人部分的总承包服务费、零星工作项目费的估算金额等。

（2）计价程序

工程量清单计价的基本过程如图7-1所示，可以看出，工程量清单计价过程可以分为两个阶段：工程量清单的编制和利用工程量清单进行投标报价。

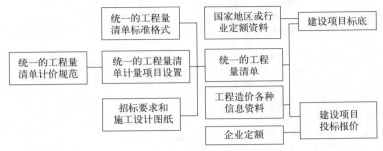

图7-1 工程量清单计价的基本过程

a. 工程量清单编制。在统一的工程量计算规则的基础上，制定工程量清单项目的设置规则，根据具体工程的施工图纸及合同条款计算出各个清单项目的工程量，并按统一格式完成工程量清单编制。

b. 工程量清单报价。依据工程量清单、国家地区或行业的定额资料、市场信息，招标人或者招标委托人可以制定项目的标底价格，而投标单位则依据招标人提供的工程量清单、合同技术条款，根据企业定额和从各种渠道获得的工程造价信息和经验数据计算得到投标报价。

7.2.5 分类分项工程单价的编制与计算

（1）分类分项工程单价组成

分类分项工程单价是指以价格形式表示的完成单位工程量（如$1.0m^3$、$1.0m^2$、1.0台、1.0套、$1.0t$等）所耗用的全部费用，包括直接费（包括人工费、材料费、机械使用费和因季节、夜间、高原、风沙等原因增加的直接费）、施工管理费、企业利润和税金，并考虑风险因素。分类分项工程单价是编制水电工程总投资的基础。它的准确程度直接影响到工程投资及工程项目的决策。

分类分项工程单价由"量、价、费"三要素组成。量指完成单价工程量所需的人工材料和施工机械台时（台班）数量；价指人工预算单价、材料预算价格和机械台时（台班）费等基础单价；费指按规定计入工程单价的施工管理费、企业利润和税金等。人工材料和机械台时数量，需根据设计图纸及施工组织设计等资料，正确选用《水利工程建筑预算定额》或企业自行编制定额的相应子目的规定数量。

人工、材料预算单价和机械台时费，根据人工工资标准及工程材料供应情况和机械台时定额进行计算。

季节、夜间、高原、风沙等原因增加的直接费、施工管理费、企业利润和税金等，按有关规定及地方主管部门规定或企业自身的管理规定的取费标准进行计算。

（2）分类分项工程单价编制步骤

① 了解工程概况，熟悉招标设计图纸，搜集基础资料，确定取费标准。

② 根据工程特征和施工组织设计确定的施工条件、施工方法及施工机械配备正确选用

预算定额子目或企业定额子目。

③根据工程的相关基础单价（或市场询价）和有关费用标准计算直接费、企业管理费、企业利润和税金，并加以汇总得出分类分项工程单价。分类分项工程单价计算程序见表7-28。

表7-28 分类分项工程单价计算程序表

序号	项目	计算方法
1	基本直接费	1.1＋1.2＋1.3
1.1	人工费	∑各项人工工时消耗量×相应人工预算单价（元/工时）
1.2	材料费	∑定额各种材料用量×相应材料预算单价
1.3	机械使用费	∑定额机械台时用量×机械台时费（元/台时）
2	企业管理费	1×企业管理费费率
3	企业利润	（1＋2）×企业利润率
4	税金	（1＋2＋3）×税率
5	工程单价	1＋2＋3＋4

（3）计算工程单价

按确定的分项工程人工、材料和机械的消耗量及询价获得的人工工资单价、材料预算单价、施工机械台班单价，计算出对应类工程单位数量的人工费、材料费和机械费，再计算清单项目分项工程的直接工程费单价。

$$分类工程的直接工程费单价 = \sum (人工费 + 材料费 + 机械费) \qquad (7-3)$$

计算工程单价中的企业管理费、利润和税金时，可以根据每个分项工程的具体情况逐项估算。一般情况下，采用分摊法计算分项工程中的管理费、利润和税金，即先计算出工程的全部管理费、利润和税金，然后再分摊到工程量清单中的每个分项工程上。分摊计算时，投标人可以根据以往的经验确定一个适当的分摊系数来计算每个分项工程应分摊的企业管理费、利润和税金。

7.3 措施项目清单计价和工程量清单报价的编制

7.3.1 措施项目清单计价的编制

措施项目是指为了完成工程项目施工，发生于工程施工前和施工过程中招标人不要求列示工程量的施工措施项目，是发生于工程施工前和施工过程中的技术、生活、安全等方面的非工程实体的项目，在措施项目清单中将这些非工程实体的项目逐一列出。

在措施项目中，凡能列出工程数量并按单价结算的项目，均应列入分类分项工程量清单，在清单中计价，如混凝土、钢筋混凝土模板及支架，脚手架，施工排水、降水等项目。

措施项目清单按招标文件确定的措施项目名称填写。其他项目清单是指分类分项工程清单和措施项目清单以外，该工程项目施工可能发生的其他费用。其他项目清单按照招标文件确定的其他项目名称、金额填写。

（1）措施项目费计算

措施项目清单的金额，应根据拟建工程的施工方案或施工组织设计，参照规范规定的综合单价组成来确定。措施项目清单中所列的措施项目均以"一项"提出，在计价时，首先应详细分析其所包括的全部工程内容，然后确定其综合单价。

计算措施项目综合单价的方法有费率法、参数法、实物量法和分包法。

① 费率法计价。费率法计价是指按国家或工程项目所在地的地方管理规定进行计算，国家及各省市在进行建设项目管理时，制定了建筑安装工程环境保护措施、文明施工措施、安全防护措施的取费标准和计算基数。如《水利工程设计概（估）算编制规定》（水利部水总〔2014〕429号）规定安全生产措施费按基本直接费的百分率计算，枢纽工程建筑及安装工程费率取2.0%；引水工程建筑及安装工程取1.4%～1.8%，一般取下限标准，隧洞、渡槽等大型建筑物较多的引水工程、施工条件复杂的引水工程取上限标准；河道工程建筑及安装工程取1.2%。

② 参数法计价。参数法计价是指按一定的基数乘以系数的方法或自定义公式进行计算。这种方法简单明了，但最大的难点是公式的科学性、准确性难以把握。系数高低直接反映投标人的施工水平。这种方法主要适用于施工过程中必须发生，但在投标时很难具体分项预测，又无法单独列出项目内容的措施项目，如小型临时工程费、施工企业进退场费等，按此方法计价。

③ 实物量法计价。实物量法计价就是根据需要消耗的实物工程量与实物单价计算措施费。例如，脚手架搭拆费可根据脚手架摊销量和脚手架价格及搭、拆、运输费计算，租赁费可按脚手架每日租金和搭设周期及搭、拆、运输费计算。

④ 分包法计价。在分包价格的基础上增加投标人的管理费及风险费进行计价的方法，这种方法适合可以分包的独立项目。如大型机械设备进出场及安拆费的计算。在对措施项目计价时，每一项费用都要求是综合单价，但是并非每个措施项目内人工费、材料费、机械费、管理费和利润都必须包含。

（2）其他项目费计算

由于工程建设标准的高低、工程复杂程度、工期的长短、工程的组成内容各不相同，且这些因素直接影响到其他项目清单中的具体内容，在施工前很难预料在施工过程中会发生什么变更。所以招标人将这部分费用以其他项目费的形式列出，由投标人按规定组价，包括在总价内。

水利工程工程量清单计价规范中其他项目清单只列预留金一项，由招标人按估算金额确定。预留金部分是非竞争性项目，要求投标人按招标人提供的数量和金额列入报价，不允许投标人对价格进行调整。

预留金主要是考虑到可能发生的工程量变化和费用增加所预留的金额。预留金的计算应根据招标设计文件的深度、设计质量的高低、拟建工程的成熟程度及工程风险的性质来确定。设计深度深、设计质量高、已经成熟的工程设计，一般预留工程总造价的3%～5%；在初步设计阶段，工程设计不成熟的，最少要预留工程总造价的10%～15%作为预留金。预留金的支付与否、支付额度以及用途，都必须通过监理工程师的批准。

（3）零星项目单价计算

零星工作项目清单，是招标人根据招标工程具体情况，对工程实施过程中可能发生的变更或新增加的零星项目，列出人工（按工种）、材料（按名称和型号规格）、机械（按名称和型号规格）的计量单位，由投标人计算人工、材料、机械单价，作为工程变更或新增加的零星项目工程费的计算依据的清单，并随工程投标文件报送招标人。

人工单价按工程所在地的劳动力市场价格按工种分别报价；材料单价应按零星工作项目所需的材料名称和型号规格按材料预算价格，并考虑一定的价格上涨因素；机械单价按所需机械设备名称和型号规格以企业定额计算台班单价，同时应考虑燃料价格的上涨因素。

7.3.2 工程量清单报价的编制

（1）工程量清单报价的依据

① 招标文件（包括工程量清单、招标图纸、标准与规范等）中反映建设工程项目的规模、内容、标准、功能等的工程技术文件是进行工程计价的重要依据，包括施工图纸、设计资料等相关资料。投标人在编制投标书以前应该认真研究招标文件的有关要求，并对此作出实质性的响应，否则定为废标。

② 施工组织设计或施工方案。

③ 招标会议记录。

④ 询价结果及已掌握的市场价格信息。按照工程所在地的市场价格信息编制投标报价，可以真实、准确地反映拟建工程的成本价，也体现了通过市场竞争来确定价格的原则。投标人应该注意进行人工、材料、施工机械台班询价及分包询价，搜集、熟悉市场要素的供求状况和价格动态，整理与应用市场价格信息。投标人也可利用各地区、各部门提供的市场价格信息。

⑤ 国家、地方政府管理部门有关价格计算的规定。按照国家、地方政府统一发布的计价办法编制投标价格，可以使各投标人提交的投标价格口径一致，各投标价格具有可比性。

⑥ 企业定额。企业定额是施工企业自主制定的用于本企业的分项工程实物消耗量标准，反映企业实际水平。按企业定额确定各分部分项工程的实物消耗量，体现施工企业以自身的实力参与竞争。投标人应该根据本企业的实际情况制定本企业的实物消耗量定额。如果施工企业尚未制定企业定额，也可参照建设行政主管部门制定的统一实物消耗量定额。

⑦ 风险管理规则、竞争态势的预测和盈利期望。

（2）工程量清单报价的程序

由于工程量清单报价是国际通行的报价方法，因此，我国工程量清单报价的程序与国际工程报价的程序基本相同。

① 复核或计算工程量。一般情况下，投标人必须按招标人提供的工程量清单进行组价，并按照综合单价的形式进行报价。但投标人在以招标人提供的工程量清单为依据来组价时，必须把施工方案及施工工艺造成的工程增量以价格的形式包括在综合单价内。工程量清单中的各分类分项工程量并不十分准确，若设计深度不够则可能有较大的误差，而工程量的多少是选择施工方法、安排人力和机械、准备材料必须考虑的因素，自然也影响分类工程的单价，因此一定要对工程量进行复核。有经验的投标人在计算施工工程量时就对工程量清单中的工程量进行审核，以便确定招标人提供的工程量的准确度和采用不平衡报价方法。另一方面，在实行工程量清单计价时，建设工程项目分为三部分进行计价：分类分项工程项目计价、措施项目计价及其他项目计价。招标人提供的工程量清单是分类分项工程项目清单中的工程量，但措施项目中的工程量及施工方案工程量招标人不提供，必须由投标人在投标时按设计文件、合同技术条款、施工组织设计、施工方案进行二次计算。投标人由于考虑不全面而造成低价中标亏损，招标人不予承担。因此这部分用价格的形式分摊到报价内的量必须认

真计算和全面考虑。

② 确定单价，计算合价。在投标报价中，复核或计算各个分类分项工程的工程量后，就需要确定每一个分类分项工程的单价，并按照工程量清单报价的格式填写，并计算出合价。按照工程量清单报价的要求，单价应是包含人工费、材料费、机械费、企业管理费、利润、税金及风险费的综合单价。人工、材料、机械费用应该是根据分类分项工程的人工、材料、机械消耗量及其相应的市场价格计算而得。企业管理费是投标人进行组织工程施工的全部管理费用，与以往的计价方式相比，企业管理费可以参照间接费确定，其费率能够反映自身企业管理水平。利润是投标人的预期利润，确定利润取值的目标是考虑既可以获得最大的可能利润，又要保证投标价格具有一定的竞争性。投标人应根据市场竞争情况确定在该工程上的利润率。风险费对投标人来说是个未知数。如果预计的风险没有全部发生，则可能预计的风险费有剩余，这部分剩余和利润加在一起就是盈余；如果风险费估计不足，则由利润来补贴。在投标时，应该根据工程规模及工程所在地的实际情况，由有经验的专业人员对可能的风险因素进行逐项分析后确定一个比较合理的费用比率。一般来说，企业应建立自己的标准价格数据库，并据此计算工程的投标价格。在应用单价数据库针对某一具体工程进行投标报价时，需要对选用的单价进行审核评价与调整，使之符合拟投标工程的实际情况，反映市场价格的变化。

③ 确定分包工程费。来自分包人的工程分包费是投标价格的一个重要组成部分，有时总承包人投标价格中的相当一部分来自分包工程费。因此，在编制投标价格时需要有一个合适的价格来衡量分包人的价格，需要熟悉分包工程的范围，对分包人的能力进行评估。

④ 确定投标价格。将分类分项工程的合价、措施项目费等汇总后就可以得到工程的总价，但计算出来的工程总价还不能作为投标价格。因为计算出来的价格可能存在重复计算或漏算，也有可能某些费用的预估有偏差，因此需要对计算出来的工程总价作某些必要的调整。在对工程进行盈亏分析的基础上，找出计算中的问题并分析降低成本的措施，结合企业的投标策略最后确定投标报价。

第8章
投资估算、施工图预算和施工预算编制

8.1 投资估算

8.1.1 投资估算的含义与作用

（1）投资估算的含义

水利水电工程投资估算，是指在可行性研究阶段，按照国家和主管部门规定的编制方法、估算指标、各项取费标准，现行的人工、材料、设备价格，以及工程具体条件编制的技术经济文件。

可行性研究是基本建设程序的一个重要组成部分，也是进行基本建设的一项重要工作。在可行性研究阶段需要提出可行性研究报告，对工程规模、坝址、基本坝型及枢纽布置方式等提出初步方案并进行论证，估算工程总投资及总工期，对工程兴建的必要性及经济合理性提出评价。在可行性研究报告中，投资估算是一项重要内容，它是国家选定水利水电建设近期开发项目和批准进行工程初步设计的重要依据，其准确性直接影响到对项目的决策。投资估算应对建设项目总造价起控制作用。可行性研究报告一经批准，其投资估算就成为该建设项目初步设计概算静态总投资的最高限额，不得任意突破。

投资估算就是在对项目的建设规模、技术方案、设备方案、工程方案及项目实施进度等进行研究并基本确定的基础上，估算项目投入的总资金（包括建设投资和流动资金），并测算建设期内分年度资金需要量的过程。

（2）投资估算的作用

投资估算是工程项目建设前期的重要环节，投资估算的准确性，直接影响国家（业主）对项目选定的决策。投资估算也是确定融资方案、进行经济评价以及编制初步设计概算的主要依据之一。因此，完整、准确、全面的投资估算是建设项目评估阶段的重要工作。但受勘测、设计和科研工作的深度限制，可行性研究阶段往往只能提出主要建筑物的主体工程量和发电机、水轮机、主变压器等主要设备情况。在这种情况下，要合理地编制出投资估算，除了要遵守规定的编制办法和定额外,更需要工程造价专业人员深入调查研究,充分掌握第一手材料,合理地选定单价指标,以保证投资估算的准确度。

投资估算在项目开发建设过程中主要有以下几个方面的作用:项目建议书阶段的投资估算,是项目主管部门审批项目建议书的依据之一,并对项目的规划、规模起参考作用;项目可行性研究阶段的投资估算,是项目投资决策的重要依据,也是研究、分析和计算项目投资经济效果的重要条件;项目投资估算对工程设计概算起控制作用,设计概算不得突破批准的投资估算额,并应控制在投资估算额以内;项目投资估算可作为项目资金筹措及制定建设贷款计划的依据,建设单位可根据批准的项目投资估算额,进行资金筹措和向银行申请贷款;项目投资估算是核算建设项目固定资产投资需要额和编制固定资产投资计划的重要依据。

8.1.2 投资估算编制依据与内容

(1) 投资估算的编制依据

① 国家和上级领导机关的有关法令、制度和规程。

② 专门机构发布的建设工程造价费用构成、估算指标、计算方法以及其他有关计算工程造价的文件,例如,水利工程设计概(估)算编制规定、水利水电工程投资估算指标、设计概算定额和水利水电工程投资估算编制办法等。

③ 专门机构发布的工程建设其他费用计算办法和费用标准,以及政府部门发布的物价指数。

④ 水利水电工程设计工程量计算规定及拟建项目各单项工程的建设内容及工程量。

⑤ 按国家规定必须执行的地方颁发的有关规定和标准。

⑥ 可行性研究的有关资料和图纸。

⑦ 国家或各省(自治区、直辖市)颁发的设备、材料价格。

⑧ 其他相关资料。

(2) 投资估算的编制内容

整个建设项目的投资估算总额,是指工程从筹建、施工直到建成投产的全部建设费用,它包括的内容应视项目的性质和范围而定。

可行性研究投资估算与初步设计概算在组成内容、项目划分和费用构成上基本相同,但两者的设计深度不同。投资估算可根据《水利水电工程可行性研究报告编制规程》(SL/T 618—2021)的有关规定,对初步设计概算规定中部分内容进行适当简化、合并和调整。

投资估算按照《水利工程设计概(估)算编制规定》的办法编制,主要内容如下:

① 编制说明。

a. 工程概况。包括河系、兴建地点、对外交通条件、水库淹没耕地及移民人数、工程规模、工程效益、工程布置形式、主体建筑工程量、主要材料用量、施工总工期和工程从开工至开始发挥效益工期、施工总工日和高峰人数等。

b. 投资主要指标。投资主要指标为工程静态总投资和总投资、工程从开工至开始发挥效益静态投资、单位千瓦静态投资和总投资、单位电度静态投资和总投资、年物价上涨指数、价差预备费额度和占总投资百分率、工程施工期贷款利息和利率等。

② 投资估算表。投资估算表(与概算基本相同)包括总投资表、建筑工程估算表、设

备及安装工程估算表、分年度投资表。

③ 投资估算附表。投资估算附表包括建筑工程单价汇总表、安装工程单价汇总表、主要材料预算价格汇总表、次要材料预算价格汇总表、施工机械台班费汇总表、主要工程量汇总表、主要材料量汇总表、工时数量汇总表、建设及施工征地数量汇总表。

④ 附件。附件材料包括人工预算单价计算表、主要材料运输费用计算表、主要材料预算价格表、混凝土材料单价计算表、建筑工程单价表、安装工程单价表、资金流量计算表、主要技术经济指标表。

（3）投资估算的编制要求

① 根据主体专业设计的阶段和深度，结合水利水电工程行业的特点，所采用生产工艺流程的成熟性，以及编制单位所掌握的国家及地区、行业或部门相关投资估算基础资料和数据的合理、可靠、完整程度，采用合适的方法进行工程项目的投资估算。

② 应做到工程内容和费用构成齐全，计算合理，不重复计算，不提高或者降低估算标准，不漏项、不少算。

③ 应充分考虑拟建项目设计的技术参数和投资估算所采用的估算系数、估算指标在质和量方面所综合的内容，应遵循口径一致的原则。

8.1.3 投资估算编制方法

水利水电工程项目投资是指工程项目建设阶段所需要的全部费用的总和。生产性项目总投资包括建设投资、建设期融资利息和流动资金三部分；非生产性项目总投资包括建设投资和建设期融资利息两部分，其中建设投资和建设期融资利息之和对应于固定资产投资。

根据前面的投资费用构成可知，要准确估算水利水电工程项目的总投资，必须对固定资产投资和流动资产投资两部分进行估算，固定资产投资的估算则落脚到工程费用的估算，工程费用估算出来之后，独立费用、预备费及建设期融资利息的估算则以工程费用为基础，根据相关的计算规定进行估算。因此，可以依据以下步骤对水利水电工程进行投资估算：分别估算各单项工程所需的建筑工程费、安装工程费和设备费；在汇总各单项工程费用的基础上，估算独立费用和基本预备费；估算价差预备费；估算建设期融资利息；估算流动资金。

（1）固定资产投资估算

常用的固定资产投资估算方法主要有两种：扩大指标估算法和详细估算法。

① 扩大指标估算法。扩大指标估算法是套用原有同类项目的固定资产投资额来进行拟建项目固定资产投资估算的一种方法。该方法最大的优点就是计算简单，不足之处主要有：一是估算值准确性较差，一般适用于项目规划性估算、项目建议书估算和其他临时性的估算；二是需要积累大量的有关基础数据，并需要经过科学系统的分析与整理。扩大指标估算法主要包括以下几种方法。

a. 单位生产能力估算法。单位生产能力估算法是指根据同类项目单位生产能力所耗费的固定资产投资额，估算拟建项目固定资产投资额的一种估算方法。其计算见式（8-1）：

$$C_2 = Q_2 \frac{C_1}{Q_1} f \tag{8-1}$$

式中 C_1——已建类似项目的实际固定资产投资额；

C_2——拟建项目需要的固定资产投资额；

Q_1——已建项目的生产能力（规模）；

Q_2——拟建项目的生产能力（规模）；

f——不同时期、不同地点的定额、单价和费用变更等综合调整系数。

运用该方法时，应注意拟建项目与同类项目的可比性，其他条件也应大体相似，否则误差会比较大。该方法将同类项目的固定资产投资额与其生产能力的关系简单地视为线性关系，与实际情况差距较大。就一般项目而言，在一定的范围内，投资的增加幅度要小于生产能力的增加幅度，因此运用该方法估算固定资产投资的结果误差较大。

b. 生产能力（规模）指数估算法。这种方法是根据已建成同类项目的实际固定资产投资额和生产能力（规模）指数，估算不同生产规模的拟建项目的固定资产投资额的一种估算方法。其计算见式（8-2）：

$$C_2 = C_1 \left(\frac{Q_2}{Q_1}\right)^n f \tag{8-2}$$

式中 n——生产规模指数（$0 < n \leqslant 1$）。

若已建类似项目的规模和拟建项目的规模相差不大，生产规模比值在 0.5～2，则指数 n 的取值近似为 1；若已建类似项目与拟建项目的规模相差不大于 50 倍，且拟建项目规模的扩大仅靠增大设备规模来达到时，则取 $n = 0.6 \sim 0.7$；若拟建项目规模的扩大是靠增加相同规格设备的数量达到时，则取 $n = 0.8 \sim 0.9$。

运用该方法进行投资估算时，同样应该注意拟建项目和同类项目的可比性，其他条件也应该大体相似，否则误差较大。该方法将同类项目的固定资产投资额与其生产能力的关系视为非线性关系，比较符合实际情况，因而投资估算值较第一种方法更为准确。可以观察到，当 $n=1$ 时，第一种方法就是该方法的一个特例，所以该方法其实包含了第一种方法。

c. 比例估算法。比例估算法又分为以下两种。

第一种是根据大量的实际统计资料，对过去同类工程项目进行调查分析，找出主要生产设备或者主要生产车间投资额占固定资产投资总额的比例，然后只需估算出拟建项目的主要设备或者主要生产车间的投资额，就可按比例求出拟建项目的固定资产总投资额。其计算见式（8-3）：

$$C = \frac{\sum_{i=1}^{n} Q_i P_i}{K} \tag{8-3}$$

式中 C——拟建项目需要的固定资产投资额；

n——拟建工程主要生产设备或主要生产车间的种类数；

Q_i——第 i 种生产设备或生产车间的数量；

P_i——第 i 种生产设备或生产车间的投资额；

K——同类工程项目主要设备或生产车间投资占项目固定资产投资的比例。

第二种是以拟建项目的设备费为基数，根据已建成的同类项目的建筑工程费、安装工程费和独立费用等占设备价值的百分比，求出相应的建筑工程费、安装工程费和独立费用等费用，再加上拟建项目的其他有关费用，其总和即为项目固定资产投资额。其计算见式（8-4）：

$$C = I(1 + f_1\lambda_1 + f_2\lambda_2 + f_3\lambda_3 + \cdots) + I' \tag{8-4}$$

式中　　C——拟建项目需要的固定资产投资额；

　　　　I——根据拟建项目的设备清单按当时当地价格计算的设备费（包括运杂费）的总和；

λ_1、λ_2、λ_3——已建项目中建筑、安装及独立费用等占设备费百分比；

f_1、f_2、f_3——由于时间因素引起的定额、价格及费用标准等变化的综合调整系数；

　　　　I'——拟建项目的其他费用。

d. 朗格系数法。这种方法是以设备费为基数，乘以适当系数来估算项目的固定资产投资，其计算见式（8-5）：

$$C = (1 + \sum k_i)k_c I \tag{8-5}$$

式中　C——固定资产投资额；

　　　I——主要设备费用；

　　　k_i——管线、仪表和建筑物等直接费用的估算系数；

　　　k_c——包括工程费、合同费和应急费等间接费在内的总估算系数。

固定资产投资额与设备费用的比值即为朗格系数 k_L，则有式（8-6）：

$$k_L = \frac{C}{I} = (1 + \sum k_i)k_c \tag{8-6}$$

式中各参数根据表 8-1 来确定。

表 8-1　朗格系数表

	项目	固体流程	固流流程	液体流程
	朗格系数 k_L	3.1	3.63	4.74
内容	①包括设备基础、绝热、油漆及设备安装费	$I\times 1.43$		
	②包括上述在内和配管工程费	①×1.1	①×1.25	①×1.6
	③装置直接费	②×1.5		
	④包括上述在内和间接费用，即固定资产投资额 C	③×1.31	③×1.35	③×1.38

② 详细估算法。扩大指标估算法计算比较简单，便于操作，但是得出的估算值误差较大，一般只在项目规划阶段采用，在项目可行性研究阶段一般不使用扩大指标估算法，而应该采用详细估算法对固定资产投资进行估算。

详细估算法是把水利水电工程项目划分为建筑工程、设备及安装工程及独立费用等费用项目或单位工程，再根据各种具体的投资估算指标，进行各项费用项目或单位工程投资的估算，在此基础上，再汇总得出固定资产投资总额的一种估算方法。该方法把整个水利水电工程项目依次分解为单项工程、单位工程、分部工程和分项工程，按照建筑工程、设备及安装工程分别套用有关的概算指标和定额来编制投资估算，在此基础上，再估算独立费用及预备费，计算建设期融资利息，从而计算出项目总投资。

详细估算法的编制方法及计算标准如下。

a. 基础单价。基础单价编制与概算相同。

b. 建筑、安装工程单价。主要建筑、安装工程单价编制与设计概算相同，一般采用概算定额，但考虑投资估算工作深度和精度，应乘以扩大系数。扩大系数见表 8-2。

表 8-2 建筑、安装工程单价扩大系数表

序号	工程类别	单价扩大系数/%
一	建筑工程	
1	土方工程	10
2	石方工程	10
3	砂石备料（自采）	0
4	模板工程	5
5	混凝土浇筑工程	10
6	钢筋制安工程	5
7	钻孔灌浆及锚固工程	10
8	疏浚工程	10
9	掘进机施工隧洞工程	10
10	其他工程	10
二	机电、金属结构设备安装工程	
1	水力机械设备、通信设备、起重机设备及闸门等设备安装工程	10
2	电气设备、变电站设备安装工程及钢管制作安装工程	10

主要机电设备及安装工程编制方法基本与设计概算相同。其他机电设备及安装工程原则上根据工程项目计算投资，若设计深度不满足要求，可根据装机规模按占主要机电设备费的百分率或单位千瓦指标计算。

c. 分部工程估算编制。

ⅰ. 建筑工程。主体建筑工程、交通工程、房屋建筑工程编制方法与设计概算基本相同。其他建筑工程可视工程具体情况和规模按主体建筑工程投资的3%～5%计算。

ⅱ. 机电设备及安装工程。主要机电设备及安装工程编制方法基本与设计概算相同。其他机电设备及安装工程原则上根据工程项目计算投资，若设计深度不满足要求，可根据装机规模按占主要机电设备费的百分率或单位千瓦指标计算。

ⅲ. 金属结构设备及安装工程。编制方法基本与设计概算相同。

ⅳ. 施工临时工程。编制方法及计算标准与设计概算相同。

ⅴ. 独立费用。编制方法及计算标准与设计概算相同。

ⅵ. 预备费的估算。按我国现行规定，预备费包括基本预备费和价差预备费。

基本预备费是指针对在项目实施过程中可能发生的难以预料的支出，需要事先预留的费用，又称为工程建设不可预见费，主要指设计变更及施工过程中可能增加工程量的费用。

预备费、建设期融资利息、静态总投资、总投资，可行性研究投资估算基本预备费率取10%～12%；项目建议书阶段基本预备费率取15%～18%。价差预备费率同设计概算。

（2）流动资金的估算

流动资金是指生产经营性建设项目投产后，为保证能正常生产运营所需要的最基本的用于购买原材料、燃料，支付工资及其他经营费用等的周转资金。流动资金的估算一般采用分项详细估算法进行估算，个别情况或小型项目可采用扩大指标估算法。

① 分项详细估算法。流动资金的显著特点是在生产过程中不断周转，其周转额的大小与生产规模及周转速度直接相关。分项详细估算法是根据周转额与周转速度之间的关系，对构成流动资金的各项流动资产和流动负债分别进行估算。流动资产的构成要素一般包括现金、存货和应收账款；流动负债的构成要素一般包括应付账款和预收账款。其计算见式（8-7）～式（8-10）：

$$\text{流动资金} = \text{流动资产} - \text{流动负债} \tag{8-7}$$

$$\text{流动资产} = \text{应收账款} + \text{存货} + \text{现金} \tag{8-8}$$

$$\text{流动负债} = \text{应付账款} + \text{预付账款} \tag{8-9}$$

$$\text{流动资金本年增加额} = \text{本年流动资金} - \text{上年流动资金} \tag{8-10}$$

估算时,首先计算各类流动资产和流动负债的年周转次数,然后再分项估算占用资金额。

a. 周转次数的计算。周转次数是指流动资金的各个构成项目在一年内完成循环的次数。周转次数可用1年的天数(通常按360d计)除以流动资金的最低周转天数,即:

$$\text{年周转次数} = \frac{360}{\text{最低周转天数}} \tag{8-11}$$

各类流动资产和流动负债的最低周转天数,可参照同类企业的平均周转天数并结合项目特点来确定,或按部门(行业)规定来确定。在确定最低周转天数时应考虑储存天数、在途天数,并考虑适当的保险系数。

b. 应收账款估算。应收账款是指企业对外赊销商品、劳务尚未收回的资金。应收账款的周转额应为全年赊销销售收入。在可行性研究时,用销售收入代替赊销收入。计算见式(8-12):

$$\text{应收账款} = \frac{\text{年销售收入}}{\text{应收账款周转次数}} \tag{8-12}$$

c. 存货估算。存货是企业为销售或者生产耗用而储备的各种物资,主要有原材料、辅助材料、燃料、低值易耗品、维修备件、包装物、在制产品、自制半成品和产成品等。为简化计算,仅考虑外购原材料、外购燃料、其他材料、在产品和产成品,并分项进行计算,见式(8-13)~式(8-17):

$$\text{存货} = \text{外购原材料} + \text{外购燃料} + \text{其他材料} + \text{在产品} + \text{产成品} \tag{8-13}$$

$$\text{外购原材料} = \frac{\text{年外购原材料费用}}{\text{原材料周转次数}} \tag{8-14}$$

$$\text{外购燃料} = \frac{\text{年外购燃料费用}}{\text{按分项年周转次数}} \tag{8-15}$$

$$\text{在产品} = \frac{\text{年外购材料、燃料费用} + \text{年工资及福利费} + \text{年修理费} + \text{年其他制造费}}{\text{在产品周转次数}} \tag{8-16}$$

$$\text{产成品} = \frac{\text{年经营成本}}{\text{产成品周转次数}} \tag{8-17}$$

d. 现金需要量估算。项目流动资金中的现金是指货币资金,即企业生产运营活动中停留于货币形态的那部分资金,包括企业库存现金和银行存款。计算见式(8-18):

$$\text{现金需要量} = \frac{\text{年工资福利费} + \text{年其他费}}{\text{年现金周转次数}} \tag{8-18}$$

式中,年其他费=制造费用+管理费用+销售费用-(前3项中所含的工资及福利费、折旧费、维检费、摊销费、修理费)。

e. 流动负债估算。流动负债是指在1年或者超过1年的一个营业周期内,需要偿还的各种债务,包括应付账款、预收账款、短期借款、应付票据、应付工资、应付福利费、应付股利、应交税金、其他暂收应付款、预提费用和1年内到期的长期借款等。在可行性研究中，流动负债的估算一般只考虑应付账款和预收账款两项。计算见式（8-19）和式（8-20）：

$$应付账款 = \frac{年外购原材料费用 + 年外购燃料费用 + 其他材料费用}{应付账款周转次数} \quad (8-19)$$

$$预收账款 = \frac{预收账款的营业收入年金额}{预收账款周转次数} \quad (8-20)$$

根据流动资金的各项估算结果，编制流动资金估算表。

② 扩大指标估算法。扩大指标估算法是根据现有同类工程项目流动资金占某种基数的比率来估算的。一般常用的基数有营业收入、经营成本、总成本和固定资产总投资等。扩大指标估算法简便易行，但准确度不高，一般适用于项目建议书阶段的估算。

③ 估算流动资金应注意的问题。

a. 在采用分项详细估算法时，应根据项目实际情况分别确定现金、存货、应收账款、应付账款和预收账款的最低周转天数，并考虑一定的保险系数。

b. 在不同生产负荷下的流动资金，应按不同生产负荷所需的各项费用金额，分别按照上述的计算公式进行估算，而不能直接按照100%生产负荷下的流动资金乘以生产负荷百分比求得。

c. 流动资金属于长期性（永久性）流动资产，流动资金的筹措可通过长期负债和资本金（一般要求占30%）的方式解决。流动资金一般要求在投产前1年开始筹措，为简化计算，可规定在投产的第1年开始按生产负荷安排流动资金需用量。其借款部分按全年计算利息，流动资金的利息应计入生产期间财务费用，项目计算期末收回全部流动资金。

d. 用详细估算法计算流动资金，需以经营成本及其中的某些费用项目为基数进行计算，因此实际上流动资金的估算应该在经营成本估算之后进行。

8.2 施工图预算

8.2.1 施工图预算的含义与作用

（1）施工图预算的含义

施工图预算是指在施工图纸已设计完成后，设计单位根据施工设计文件、施工组织设计、现行的工程预算定额及费用标准等文件编制的反映单位工程或单项工程建设费用的经济文件。

施工图预算是施工图设计预算的简称，又称设计预算，以与施工单位编制的施工预算相区别。它是指在施工图设计完成后，根据施工图，按照各专业工程的工程量计算规则计算出工程量，并考虑实施施工图的施工组织设计所确定的施工方案或方法，按照现行预算定额、工程建设费用定额、材料预算价格和建设主管部门规定的费用计算程序及其他取费规定等，确定单位工程、单项工程及建设项目建筑安装工程造价的技术经济文件。

施工图预算应在已批准的初步设计概算控制下进行编制。

（2）施工图预算的作用

① 施工图预算是控制造价及资金合理使用的依据。施工图预算确定的预算造价是工程

的计划成本，投资方按施工图预算造价筹集建设资金，并控制资金的合理使用。

② 施工图预算是确定工程招标控制价的依据。在设置招标控制价的情况下，建筑安装工程的招标控制价可按照施工图预算来确定。招标控制价通常是在施工图预算的基础上考虑工程的特殊施工措施、工程质量要求、目标工期、招标工程范围以及自然条件等因素进行编制的。

③ 工程咨询单位可以客观、准确地为委托方做出施工图预算，以强化投资方对工程造价的控制，有利于节省投资，提高建设项目的投资效益。

④ 施工图预算是工程造价管理部门监督检查执行定额标准、合理确定工程造价、测算造价指数及审定工程招标控制价的重要依据。

⑤ 施工图预算是建筑施工企业投标时"报价"的参考依据。在激烈的建筑市场竞争中，建筑施工企业需要根据施工图预算造价，结合企业的投标策略，确定投标报价。

⑥ 施工图预算是施工企业控制工程成本的依据。根据施工图预算确定的中标价格是施工企业收取工程款的依据，企业只有合理地利用各项资源，采取先进的技术和管理方法，将成本控制在施工图预算价格以内，企业才会获得良好的经济效益。

⑦ 施工图预算是建筑工程预算包干的依据和签订施工合同的主要内容。在采用总价合同的情况下，施工单位通过与建设单位的协商，可在施工图预算的基础上，考虑设计或施工变更后可能发生的费用与其他风险因素，增加一定系数作为工程造价一次性包干。同样，施工单位与建设单位签订施工合同时，其中的工程价款的相关条款也必须以施工图预算为依据。

⑧ 施工图预算是施工企业安排调配施工力量、组织材料供应的依据。施工单位各职能部门可根据施工图预算编制劳动力供应计划和材料供应计划，并由此做好施工前的准备工作。

⑨ 施工图预算是进行"两算"对比的依据。施工企业可以通过施工图预算和施工预算的对比分析，找出差距，采取必要的措施。

8.2.2 施工图预算编制依据与内容

（1）施工图预算的编制依据

① 国家、行业和地方政府有关工程建设和造价管理的法律法规和规定。施工图预算的编制必须依照国家、行业和地方造价管理方面的法律法规和规定进行，相关法律法规和规定是指导施工图预算编制的重要依据。

② 工程地质勘察资料及建设场地中的施工条件。工程地质勘察资料和建设场地中的施工条件直接影响工程造价，编制施工图预算时必须加以考虑。

③ 施工图纸及说明书和标准图集。经审定的施工图纸、说明书和标准图集，完整地反映了工程的具体内容、各部分的具体做法、结构尺寸、技术特征以及施工方法，是编制施工图预算的重要依据。

④ 现行预算定额及编制办法。国家相关部门颁发的建筑及安装工程预算定额及有关的编制办法、工程量计算规则等，是编制施工图预算确定分项工程子目、计算工程量和计算直接工程费的主要依据。

⑤ 施工组织设计或施工方案。因为施工组织设计或施工方案中包括了与编制施工图预

算必不可少的有关资料，如建设地点的土质、地质情况、土石方开挖的施工方法及弃土外运方式与运距、施工机械使用情况、重要或特殊机械设备的安装方案等。

⑥ 材料、人工、机械台班（时）预算价格及调价规定。材料、人工、机械台班（时）预算价格是预算定额的主要因素，是构成直接工程费的主要因素。尤其是材料费在工程成本中占的比重大，而且在市场经济条件下，材料、人工、机械台班（时）的价格是随市场而变化的。为使预算造价尽可能地接近实际，国家和地方主管部门对此都有明确的调价规定。因此，合理确定材料、人工、机械台班预算价格及其调价规定是编制施工图预算的重要依据。

⑦ 现行的有关设备原价及运杂费率。水利水电工程中使用的机电设备和金属结构设备比较多，而且所占费用比率也比较大，施工图预算中一个很重要的部分就是设备费的预算，要合理地确定预算设备费，必须充分掌握现行的有关设备原价和运杂费率。

⑧ 水利水电建筑安装工程费用定额。水利水电建筑安装工程费用定额包括了各专业部门规定的费用定额及计算程序。

⑨ 经批准的拟建项目的概算文件。设计概算是根据初步设计或扩大初步设计的图纸及说明编制的，它是控制施工图设计和施工图预算的重要依据。

⑩ 有关预算的手册及工具书。预算工作手册和工具书包括计算各种结构件面积和体积的公式，钢材、木材等各种材料规格、型号及用量数据，各种单位的换算比例等，这些资料在编制施工图预算时经常用到，而且非常重要。

（2）施工图预算的编制内容

施工图预算有单位工程预算、单项工程预算和建设项目总预算。单位工程预算是根据施工图设计文件、现行预算定额、单位估价表、费用标准以及人工、材料、机械台班（时）等预算价格资料，以一定方法，编制成的单位工程的施工图预算；然后汇总所有各单位工程施工图预算，成为单项工程施工图预算；再汇总所有各单项工程施工图预算，便是一个建设项目建筑安装工程的总预算。

单位工程预算包括建筑工程预算，机电设备及安装工程预算，金属结构设备及安装工程预算，施工临时工程预算，独立费用预算等。建筑工程预算项目由枢纽工程中的挡水工程、泄洪工程、引水工程、发电厂工程、升压变电站工程、航运工程、渔道工程、交通工程、房屋建筑工程和其他建筑工程，引水工程及河道工程中的供水、灌溉渠（管）道、河湖整治与堤防工程、建筑物工程、交通工程、房屋建筑工程、供电设施工程和其他建筑工程等。机电设备及安装工程预算项目由枢纽工程中的发电设备及安装工程、升压变电设备及安装工程、公用设备及安装工程，引水工程及河道工程中的泵站设备及安装工程、小水电设备及安装工程、供变电工程和公用设备及安装工程等组成。金属结构设备及安装工程预算项目主要包括闸门、启闭机、拦污栅和升船机等设备及安装工程，压力钢管制作及安装工程，及其他金属结构设备及安装工程等。施工临时工程预算项目由导流工程、施工交通工程、施工房屋建筑工程、施工场外供电线路工程和其他施工临时工程组成。独立费用预算由建设管理费、生产准备费、科研勘测设计费、建设及施工场地征用费和其他费用组成。

8.2.3 施工图预算编制方法

施工图预算与设计概算的项目划分、编制程序、费用构成、计算方法都基本相同。施工图是工程实施的蓝图，所以据此编制的施工图预算，较概算要精细，具体表现在以下几个方面。

① 主体工程。施工图预算与概算都采用工程量乘单价的方法计算投资，但深度不同。

概算根据概算定额和初步设计工程量编制，其三级项目经综合扩大，概括性强，而预算则依据预算定额和施工图设计工程量编制，其三级项目较为详细。如概算的闸、坝工程，一般只套用定额中的综合项目计算其综合单价，而施工图预算根据预算定额中按各部位划分为更详细的三级项目（如水闸工程的底板、垫层、铺盖、闸墩、胸墙等），分别计算单价。

② 非主体工程。概算中的非主体工程以及主体工程中的细部结构采用综合指标，如道路以"元/km"或百分率乘二级项目工程量的方法估算投资，而预算则均要求按三级项目工程单价的方法计算投资。

③ 造价文件的结构。概算是初步设计报告的组成部分，与初步设计阶段一次完成，概算完整地反映整个建设项目所需要的投资；施工图预算通常是以单位工程为单位编制的，各单项工程单独成册，最后汇总形成工程的总预算。

施工图预算编制的具体方法有定额实物法、定额单价法和综合单价法。

（1）定额实物法

定额实物法是首先根据施工图纸分别计算出分项工程量，然后从预算定额中查出各相应分项工程所需的人工、材料和机械台班定额用量，再分别将各分项工程的工程量与其相应的定额人工、材料和机械台班需用量相乘，累计其乘积并加以汇总，就得出该单位工程全部的人工、材料和机械台班的总耗用量；再将所得的人工、材料和机械台班总耗用量，各自分别乘以当时当地的工资单价、材料预算价格和机械台班单价，其积的总和就是该单位工程的基本直接费；根据地区费用定额和取费标准，计算出其他直接费、间接费、利润和税金；最后汇总各项费用即得出单位工程施工图预算造价。

定额实物法编制施工图预算，其中直接费的计算见式（8-21）～式（8-24）：

$$单位工程预算直接费 = 人工费 + 材料费 + 机械使用费 \quad (8\text{-}21)$$

$$人工费 = \sum(工程量 \times 人工预算定额用量 \times 当时当地人工工资单价) \quad (8\text{-}22)$$

$$材料费 = \sum(工程量 \times 材料预算定额用量 \times 当时当地材料预算价格) \quad (8\text{-}23)$$

$$机械使用费 = \sum(工程量 \times 施工机械台班预算定额用量 \times 当时当地机械台班单价)$$

$$(8\text{-}24)$$

定额实物法编制施工图预算的基本步骤如下：

① 编制前的准备工作。要全面收集各种人工、材料、机械台班的当时当地的市场价格，包括不同品种、规格的材料预算单价；不同工种、等级的人工工日单价；不同种类、型号的施工机械台班单价等。要求获得的各种价格应全面、真实、可靠。

② 熟悉图纸和预算定额。

③ 了解施工组织设计和施工现场情况。

④ 划分工程项目和计算工程量。

⑤ 套用定额消耗量，计算人工、材料、机械台班消耗量。根据地区定额中人工、材料、施工机械台班的定额消耗量，乘以各分项工程的工程量，分别计算出各分项工程所需的各类人工工日数量、各类材料消耗数量和各类施工机械台班数量。

⑥ 计算并汇总单位工程的人工费、材料费和施工机械台班费。

⑦ 根据地区费用定额和取费标准，计算出其他直接费、间接费、利润和税金。

（2）定额单价法

定额单价法编制施工图预算，就是根据事先编制好的地区统一单位估价表中的各分项工程预算定额单价，乘以相应的各分项工程的工程量，并汇总相加，得到单位工程的人工费、材料费和机械使用费用之和；再加上其他直接费、间接费、利润和税金，即可得到单位工程的施工图预算。其中，地区单位估价表是由地区造价管理部门根据地区统一预算定额或各专业部门专业定额以及统一单价组织编制的，它是计算建筑安装工程造价的基础。定额单价也叫预算定额基价，是单位估价表的主要构成部分。另外，其他直接费、间接费和利润是根据统一规定的费率乘以相应的计取基础求得的。

定额单价法编制施工图预算的计算见式（8-25）、式（8-26）：

$$单位工程施工图预算基本直接费 = \sum(预算定额单价 \times 工程量) \qquad (8\text{-}25)$$

$$单位工程施工图预算 = 基本直接费 + 其他直接费 + 间接费 + 利润 + 税金 \qquad (8\text{-}26)$$

（3）综合单价法

综合单价法是将建筑工程预算费用中的一部分费用进行综合，形成分项综合单价。由于地区的差别，有的地区综合价格中综合了直接费和间接费，有的地区综合价格中综合了直接费、间接费和利润。按照单价综合内容的不同，综合单价法可分为全费用综合单价和清单综合单价。

① 全费用综合单价。即单价中综合了分项工程人工费、材料费、机械费、管理费、利润、规费以及有关文件规定的调价、税金以及一定范围的风险等全部费用。以各分项工程量乘以全费用单价的合价汇总后，再加上措施项目的完全价格，就生成了单位工程施工图预算。计算如下：

$$全费用综合单价 = \sum(人工费 + 材料费 + 机械费 + 措施费 + 管理费 + 利润 + 税金 + 规费) \qquad (8\text{-}27)$$

$$单位工程施工图预算 = \sum(分项工程量 \times 分项工程全费用单价) + 措施项目完全价格 \qquad (8\text{-}28)$$

② 清单综合单价。分部分项工程清单综合单价中综合了人工费、材料费、施工机械使用费、企业管理费和利润，并考虑了一定范围的风险费用，但并未包括措施项目费、规费和税金，因此它是一种不完全单价。各分部分项工程量乘以该综合单价的合价汇总后，再加上措施项目费、规费和税金后，就是单位工程施工图预算。计算如下：

$$单位工程施工图预算 = \sum(分项工程量 \times 分项工程不完全单价) + 措施项目不完全价格 + 规费 + 税金 \qquad (8\text{-}29)$$

（4）施工图预算编制程序

① 收集资料。收集与编制施工图预算应具备的资料，如会审通过的施工图设计资料，初步设计概算，修正概算，施工组织设计，现行与本工程相一致的预算定额，各类费用取费标准，人工、材料、机械价格资料，施工地区的水文、地质情况资料。

② 熟悉施工图设计资料。全面熟悉施工图设计资料、了解设计意图、掌握工程全貌是准确、迅速地编制施工图预算的关键。

③ 熟悉施工组织设计。施工组织设计是指导拟建工程施工准备、施工各现场空间布置的技术文件，同时施工组织设计亦是设计文件的组成部分之一。根据施工组织设计提供的施工现场平面布置、料场、堆场、仓库位置、资源供应及运输方式、施工进度计划、施工方案

等资料才能准确地计算人工、材料、机械台班单价及工程数量，正确地选用相应的定额项目，从而确定反映客观实际的工程造价。

④ 了解施工现场情况。主要包括：施工现场的工程地质和水文地质情况；现场内需拆迁处理和清理的构造物情况；水、电、路情况；施工现场的平面位置、各种材料、生活资源的供应等情况。这些资料对于准确、完整地编制施工图预算有着重要的作用。

⑤ 计算工程量。工程量的计算是一项既简单、又繁杂，并且是十分关键的任务。由于建筑实体的多样性和预算定额条件的相对性，为了在各种条件下保证定额的正确性，各专业、各分部分项工程都视定额制定条件的不同，对其相应项目的工程量作了具体规定。在计算工程量时，必须严格按工程量计算规则执行。

⑥ 明确预算项目划分。水利水电工程概、预算的编制应按预算项目表的序列及内容进行划分。

⑦ 编制预算文件。预算文件是设计文件的组成部分，由封面、目录、编制说明及全部预算计算表格组成。

准确编制水利水电工程施工图预算，能为工程竣工结算提供直接的参考依据，减轻预算后期的工作量和结算工作量。

施工图预算的编制要注意做到以下几点：

a. 准确计算工程量。工程量的计算是编制施工图预算的主要环节，是整个施工图预算编制过程中最繁杂的一个工序，用时最多，出错可能性也最大，而工程量又是整个施工图预算的主要数据，是计算的基础，因此，一定要抓好工程量计算的准确性。要想准确计算工程量，必须熟悉和详细理解全部施工图纸及所有的设计技术资料，并根据工程量计算规则进行计算，有利于合理准确地按定额有关规定划分项目。针对图纸上发现的问题进行技术交流，对图纸交代不全的问题，可按施工规范及现场提供的施工方法考虑。

b. 准确套价。套价时应熟练掌握定额中的说明、工作内容及单价组成，并利用类似工程预算书、相应定额进行对照套价，减少漏项概率。

c. 对定额缺项的项目，可以依据自身的经验结合实际的施工情况，测定人工、材料、机械消耗量，公正合理地确定符合施工实际的单价。

d. 注意施工图预算编制说明的编写。应将施工图预算编制依据和编制过程中所遇到的某些问题及处理办法，以及整个工程的主要工作量加以系统地说明，以便于完善、补充预算的编制，保证工程施工图预算的准确性。

8.3 施工预算

8.3.1 施工预算的含义与作用

施工预算是施工企业为了加强项目成本管理，根据施工图纸、施工措施及施工定额（或劳动定额）编制的反映企业成本计划的技术经济文件。施工预算反映单位工程或分部分项工程的人工、材料、施工机械台班（时）消耗数和直接费消耗标准。一般来说，这个消耗的限额不能超过施工图预算所限定的数额，这样企业的经营才能收到效益。施工预算的作用如下：

① 施工预算是编制施工作业计划的依据。施工作业计划是施工企业计划管理的中心环节，也是计划管理的基础和具体化。编制施工作业计划，必须依据施工预算计算的单位工程或分部分项工程的工程量、构配件、劳力等进行有计划管理。

② 施工预算是施工单位向施工班组签发施工任务单和限额领料的依据。施工任务单是把施工作业计划落实到班组的计划文件，也是记录班组完成任务情况和结算班组工人工资的凭证。施工任务单的内容包括两部分：一部分是下达给班组的工程任务，包括工程名称、工作任务、工程量、计量单位和要求的开工竣工日期等；另一部分是实际任务完成的情况记录和工资结算，包括实际开工和竣工日期、完成工程量、实际工日等。

③ 施工预算是计算超额奖和计算计件工资、实行按劳分配的依据。施工预算是企业进行劳动力调配，物资技术供应，组织队伍生产，下达施工任务单和限额领料单，控制成本开支，进行成本分析和班组经济核算以及"二算"对比的依据。施工预算和建筑安装工程预算之间的差额，反映了企业个别劳动量与社会劳动量之间的差别，能体现降低工程成本计划的要求。

施工预算所确定的人工、材料、机械使用量与工程量的关系是衡量工人劳动成果，计算应得报酬的依据。它把工人的劳动成果与劳动报酬联系起来，很好地体现了多劳多得的按劳分配原则。

④ 施工预算是施工企业进行经济活动分析的依据。进行经济活动分析是企业加强经营管理，提高经济效益的有效手段。经济活动分析，主要是应用施工预算中的人工、材料和机械台班数量等与实际消耗量对比，同时与施工图预算的人工、材料和机械台班数量进行对比，分析超支、节约的原因，改进操作技术和管理手段，以有效地控制施工中的消耗，节约开支。

通常把施工预算、施工图预算和竣工结算统称为施工企业进行施工管理的"三算"。

⑤ 施工预算是施工企业签订分包合同，结算工程费用的依据。当施工企业按照相关规定需要对工程进行分包时，施工企业可以依据该分包工程的施工预算对分包费用进行控制并据此对工程费用进行结算。

8.3.2 施工预算编制依据、步骤与方法

（1）施工预算的编制依据

编制施工预算的主要依据有：施工图纸、施工定额及补充定额、施工组织设计或施工方案、有关的手册或资料和企业管理水平及经验。

① 施工图纸。施工图纸和说明书必须是经过建设单位、设计单位和施工单位会审通过的，不能采用未经会审通过的图纸，以免返工。

② 施工定额及补充定额。包括全国建筑安装工程统一劳动定额和各部、各地区颁发的专业施工定额。凡是已有施工定额可以参照使用的，应参照施工定额编制施工预算中的人工、材料及机械使用费。在缺乏施工定额作为依据的情况下，可按有关规定自行编排补充定额。施工定额是编制施工预算的基础。

③ 施工组织设计或施工方案。由施工单位编制详细的施工组织设计，据以确定应采取的施工方法、进度以及所需的人工、材料和施工机械，作为编制施工预算的基础。例如，土方开挖，应根据施工图设计，结合具体的工程条件，确定其边坡系数、开挖采用人工还是机械、运土的工具和运输距离等。

④ 有关的手册或资料。例如，建筑材料手册，人工、材料、机械台班费用标准等。

⑤ 企业的管理水平及经验。

（2）施工预算的编制步骤

编制施工预算和编制施工图预算的步骤相似。首先应熟悉设计图纸及施工定额，对施工单位的人员、劳力和施工技术等有大致了解；对工程的现场情况，施工方式方法要比较清楚；对施工定额的内容，所包括的范围应比较了解。为了便于与施工图预算相比较，编制施工预算时，应尽可能与施工图预算的分部、分项项目相对应。在计算工程量时所采用的计算单位要与定额的计量单位相适应。具备施工预算所需的资料，并已熟悉了基础资料和施工定额的内容后，就可以按以下步骤编制施工预算。

① 计算工程实物量。工程实物量的计算是编制施工预算的基本工作，要认真、细致、准确，不得错算、漏算和重算。凡是能够利用施工图预算的工程量，就不必再算，但工程项目、名称和单位一定要符合施工定额。工程量的计算必须遵循工程量计算规则，工程量计算完毕经仔细核对无误后，根据施工定额的内容和要求，按工程项目的划分逐项汇总。

② 按施工图纸进行分项工程计算。套用的施工定额必须与施工图纸的内容相一致。分项工程的名称、规格、计量单位必须与施工定额所列的内容相一致，逐项计算分部分项工程所需人工、材料、机械台班使用量。

③ 工料分析和汇总。工程量计算之后，按照工程的分项名称顺序，套用施工定额的单位人工、材料和机械台班（时）消耗量，逐一计算出各个工程项目的人工、材料和机械台班（时）的用量，最后同类项目工料相加汇总，便成为一个完整的分部分项工料汇总表。

④ 进行"两算"对比。"两算"是指施工图预算和施工预算，将施工图预算和施工预算进行对比分析，主要是为了分析它们之间的差异，分析超支或者节约的原因，找出差距，从而采取必要的措施，以加强企业的造价管理。

⑤ 编写施工预算说明。以简练的文字说明施工预算的编制依据、对施工图纸的审查意见、现场勘察的主要资料、存在的问题及处理办法等。施工预算说明主要包括以下几个方面的内容：编制依据，包括采用的图纸名称和编号，采用的施工定额，采用的施工组织设计或施工方案等；是否考虑了设计修改或会审记录；遗留项目或暂估项目有哪些，并说明原因和存在的问题，以及处理的方法等；其他。

施工预算所采用的主要表格可以参考表 8-3～表 8-6。

表 8-3 施工预算工程量汇总

工程名称：

序号	定额	分项工程名称	单位	数量	备注

制表：   审核：

表 8-4 施工预算工料分析表

工程名称：

定额编号	分部分项工程名称	单位	工程量	工料名称					
				水泥		钢材		木材	
				单位用量	合计用量	单位用量	合计用量	单位用量	合计用量

制表：   审核：

表 8-5 单位工程材料或机械汇总表

工程名称:

序号	分部分项工程名称	材料或机械名称	规格	单位	数量	单价/元	复价/元

制表: 　　　　　　　　　　　　　　　　　　　　　　　　　　　　　　审核:

表 8-6 施工预算表

工程名称:

序号	定额号	分部分项工程名称	单位	数量	预算价格/元				
					单价	合计	其中		
							人工	材料	机械

制表: 　　　　　　　　　　　　　　　　　　　　　　　　　　　　　　审核:

（3）施工预算的编制方法

编制施工预算有两种方法：一是实物法，二是实物金额法。

实物法的应用比较普遍。它是根据施工图和说明书按照劳动定额或施工定额规定计算工程量，汇总、分析人工和材料数量，向施工班组签发施工任务单和限额领料单，实行班组核算，与施工图预算的人工和主要材料进行对比，分析超支、节约原因，以加强企业管理。

实物金额法即根据实物法编制施工预算的人工和材料数量分别乘以人工和材料单价，求得直接费，或根据施工定额规定计算工程量、套用施工定额单价，计算直接费。其实物量用于向施工班组签发施工任务单和限额领料单，实行班组核算。将直接费与施工图预算的直接费进行对比，以改进企业管理。

在编制施工预算过程中应注意以下几个方面的问题：

① 材料换算。当施工定额中给出砌筑砂浆和混凝土等级，而没有原材料配合比时，应按本书附录 F 中砂浆与混凝土配合比的有关说明进行换算，求得原材料用量。

② 项目划分。编制施工预算的主要目的是让施工企业在现场施工中能够有效地进行施工活动经济分析、项目成本控制与项目经济核算。因此，项目划分应与施工作业安排尽可能一致，采用定额应符合本企业并接近平均先进水平，使其能够有效地降低实际成本。

③ 外加工成品、半成品。凡属外单位加工的成品、半成品的工程项目，如金属结构制作厂加工的钢结构构件，混凝土构件厂制作的预制钢筋混凝土构件等，在进行工料分析时，一般另行单独编制施工预算，以便与现场施工的项目区别开来，这样更有利于进行施工管理和经济核算。

④ 施工预算的人工、材料、机械使用量及其相应的费用水平，一般应低于施工图预算的水平。如果高于施工图预算的水平，则要调查、分析其原因，并及时提出应对方案（包括改变施工方案）。

⑤ 利用施工预算与施工图预算对比，无论是"实物法"还是"实物金额法"，其目的都是节约投资，防止人工、材料和机械使用费的超支，避免发生计划成本亏损。

⑥ 要及时、认真、实事求是地填写施工预算主要表格。

⑦ 施工预算既要密切结合施工图预算，又要为竣工结算打好基础。对变更工程要做好原始记录，适时调控施工预算但不能突破施工图预算水平。

8.3.3 施工预算与施工图预算的对比

施工预算和施工图预算是两个不同概念的预算，前者属于企业内部生产管理系统，后者属于对外经营管理系统。它们所表示的内容也不一样，前者是以分部分项所消耗的人工、材料、机械的数量来表示的，而后者则以货币形式直接表示。施工预算、施工图预算不同之处，详见表8-7。施工预算和施工图预算对比是建筑企业加强经营管理的手段，通过对比分析，找出节约、超支的原因，研究解决措施，以防止人工、材料和机械费的超支，避免发生计划成本亏损。

表8-7 施工图预算和施工预算的区别

序号	区别项	施工图预算	施工预算
1	编制目的不同	是业主控制造价、合理使用资金和确定招标控制价的依据	是施工企业为了加强项目成本管理而编制的
2	编制时间不同	施工图设计阶段	施工阶段
3	依据定额不同	预算定额	施工定额
4	用途不同	①是编制施工计划的依据； ②用于签订承包合同； ③是工程价款结算的依据； ④是进行经济核算和考核的依据	①是施工企业内部管理的依据； ②是下达施工任务和限额领料的依据； ③是劳动力、施工机械调配的依据； ④是进行成本分析和班组经济核算的依据
5	编制单位不同	设计单位	施工单位
6	计算范围不同	对工程全部费用进行计算分析，包括直接费、其他直接费、间接费、利润和税金等内容	主要是对人、材、机消耗量及费用进行分析
7	工程项目粗细程度不同	以分部分项工程为编制对象	以某一工序、施工过程为编制对象，较施工图预算更细化

"两算"对比一般只限于直接费，间接费不作对比。对比标准如下：

① 人工：一般施工预算应低于施工图预算5%～10%。

② 材料：施工预算消耗量总体上低于施工图预算，因为施工操作损耗一般低于预算定额中的材料损耗，且施工预算中扣除了节约材料措施所节约的材料用量。

③ 机械台时：预算定额的机械台时耗用时是综合考虑的；施工定额要求根据实际情况计算，即根据施工组织设计或施工方案规定的进场施工的机械种类、型号、数量、工期计算。

由于施工定额与预算定额的定额水平不一样，施工预算的人工、材料、机械使用量及其相应的费用，一般应低于施工图预算。但有时由于施工方案改变的原因，有可能会出现某一项偏高，不过，总的水平应该是施工预算低于施工图预算。当出现相反情况时，要调查分析原因，必要时要改变施工方案。

第 9 章
水利水电工程竣工结算和竣工决算

9.1 竣工结算

(1) 竣工结算的概念

工程竣工结算是指工程项目或单项工程竣工结束后,施工企业与建设单位进行工程价款财务结算的过程,通常通过编制竣工结算书来办理。

竣工结算意味着承发包双方经济关系的最后结束,因此,承发包双方的财务往来必须结清,结算应根据工程竣工结算和"工程价款结算账单"进行。前者是施工单位根据合同造价、工程变更增减项目概预算和其他经济签证所编制的确定工程最终造价的经济文件,表示向建设单位应收的全部工程价款;后者是表示承包单位已向建设单位收进的工程款,其中包括建设单位供应的器材费用(填报时必须将未付给建设单位的材料价款减除)。以上两者必须由施工单位在工程竣工验收合格后编制,送建设单位审查无误并征得建设银行审查同意后,由承发包单位共同办理工程竣工结算手续,才能进行工程结算。

竣工结算是施工单位确定工程建筑安装施工产值和实物工程完成情况的依据,是建设单位落实投资额和拨付工程价款的依据,也是施工单位确定工程的最终收入、进行经济核算及考核工程成本的依据。

(2) 竣工结算资料

① 施工单位与建设单位签订的工程合同或双方协议书。
② 预算定额、材料价格、基础单价及其他费用标准。
③ 施工图纸、设计变更通知书、现场变更签证及现场记录。
④ 工程竣工报告及工程竣工验收单。
⑤ 施工图预算及施工预算。
⑥ 其他有关资料。

(3) 竣工结算编制内容

① 采用工程量清单计价的,工程竣工结算应包括以下几项。

a. 工程项目的所有分部分项工程量,以及实施工程项目采用的措施项目工程量。

b. 为完成所有工程量并按规定计算的人工费、材料费、设备费、机械费、间接费、利润和税金。

c. 分部分项和措施项目以外的其他项目所需计算的各项费用。

d. 设计变更或工程变更费用。

e. 索赔费用。

f. 合同约定的其他费用。

② 采用定额计价的，工程竣工结算应包括以下几项。

a. 套用定额的分部分项工程量、措施项目工程量和其他项目。

b. 为完成所有工程量和其他项目并按规定计算的人工费、材料费、设备费、机械费、间接费、利润和税金。

c. 设计变更或工程变更费用。

d. 索赔费用。

e. 合同约定的其他费用。

（4）竣工结算编制方法

工程竣工结算的编制应根据施工发承包合同的不同类型，采用相应的编制方法，见表9-1。

表9-1 工程竣工结算编制方法

序号	类别	说明
1	采用总价合同	采用总价合同的，应在合同价基础上对设计变更、工程洽商以及工程索赔等合同约定可以调整的内容进行调整
2	采用单价合同	采用单价合同的，应计算或核定竣工图或施工图以内的各个分部分项工程量，依据合同约定的方式确定分部分项工程项目价格，并对设计变更、工程洽商、施工措施以及工程索赔等内容进行调整。 ①工程结算中涉及工程单价调整时，应当遵循以下原则。 　a. 合同中已有适用于变更工程、新增工程单价的，按已有的单价结算。 　b. 合同中有类似变更工程、新增工程单价的，可以参照类似单价作为结算依据。 　c. 合同中没有适用或类似变更工程、新增工程单价的，结算编制受托人可商洽承包人或发包人提出适当的价格，经对方确认后作为结算依据。 ②工程结算编制中涉及的工程单价应按合同要求分别采用综合单价或工料单价。工程量清单计价的工程项目应采用综合单价，定额计价的工程项目可采用工料单价。 　a. 综合单价。把分部分项工程单价综合成全费用单价，其内容包括直接费（直接工程费和措施费）、间接费、利润和税金，经综合计算后生成。各分项工程量乘以综合单价的合价汇总后，生成工程结算价。 　b. 工料单价。把分部分项工程量乘以单价形成直接工程费，加上按规定标准计算的措施费，构成直接费。直接工程费由人工、材料、机械的消耗量及其相应价格确定。直接费汇总后另计算间接费、利润和税金，生成工程结算价
3	采用成本加酬金合同	采用成本加酬金合同的，应依据合同约定的方法计算各个分部分项工程以及设计变更、工程洽商、施工措施等内容的工程成本，并计算酬金及有关税费

（5）竣工结算书编制内容及步骤

① 竣工结算书的编制内容应包括封面、目录、总表、工程说明、编制说明、结算表和有关附件等。

② 竣工结算书的编制步骤如下。

a. 首先以单位工程为基础，根据现场施工情况，对施工图预算的主要内容逐项检查和核对。

b. 对单位工程增减预算查对核实后，应按单位工程归口。

c. 对各单位工程结算分别按单项工程进行汇总，需编出单项工程综合结算书。

d. 将各单项工程综合结算书汇编成整个建设项目的竣工结算书。

e. 编写竣工结算说明，其中包括编制依据、编制范围及其他情况。

工程竣工结算书编写完成后，送业主（或主管部门）、建设单位等审查批准，并与建设单位进行工程价款的结算办理。

9.2 竣工决算

竣工决算是指在工程项目竣工验收交付使用阶段，由建设单位编制的建设项目从筹建到竣工投产或使用全过程实际支出费用的经济文件。

竣工决算是综合、全面地反映竣工项目建设成果及财务情况的总结性文件，它采用货币指标、实物数量、建设工期和种种技术经济指标，综合、全面地反映建设项目自开始建设到竣工为止的全部建设成果和财务状况。它是总结基建工作财务管理的依据。

（1）竣工决算编制依据

① 国家有关法律法规。

② 经批准的可行性研究报告、初步设计及重大设计变更、项目任务书、概（预）算文件。

③ 年度投资计划和预算。

④ 招投标和政府采购文件。

⑤ 合同（协议）。

⑥ 工程价款结算资料。

⑦ 会计核算及财务管理资料。

⑧ 其他资料。

（2）竣工决算编制要求

① 竣工决算应严格按照《水利基本建设项目竣工财务决算编制规程》（SL/T 19—2023）规定的内容、格式编制，除非工程类项目可根据项目实施情况适当简化，原则上不得改变《水利基本建设项目竣工财务决算编制规程》中规定的格式，不得减少应编制的内容。

② 项目法人应按本标准规定的内容、格式和要求编制竣工财务决算。

③ 项目法人应做好竣工财务清理工作，完成各项账务处理及财产资产的清查盘点，做到账实、账证、账账和账表相符。

④ 纳入竣工财务决算的尾工工程投资及预留费用，大中型工程应控制在总概算的3%以内；小型工程应控制在总概算的5%以内。

非工程类项目除预留与项目验收有关的费用外，不应预留其他费用。

⑤ 大中型、小型工程应按下列要求分别编制工程类项目竣工财务决算报表。

a. 大中型工程应编制"工程类项目竣工财务决算报表"规定的全部表格，其中，项目法人应根据所执行的会计制度确定相应的水利基本建设项目财务决算附表。

b. 小型工程可适当简化，可不编制"水利基本建设项目投资分析表""水利基本建设项目待摊投资分摊表"。

c. 大中型、小型工程规模划分应按批复的设计文件执行。设计文件未明确的，应按《水利水电工程等级划分及洪水标准》（SL 252—2017）的相应规定执行。

⑥ 以设备购置、房屋及其他建筑物购置为主要实施内容的项目，可不编制"水利基本建设项目投资分析表""水利基本建设项目待摊投资明细表""水利基本建设项目待摊投资分摊表"。

（3）竣工决算编制内容

① 竣工财务决算应全面反映项目概（预）算及执行、基本建设支出及资产形成情况，包括按照批准的建设内容，从项目筹建之日起至竣工财务决算基准日止的全部成本费用。

② 水利基本建设项目竣工财务决算封面格式、工程类项目竣工财务决算报表格式、非工程类项目竣工财务决算报表格式、工程类项目竣工财务决算报表编制说明和非工程类项目竣工财务决算报表编制说明分别见《水利基本建设项目竣工财务决算编制规程》（SL/T 19—2023）规定的附录 A～附录 E。

③ 项目法人可增设有关反映重要事项的辅助报表。

④ 工程类项目竣工财务决算报表应包括下列 9 张表格：

a. 水利基本建设项目概况表；

b. 水利基本建设项目财务决算表及附表；

c. 水利基本建设项目投资分析表；

d. 水利基本建设项目尾工工程投资及预留费用表；

e. 水利基本建设项目待摊投资明细表；

f. 水利基本建设项目待摊投资分摊表；

g. 水利基本建设项目交付使用资产表；

h. 水利基本建设项目待核销基建支出表；

i. 水利基本建设项目转出投资表。

⑤ 非工程类项目竣工财务决算报表应包括下列 5 张表格：

a. 水利基本建设项目基本情况表；

b. 水利基本建设项目财务决算表及附表；

c. 水利基本建设项目支出表；

d. 水利基本建设项目技术成果表；

e. 水利基本建设项目交付使用资产表。

（4）竣工决算编制程序

① 竣工财务决算编制工作可分为下列 3 个阶段：

a. 编制准备阶段；

b. 编制实施阶段；

c. 编制完成阶段。

② 竣工财务决算编制准备阶段应完成下列主要工作：

a. 制定竣工财务决算编制方案；

b. 收集整理与竣工财务决算相关的项目资料；

c. 竣工财务清理；

d. 确定竣工财务决算基准日。

③ 竣工财务决算编制实施阶段应完成下列主要工作：

a. 计列尾工工程投资及预留费用；

b. 概（预）算与核算口径对应分析；

c. 分摊待摊投资；

d. 确认资产交付。

④ 竣工财务决算编制完成阶段应完成下列主要工作：

a. 填列竣工财务决算报表；

b. 编写竣工财务决算说明书。

⑤ 小型工程、非工程类项目可适当简化编制程序。

（5）竣工决算编制准备阶段工作要点

① 竣工财务决算编制方案宜明确下列主要事项：

a. 组织领导和职责分工；

b. 竣工财务决算基准日；

c. 编制具体内容；

d. 计划进度和工作步骤；

e. 技术难题和解决方案。

② 竣工财务决算编制应收集与整理下列主要资料：

a. 会计凭证、账簿和会计报告；

b. 内部财务管理制度；

c. 初步设计（项目任务书）、设计变更、预备费动用等相关资料；

d. 年度投资计划、预算（资金）文件；

e. 招投标、政府采购及合同（协议）；

f. 工程量和材料消耗统计资料；

g. 建设征地移民补偿实施及资金使用情况；

h. 价款结算资料；

i. 项目验收、成果及效益资料；

j. 审计、稽查、财务检查结论性文件及整改资料。

③ 收集整理工程量和材料消耗、建设征地移民补偿实施及资金使用等涉及其他参建单位的资料，项目法人应与资料提供单位进行核实确认。

④ 竣工财务清理应完成下列主要事项：

a. 合同（协议）清理。清理各类合同（协议）的结算和支付情况，并确认其履行结果；

b. 债权债务清理。应收（预付）款项的回收、结算以及应付（预收）款项的清偿；

c. 结余资金清理。将实物形态的基建结余资金转化为货币形态或转为应移交资产；

d. 应移交资产清理。清查盘点应移交资产，确认资产信息并做到账实相符。

⑤ 竣工财务决算基准日应依据资金到位、投资完成、竣工财务清理等情况确定。竣工财务决算基准日宜确定为月末。

⑥ 竣工财务决算基准日确定后，与项目建设成本、资产价值相关联的会计业务应在竣工财务决算基准日之前入账。关联的会计业务应主要包括下列内容：

a. 竣工财务清理的账务处理；

b. 尾工工程投资及预留费用的账务处理；

c. 分摊待摊投资的账务处理。

（6）竣工决算编制实施阶段工作要点

① 尾工工程投资及预留费用应满足项目实施和管理的需要，以项目概（预）算、任务书、合同（协议）等为依据合理计列。

已签订合同（协议）的，应按相关条款的约定进行测算；尚未签订合同（协议）的，尾工工程投资和预留费用金额不应突破相应的概（预）算、任务书标准。

② 大型工程应按概（预）算二级项目分析概（预）算执行情况；中型工程应按概（预）算一级项目分析概（预）算执行情况。

会计核算与概（预）算的口径差异应予以调整。

③ 待摊投资应分摊计入资产价值、转出投资价值和待核销基建支出，其中，能够确定由某项资产负担的，待摊投资应直接计入该资产成本；不能确定负担对象的，待摊投资应分摊计入受益的各项资产成本。

④ 待摊投资应包括下列分摊对象：

a. 房屋、建筑物及构筑物；

b. 需要安装的通用设备；

c. 需要安装的专用设备；

d. 其他分摊对象。

⑤ 分摊待摊投资可采用下列方法：

a. 按实际数的比例分摊，可按式（9-1）和式（9-2）计算：

$$D_F = J_s \times F_s \tag{9-1}$$

$$F_S = \frac{D_S}{DX_S} \times 100\% \tag{9-2}$$

式中　D_F——某资产应分摊的待摊投资；

　　　J_s——某资产应负担待摊投资部分的实际价值；

　　　F_s——实际分配率；

　　　D_S——上期结转和本期发生的待摊投资合计（扣除可直接计入的待摊投资）；

　　　DX_S——上期结转和本期发生的建筑安装工程投资、安装设备投资和其他投资中应负担待摊投资的合计。

b. 按概算额的比例分摊：

$$D_F = J_s \times F_Y \tag{9-3}$$

$$F_Y = \frac{D_Y}{DX_Y} \times 100\% \tag{9-4}$$

式中　F_Y——预定分配率；

　　　D_Y——概算中各项待摊投资项目的合计（扣除可直接计入的待摊投资）；

　　　DX_Y——概算中建筑安装工程投资、安装设备投资和其他投资中应负担待摊投资的合计。

⑥ 交付使用资产应以具有独立使用价值的固定资产、流动资产、无形资产、水利基础设施等作为计算和交付对象，并与接收单位资产核算和管理的需要相衔接。资产交付对象的

确定宜遵守《水利固定资产分类与代码》(SL 731—2015)的相应规定。

⑦ 作为转出投资或待核销基建支出处理的相关资产,项目法人应与有关部门明确产权关系,并在竣工财务决算说明书和竣工财务决算报表中说明。

⑧ 项目法人购买的自用固定资产直接交付使用单位的,应按自用固定资产购置成本或扣除累计折旧后的金额转入交付使用。

⑨ 全部或部分由尾工工程投资形成的资产应在竣工财务决算报表中备注,并在竣工财务决算说明书中说明。

⑩ 群众投劳折资形成的资产应在竣工财务决算说明书中说明。

(7) 竣工决算编制完成阶段工作要点

① 填列竣工财务决算报表时应采用下列主要数据来源:

a. 概(预)算等设计文件;

b. 年度投资计划和预算文件;

c. 会计账簿;

d. 辅助核算资料;

e. 项目统计资料;

f. 竣工财务决算编制各阶段工作成果。

② 填列报表前应核实数据的真实性、准确性。

③ 填列报表后,项目法人应对竣工财务决算报表进行审核,主要包括下列事项:

a. 报表及各项指标填列的完整性;

b. 报表数据与账簿记录的相符性;

c. 表内的平衡关系;

d. 报表之间的钩稽关系。

④ 竣工财务决算说明书应做到反映完整、真实可靠。

⑤ 项目基本情况应总括反映项目立项、建设内容和建设过程、建设管理组织体制等。

⑥ 年度投资计划、预算下达及资金到位应按资金性质和来源渠道分别列示。

⑦ 工程类项目概(预)算执行情况应反映下列内容:

a. 概(预)算执行结果;

b. 概(预)算执行情况分析。

⑧ 非工程类项目支出情况应反映下列内容:

a. 支出情况;

b. 支出构成及资金结余情况。

⑨ 招投标、政府采购及合同(协议)执行情况应说明主要标段的招标投标过程及其合同(协议)履行过程中的重要事项。实行政府采购的项目,应说明政府采购预算、采购计划、采购方式、采购内容等事项。

⑩ 建设征地移民补偿情况应说明征地补偿和移民安置的组织与实施、征迁范围和补偿标准、资金使用管理、审计、验收等情况。

⑪ 重大设计变更及预备费动用情况应说明重大设计变更及预备费动用的原因、内容和报批等情况。

⑫ 尾工工程投资及预留费用情况应反映下列内容:

a. 计列的原因和内容；
b. 计算方法和计算过程；
c. 占总投资的比重。
⑬ 财务管理情况应反映下列内容：
a. 财务机构设置与财会人员配备情况；
b. 会计账务处理及财经法规执行情况；
c. 内部财务管理制度建立与执行情况；
d. 财产物资清理及债权债务清偿情况；
e. 竣工财务决算编制各阶段完成的主要财务事项。
⑭ 审计、稽查、财务检查等发现问题及整改落实情况应说明项目实施过程中接受的审计、稽查、财务检查等外部检查下达的结论及对结论中相关问题的整改落实情况。
⑮ 绩效管理情况应反映下列内容：
a. 绩效管理工作开展情况；
b. 预算批复的绩效目标和指标；
c. 绩效目标和指标实际完成情况；
d. 绩效偏差及原因分析。
⑯ 报表编制说明应对填列的报表及具体指标进行分析解释，清晰反映报表的重要信息。

9.3 项目后评价

项目后评价是工程交付生产运行后一段时间内，一般经过1~2年生产运行后，对项目的立项决策、设计、施工、竣工验收、生产运行等全过程进行系统评估的一种技术经济活动，是基本建设程序的最后一环。通过工程项目的后评价，总结经验，吸取教训，不断提高项目决策、工程实施和运营管理的水平，为合理利用资金、提高投资效益、制定相关政策等提供科学依据。

水利水电工程建设项目后评价是在总结已建工程运行管理经验基础上，针对工程本身及运行管理方面存在的问题，提出改进措施及提高经济效益等方面的意见和建议，以达到固定资产保值增值，同时，也为提高项目的决策水平和投资效益积累经验。

（1）项目后评价的分类

项目后评价的内容大体上可分为两类。

① 全过程评价，也就是对从项目的勘测设计、立项决策等前期工作开始，到项目建成投产运营若干年以后的全过程进行评价。

② 阶段性评价或专项评价，可分为勘测设计和立项决策评价、施工监理评价、生产运营评价或经济后评价、管理后评价、防洪后评价、灌溉后评价、发电后评价、资金筹措使用与还贷情况后评价等。我国目前推行的后评价主要是全过程后评价，在某些特定条件下，也进行阶段性或专项后评价。

（2）项目后评价的方法

项目后评价的内容广泛，是一门新兴的综合性学科，所以其评价方法也是多种多样的。

如环境影响评价方法应遵循《水电工程环境影响评价规范》(NB/T 10347—2019)进行；项目的国民经济评价和财务评价方法应以《建设项目经济评价方法与参数》(第3版)和《水利建设项目经济评价规范》(SL 72—2013)为依据；工程评价、管理评价、勘测设计评价、移民评价、社会评价等，也应参照相关规程、规范或相关文件进行评价。

水利水电工程项目后评价的方法按其属性可分为定性方法和定量方法；按其内容可分为调查收集资料法、市场预测法和分析研究法，这三种方法中既含有定性方法，也含有定量方法，经常采用的有调查收集资料法和分析研究法。

① 调查收集资料法。调查收集资料是水利水电工程后评价过程中非常重要的环节，是决定后评价工作质量和成果可信度的关键。调查收集资料的方法很多，主要有利用现有资料法、参与观察法、专题调查会法、问卷调查法、访谈法、抽样调查法等。一般应视水利水电工程的具体情况、后评价的具体要求和资料收集的难易程度来选用适宜的方法。在条件许可时，往往采用多种方法对同一调查内容相互验证，以提高调查成果的可信度和准确性。调查收集资料，重点是利用以下现有资料。

a. 前期工作成果。包括规划、项目建议书、项目评估、立项批文、可行性研究报告、初步设计、招标设计等资料。

b. 项目实施阶段工作成果。包括施工图、开工报告、招投标文件、合同、监理报告、审计报告、竣工验收及竣工决算等资料。

c. 项目运行管理成果。包括历年运行管理情况、水库调度情况、财务收支情况以及各种建筑物观测资料。

d. 工程项目有关的技术、经济、社会及环境方面的资料。

e. 工程所在地区社会发展及经济建设情况。

② 分析研究法。水利水电工程后评价的基本原理是比较法，亦称对比法，就是对工程投入运行后的实际效果与决策时期的目标和目的进行对比分析，从中找出差距，分析原因，提出改进措施和意见，进而总结经验教训，提高对项目前期工作的再认识。后评价分析研究方法有定量分析法、定性分析法、有无工程对比分析法、逻辑框架法和综合评价法等。常用的为有无工程对比法和综合评价法。

a. 定量和定性分析方法。是指在经济、社会、环境或投资、效益、就业、文教、卫生、收益分配、水量、水质等各方面，能够采用定量数字或定量指标表示其效果的方法。此法可找出项目实际效果与预测效果的差距，有利于从中总结经验教训，提出对策和建议。

水利水电工程的经济、技术、社会及环境影响比较广泛，关系复杂，虽然绝大多数可以定量，但是也有一些影响是无形的，甚至是潜在的，往往只能进行定性分析。根据我国的国情和水利水电工程的特点，在项目后评价中，宜采用定量分析和定性分析相结合的方法，以定量分析为主。

b. 有无工程对比分析法，是指有工程情况与无工程情况的对比分析，通过有无工程对比分析，可以确定工程引起的经济技术、社会及环境变化，即经济效益、社会效益和环境效益的总体情况，从而判断该工程的经济技术、社会、环境影响情况。后评价有无对比分析中的无工程情况，是指经过调查确定的基线情况，即工程开工时的社会、经济、环境状况。对于基线的有关经济、技术、人文方面的统计数据，可以依据工程开工年或前一年的历史统计资料，采用一般的科学预测方法，预测这些数据在整个计算期内可能的变化。有工程情况，是指工程运行后实际产生的各种经济、技术、社会、环境变化情况。有工程情况减去无工程情况，即可得出工程引起的实际效益和影响。

c. 逻辑框架法。逻辑框架法可以帮助后评价人员理清建设项目中的因果关系、目标关系与手段关系、外部条件制约关系。其基本思路是：将建设项目几个内容紧密相关、必须同步考虑的动态因素组合起来，通过分析它们之间的逻辑关系来评价项目的目标实现程度和原因，以及项目的效果、作用和影响。逻辑框架法不是具体后评价完整的评价程序，而是为后评价人员提供一个分析工程项目建设工作或成败得失的逻辑模式。

d. 综合评价法。对单项工程有关经济、社会、环境效益和影响进行定量和定性分析评价后，还需进行综合评价，求得工程的综合效益，从而确定工程的经济、技术、社会、环境总体效益的实现程度和对工程所在地的经济、技术、社会、环境影响程度，进一步得出后评价结论。综合评价的方法很多，常用的有对比分析综合评价法、多目标综合分析评价法和成功度综合评价法。

除上述主要方法外，后评价采用的其他方法还有风险型决策分析法、试验仿真法、模糊层次分析法等。

（3）水利建设项目后评价报告的编写

① 根据《水利建设项目后评价管理办法（试行）》（水规计〔2010〕51号），水利建设项目后评价是水利建设投资管理程序的重要环节，是在项目竣工验收且投入使用后，或未进行竣工验收但主体工程已建成投产多年后，对照项目立项及建设相关文件资料，与项目建成后所达到的实际效果进行对比分析，总结经验教训，提出对策建议。也可针对项目的某一问题进行专题评价。后评价的成果性文件是"水利建设项目后评价报告"，按照《水利建设项目后评价报告编制规程》（SL 489—2010）编制。按照概述、过程评价、经济评价、环境影响评价、水土保持评价、移民安置评价、社会影响评价、目标和可持续性评价、结论与建议九项内容，分章节顺序编制。

② 按照2024年7月22日，国家发展改革委印发《国家发展改革委重大项目后评价管理办法》要求进行。项目后评价报告一般包括以下内容。

a. 概述：项目基本情况、自我总结评价报告主要结论、项目后评价开展情况及主要结论。

b. 项目前期决策总结与评价：规划政策符合性、建设必要性评价，可行性研究报告、初步设计（含概算）文件、项目申请书及其审批或核准文件主要内容和调整情况及其评价。

c. 项目建设准备和实施总结与评价：开工准备、建设过程、组织管理、安全生产、资金落实和使用、竣工验收等情况及其评价。

d. 项目运行总结与评价：运行效果、制度建设执行等情况及其评价。

e. 项目效益效果评价：财务及经济效益、社会效益、生态环境损益及环保措施实施效果、资源和能源节约利用与保护效果、技术效果等评价。

f. 项目目标及可持续性评价。

g. 项目后评价结论及意见建议。

国家发展改革委可结合具体项目的行业特点、实际情况对上述内容予以适当调整。

《国家发展改革委重大项目后评价管理办法》自2024年9月1日起施行，有效期5年。

附录 工程量计算常用资料

A. 水利水电工程等级划分标准

一、水利水电工程等别

① 水利水电工程的等别，应根据其工程规模、效益和在经济社会中的重要性，按附表 A-1 确定。

附表 A-1　水利水电工程分等指标

工程等别	工程规模	水库总库容 /$10^8 m^3$	防洪			治涝	灌溉	供水		发电
			保护人口 /10^4 人	保护农田面积 /10^4 亩①	保护区当量经济规模 /10^4 人	治涝面积 /10^4 亩	灌溉面积 /10^4 亩	供水对象重要性	年引水量 /$10^8 m^3$	发电装机容量 /MW
Ⅰ	大(1)型	≥10	≥150	≥500	≥300	≥200	≥150	特别重要	≥10	≥1200
Ⅱ	大(2)型	<10, ≥1.0	<150, ≥50	<500, ≥100	<300, ≥100	<200, ≥60	<150, ≥50	重要	<10, ≥3	<1200, ≥300
Ⅲ	中型	<1.0, ≥0.10	<50, ≥20	<100, ≥30	<100, ≥40	<60, ≥15	<50, ≥5	比较重要	<3, ≥1	<300, ≥50
Ⅳ	小(1)型	<0.1, ≥0.01	<20, ≥5	<30, ≥5	<40, ≥10	<15, ≥3	<5, ≥0.5	一般	<1, ≥0.3	<50, ≥10
Ⅴ	小(2)型	<0.01, ≥0.001	<5	<5	<10	<3	<0.5		<0.3	<10

① 1 亩 ≈ 666.67m^2。

注：1. 水库总库容指水库最高水位以下的静库容；治涝面积指设计治涝面积；灌溉面积指设计灌溉面积；年引水量指供水工程渠首设计年均引（取）水量。

2. 保护区当量经济规模指标仅限于城市保护区；防洪、供水中的多项指标满足 1 项即可。

3. 按供水对象的重要性确定工程等别时，该工程应为供水对象的主要水源。

② 对综合利用的水利水电工程，当按各综合利用项目的分等指标确定的等别不同时，其工程等别应按其中最高等别确定。

二、水工建筑物级别

（1）一般规定

① 水利水电工程永久性水工建筑物的级别，应根据工程的等别或永久性水工建筑物的分级指标综合分析确定。

② 综合利用水利水电工程中承担单一功能的单项建筑物的级别，应按其功能、规模确定；承担多项功能的建筑物级别，应按规模指标较高的确定。

③ 失事后损失巨大或影响十分严重的水利水电工程的2～5级主要永久性水工建筑物，经论证并报主管部门批准，建筑物级别可提高一级；水头低、失事后造成损失不大的水利水电工程1～4级主要永久性水工建筑物，经论证并报主管部门批准，建筑物级别可降低一级。

④ 对2～5级的高填方渠道、大跨度或高排架渡槽、高水头倒虹吸等永久性水工建筑物，经论证后建筑物级别可提高一级，但洪水标准不予提高。

⑤ 当永久性水工建筑物采用新型结构或基础的工程地质条件特别复杂时，对2～5级建筑物可提高一级设计，但洪水标准不予提高。

⑥ 穿越堤防、渠道的永久性水工建筑物的级别，不应低于相应堤防、渠道的级别。

（2）水库及水电工程永久性水工建筑物级别

① 水库及水电站工程的永久性水工建筑物的级别，应根据其所在工程的等别和永久性水工建筑物的重要性，按附表A-2确定。

附表A-2　永久性水工建筑物级别

工程等别	主要建筑物	次要建筑物
Ⅰ	1	3
Ⅱ	2	3
Ⅲ	3	4
Ⅳ	4	5
Ⅴ	5	5

② 水库大坝按①条规定为2级、3级，如坝高超过附表A-3规定的指标时，其级别可提高一级，但洪水标准可不提高。

附表A-3　水库大坝提级指标

级别	坝型	坝高/m
2	土石坝	90
	混凝土坝、浆砌石坝	130
3	土石坝	70
	混凝土坝、浆砌石坝	100

③ 水库工程中最大高度超过200m的大坝建筑物，其级别应为1级，其设计标准应专门研究论证，并报上级主管部门审查批准。

④ 当水电站厂房永久性水工建筑物与水库工程挡水建筑物共同挡水时，其建筑物级别应与挡水建筑物的级别一致，按附表A-2确定。当水电站厂房永久性水工建筑物不承担挡水任务、失事后不影响挡水建筑物安全时，其建筑物级别应根据水电站装机容量按附表A-4确定。

附表 A-4　水电站厂房永久性水工建筑物级别

发电装机容量/MW	主要建筑物	次要建筑物
≥1200	1	3
<1200,≥300	2	3
<300,≥50	3	4
<50,≥10	4	5
<10	5	5

（3）拦河闸永久性水工建筑物级别

① 拦河闸永久性水工建筑物的级别，应根据其所属工程的等别按附表 A-2 确定。

② 拦河闸永久性水工建筑物按附表 A-2 规定为 2 级、3 级，其校核洪水过闸流量分别大于 5000m^3/s、1000m^3/s，其建筑物级别可提高一级，但洪水标准可不提高。

（4）防洪工程永久性水工建筑物级别

① 防洪工程中堤防永久性水工建筑物的级别应根据其保护对象的防洪标准按照附表 A-5 确定。当经批准的流域、区域防洪规划另有规定时，应按其规定执行。

附表 A-5　堤防永久性水工建筑物级别

防洪标准/[重现期(年)]	≥100	<100,≥50	<50,≥30	<30,≥20	<20,≥10
堤防级别	1	2	3	4	5

② 涉及保护堤防的河道整治工程永久性水工建筑物级别，应根据堤防级别并考虑损毁后的影响程度综合确定，但不宜高于其所影响的堤防级别。

③ 蓄滞洪区围堤永久性水工建筑物的级别，应根据蓄滞洪区的类别、堤防在防洪体系中的地位和堤段的具体情况，按批准的流域防洪规划、区域防洪规划的要求确定。

④ 蓄滞洪区安全区的堤防永久性水工建筑物级别宜为 2 级。对于安置人口大于 10 万人的安全区，经论证后堤防永久性水工建筑物级别可提高为 1 级。

⑤ 分洪道（渠）、分洪与退洪控制闸永久性水工建筑物级别，应不低于所在堤防永久性水工建筑物级别。

（5）治涝、排水工程永久性水工建筑物级别

① 治涝、排水工程中的排水渠（沟）永久性水工建筑物级别，应根据设计流量按附表 A-6 确定。

附表 A-6　排水渠（沟）永久性水工建筑物级别

设计流量/(m^3/s)	主要建筑物	次要建筑物
≥500	1	3
<500,≥200	2	3
<200,≥50	3	4
<50,≥10	4	5
<10	5	5

② 治涝、排水工程中的水闸、渡槽、倒虹吸、管道、涵洞、隧洞、跌水与陡坡等永久性水工建筑物级别，应根据设计流量，按附表 A-7 确定。

③ 治涝、排水工程中的泵站永久性水工建筑物级别，应根据设计流量及装机功率按附表 A-8 确定。

附表 A-7　排水渠系永久性水工建筑物级别

设计流量/(m³/s)	主要建筑物	次要建筑物
≥300	1	3
<300，≥100	2	3
<100，≥20	3	4
<20，≥5	4	5
<5	5	5

注：设计流量指建筑物所在断面的设计流量。

附表 A-8　泵站永久性水工建筑物级别

设计流量/(m³/s)	装机功率/MW	主要建筑物	次要建筑物
≥200	≥30	1	3
<200，≥50	<30，≥10	2	3
<50，≥10	<10，≥1	3	4
<10，≥2	<1，≥0.1	4	5
<2	<0.1	5	5

注：1. 设计流量指建筑物所在断面的设计流量。
2. 装机功率指泵站包括备用机组在内的单站装机功率。
3. 当泵站按分级指标分属两个不同级别时，按其中高者确定。
4. 由连续多级泵站串联组成的泵站系统，其级别可按系统总装机功率确定。

（6）灌溉工程永久性水工建筑物级别

① 灌溉工程中的渠道及渠系永久性水工建筑物级别，应根据设计灌溉流量按附表 A-9 确定。

附表 A-9　灌溉工程永久性水工建筑物级别

设计灌溉流量/(m³/s)	主要建筑物	次要建筑物
≥300	1	3
<300，≥100	2	3
<100，≥20	3	4
<20，≥5	4	5
<5	5	5

② 灌溉工程中的泵站永久性水工建筑物级别，应根据设计流量及装机功率按表 A-8 确定。

（7）供水工程永久性水工建筑物级别

① 供水工程永久性水工建筑物级别，应根据设计流量按附表 A-10 确定。供水工程中的泵站永久性水工建筑物级别，应根据设计流量及装机功率按附表 A-10 确定。

附表 A-10　供水工程的永久性水工建筑物级别

设计流量/(m³/s)	装机功率/MW	主要建筑物	次要建筑物
≥50	≥30	1	3
<50，≥10	<30，≥10	2	3
<10，≥3	<10，≥1	3	4
<3.≥1	<1，≥0.1	4	5
<1	<0.1	5	5

注：1. 设计流量指建筑物所在断面的设计流量。
2. 装机功率系指泵站包括备用机组在内的单站装机功率。
3. 泵站建筑物按分级指标分属两个不同级别时，按其中高者确定。
4. 由连续多级泵站串联组成的泵站系统，其级别可按系统总装机功率确定。

② 承担县级市及以上城市主要供水任务的供水工程永久性水工建筑物级别不宜低于 3 级；承担建制镇主要供水任务的供水工程永久性建筑物级别不宜低于 4 级。

（8）临时性水工建筑物级别

① 水利水电工程施工期使用的临时性挡水、泄水等水工建筑物的级别，应根据保护对象、失事后果、使用年限和临时性挡水建筑物规模，按附表 A-11 确定。

附表 A-11　临时性水工建筑物级别

级别	保护对象	失事后果	使用年限 /年	临时性挡水建筑物规模	
				围堰高度 /m	库容 /$10^8 m^3$
3	有特殊要求的 1 级永久性水工建筑物	淹没重要城镇、工矿企业、交通干线或推迟工程总工期及第一台（批）机组发电，推迟工程发挥效益，造成重大灾害和损失	>3	>50	>1.0
4	1 级、2 级永久性水工建筑物	淹没一般城镇、工矿企业或影响工程总工期和第一台（批）机组发电，推迟工程发挥效益，造成较大经济损失	≤3, ≥1.5	≤50, ≥15	≤1.0, ≥0.1
5	3 级、4 级永久性水工建筑物	淹没基坑,但对总工期及第一台（批）机组发电影响不大,对工程发挥效益影响不大,经济损失较小	<1.5	<15	<0.1

② 当临时性水工建筑物根据表 A-11 中指标分属不同级别时，应取其中最高级别。但列为 3 级临时性水工建筑物时，符合该级别规定的指标不得少于两项。

③ 利用临时性水工建筑物挡水发电、通航时，经技术经济论证，临时性水工建筑物级别可提高一级。

④ 失事后造成损失不大的 3 级、4 级临时性水工建筑物，其级别经论证后可适当降低。

B. 水利水电工程项目划分

第一部分　建筑工程

建筑工程项目划分如附表 B-1 所示。

附表 B-1　建筑工程项目划分

I	枢纽工程			
序号	一级项目	二级项目	三级项目	备注
一	挡水工程			
1		混凝土坝（闸）工程		
			土方开挖	
			石方开挖	
			土石方回填	
			模板	

续表

Ⅰ	枢纽工程			
序号	一级项目	二级项目	三级项目	备注
			混凝土	
			钢筋	
			防渗墙	
			灌浆孔	
			灌浆	
			排水孔	
			砌石	
			喷混凝土	
			锚杆(索)	
			启闭机室	
			温控措施	
			细部结构工程	
2		土(石)坝工程		
			土方开挖	
			石方开挖	
			土料填筑	
			砂砾料填筑	
			斜(心)墙土料填筑	
			反滤料、过渡料填筑	
			坝体堆石填筑	
			铺盖填筑	
			土工膜(布)	
			沥青混凝土	
			模板	
			混凝土	
			钢筋	
			防渗墙	
			灌浆孔	
			灌浆	
			排水孔	
			砌石	
			喷混凝土	
			锚杆(索)	
			面(趾)板止水	
			细部结构工程	
二	泄洪工程			
1		溢洪道工程		
			土方开挖	
			石方开挖	
			土石方回填	
			模板	
			混凝土	
			钢筋	
			灌浆孔	
			灌浆	
			排水孔	
			砌石	
			喷混凝土	
			锚杆(索)	

续表

Ⅰ 序号	枢纽工程			备注
	一级项目	二级项目	三级项目	
			启闭机室	
			温控措施	
			细部结构工程	
2		泄洪洞工程		
			土方开挖	
			石方开挖	
			模板	
			混凝土	
			钢筋	
			灌浆孔	
			灌浆	
			排水孔	
			砌石	
			喷混凝土	
			锚杆（索）	
			钢筋网	
			钢拱架、钢格栅	
			细部结构工程	
3		冲砂孔（洞）工程		
4		防空洞工程		
5		泄洪闸工程		
三	引水工程			
1		引水明渠工程		
			土方开挖	
			石方开挖	
			模板	
			混凝土	
			钢筋	
			砌石	
			锚杆（索）	
			细部结构工程	
2		进（取）水口工程		
			土方开挖	
			石方开挖	
			模板	
			混凝土	
			钢筋	
			砌石	
			锚杆（索）	
			细部结构工程	
3		引水隧洞工程		
			土方开挖	
			石方开挖	
			模板	
			混凝土	
			钢筋	
			灌浆孔	
			灌浆	
			排水孔	

续表

I		枢纽工程		
序号	一级项目	二级项目	三级项目	备注
			砌石	
			喷混凝土	
			锚杆(索)	
			钢筋网	
			钢拱架、钢格栅	
			细部结构工程	
4		调压井工程		
			土方开挖	
			石方开挖	
			模板	
			混凝土	
			钢筋	
			灌浆孔	
			灌浆	
			砌石	
			喷混凝土	
			锚杆(索)	
			细部结构工程	
5		高压管道工程		
			土方开挖	
			石方开挖	
			模板	
			混凝土	
			钢筋	
			灌浆孔	
			灌浆	
			砌石	
			锚杆(索)	
			钢筋网	
			钢拱架、钢格栅	
			细部结构工程	
四	发电厂(泵站)工程			
1		地面厂房工程		
			土方开挖	
			石方开挖	
			土石方回填	
			模板	
			混凝土	
			钢筋	
			灌浆孔	
			灌浆	
			砌石	
			锚杆(索)	
			温控措施	
			厂房建筑	
			细部结构工程	
2		地下厂房工程		

续表

序号	一级项目	二级项目	三级项目	备注
Ⅰ		枢纽工程		
			石方开挖	
			模板	
			混凝土	
			钢筋	
			灌浆孔	
			灌浆	
			排水孔	
			喷混凝土	
			锚杆(索)	
			钢筋网	
			钢拱架、钢格栅	
			温控措施	
			厂房装修	
			细部结构工程	
3		交通洞工程		
			土方开挖	
			石方开挖	
			模板	
			混凝土	
			钢筋	
			灌浆孔	
			灌浆	
			喷混凝土	
			锚杆(索)	
			钢筋网	
			钢拱架、钢格栅	
			细部结构工程	
4		出线洞(井)工程		
5		通风洞(井)工程		
6		尾水洞工程		
7		尾水调压井工程		
8		尾水渠工程		
			土方开挖	
			石方开挖	
			土石方回填	
			模板	
			混凝土	
			钢筋	
			砌石	
			锚杆(索)	
			细部结构工程	
五	升压变电站工程			
1		变电站工程		
			土方开挖	
			石方开挖	
			土石方回填	
			模板	

续表

Ⅰ	枢纽工程			
序号	一级项目	二级项目	三级项目	备注
			混凝土	
			钢筋	
			砌石	
			钢材	
			细部结构工程	
2		开关站工程		
			土方开挖	
			石方开挖	
			土石方回填	
			模板	
			混凝土	
			钢筋	
			砌石	
			钢材	
			细部结构工程	
六	航运工程			
1		上游引航道工程		
			土方开挖	
			石方开挖	
			土石方回填	
			模板	
			混凝土	
			钢筋	
			砌石	
			锚杆（索）	
			细部结构工程	
2		船闸（升船机）工程		
			土方开挖	
			石方开挖	
			土石方回填	
			模板	
			混凝土	
			钢筋	
			灌浆孔	
			灌浆	
			锚杆（索）	
			控制室	
			温控措施	
			细部结构工程	
3		下游引航道工程		
七	鱼道工程			
八	交通工程			
1		公路工程		
2		铁路工程		
3		桥梁工程		
4		码头工程		
九	房屋建筑工程			
1		辅助生产建筑		
2		仓库		

续表

Ⅰ			枢纽工程	
序号	一级项目	二级项目	三级项目	备注
3		办公用房		
4		值班宿舍及文化福利建筑		
5		室外工程		
十	供电设施工程			
十一	其他建筑工程			
1		安全监测设施工程		
2		照明线路工程		
3		通信线路工程		
4		厂坝(闸、泵站)区供水、供热、排水等公用设施		
5		劳动安全与工业卫生设施		
6		水文、泥砂监测设施工程		
7		水情自动测报系统工程		
8		其他		

Ⅱ			引水工程	
序号	一级项目	二级项目	三级项目	备注
一	交通工程			
1		对外公路工程		
2		运行管理维护道路		
二	房屋建筑工程			
1		辅助生产建筑		
2		仓库		
3		办公用房		
4		值班宿舍及文化福利建筑		
5		室外工程		
三	供电设施工程			
四	其他建筑工程			
1		安全监测施工工程		
2		照明线路工程		
3		通信线路工程		
4		厂坎(闸、泵站)区供水、供热、排水等公用设施		
5		劳动安全与工业卫生设施		
6		水文、泥砂监测设施工程		
7		水情自动测报系统工程		
8		其他		

Ⅲ			河道工程	
序号	一级项目	二级项目	三级项目	备注
一	河湖整治与增防工程			
1		××～××段堤防工程		
			土方开挖	
			土方填筑	
			模板	
			混凝土	
			砌石	
			土工布	
			防渗墙	
			灌浆	
			草皮护坡	
			细部结构工程	

续表

Ⅲ		河道工程		
序号	一级项目	二级项目	三级项目	备注
2		××～××段河道(湖泊)整治工程		
3		××～××段河道疏浚工程		
二	灌溉工程			
		××～××段渠(管)道工程	土方开挖 土方填筑 模板 混凝土 砌石 土工布 输水管道 细部结构工程	
三	田间工程			
1		××～××段渠(管)道工程		
2		田间土地平整		
3		其他建筑物		
四	建筑物工程			
1		水闸工程		
2		泵站工程(扬水站,排灌站)		
3		其他建筑物		
五	交通工程			
六	房屋建筑工程			
1		辅助生产厂房		
2		仓库		
3		办公用房		
4		值班宿舍及文化福利建筑		
5		室外工程		
七	供电设施工程			
八	其他建筑工程			
1		安全监测设施工程		
2		照明线路工程		
3		通信线路工程		
4		厂坝(闸、泵站)区供水、供热、排水等公用设施		
5		劳动安全与工业卫生设施工程		
6		水文、泥砂监测设施工程		
7		其他		

三级项目划分要求及技术经济指标如附表 B-2 所示。

附表 B-2　三级项目划分要求及技术经济指标

序号	三级项目			经济技术指标
	分类	名称示例	说明	
1	土石方开挖	土方开挖	土方开挖与砂砾石开挖分列	元/m³
		石方开挖	明挖与暗挖,平洞与斜井、竖井分列	元/m³
2	土石方回填	土方填筑		元/m³
		石方填筑		元/m³
		砂砾料填筑		元/m³

续表

序号	三级项目 分类	三级项目 名称示例	三级项目 说明	经济技术指标
2	土石方回填	斜(心)墙土料填筑		元/m³
		反滤料、过渡料填筑		元/m³
		坝体(坝趾)堆石填筑		元/m³
		铺盖填筑		元/m³
		土工膜		元/m²
		土工布		元/m²
3	砌石	砌石	干砌石、浆砌石、抛石、铅丝(钢筋)笼块石等分列	元/m³
		砖墙		元/m³
4	混凝土与模板	模板	不同规格形状和材质的模板分列	元/m²
		混凝土	不同工程部位、不同标号、不同级配的混凝土分列	元/m³
		沥青混凝土		元/m³(m²)
5	钻孔与灌浆	防渗墙		元/m²
		灌浆孔	使用不同钻孔机械及钻孔的不同用途分列	元/m
		灌浆	不同灌浆种类分列	元/m(m²)
		排水孔		元/m
6	锚固工程	锚杆		元/根
		锚索		元/束(根)
		喷混凝土		元/m³
7	钢筋	钢筋		元/t
8	钢结构	钢衬		元/t
		构架		元/t
9	止水	面(趾)板止水		元/m
10	其他	启闭机室		元/m²
		控制室(楼)		元/m²
		温控措施		元/m³
		厂房装修		元/m²
		部结构工程		元/m³

第二部分 机电设备及安装工程

机电设备及安装工程项目划分如附表 B-3 所示。

附表 B-3 机电设备及安装工程项目划分

I	枢纽工程			
序号	一级项目	二级项目	三级项目	技术经济指标
一	发电设备及安装工程			
1		水轮机设备及安装工程		
			水轮机	元/台
			调速器	元/台
			油压装置	元/台套
			过速限制器	元/台套
			自动化元件	元/台套
			透平油	元/t
2		发电机设备及安装工程		
			发电机	元/台
			励磁装置	元/台套
			自动化元件	元/台套

续表

Ⅰ		枢纽工程		
序号	一级项目	二级项目	三级项目	技术经济指标
3		主阀设备及安装工程		
			蝴蝶阀(球阀、锥形阀)	元/台
			油压装置	元/台
4		起重设备及安装工程		
			桥式起重机	元/t(台)
			转子吊具	元/t(具)
			平衡梁	元/t(副)
			轨道	元/双10m
			滑触线	元/三相10m
5		水力机械辅助设备及安装工程		
			油系统	
			压气系统	
			水系统	
			水力量测系统	
			管路(管子、附件、阀门)	
6		电气设备及安装工程		
			发电电压装置	
			控制保护系统	
			直流系统	
			厂用电系统	
			电工试验设备	
			35kV及以下动力电缆	
			控制和保护电缆	
			母线	
			电缆架	
			其他	
二	升压变电设备及安装工程			
1		主变压器设备及安装工程		
			变压器	元/台
			轨道	元/双10m
2		高压电气设备及安装工程		
			高压断路器	
			电流互感器	
			电压互感器	
			隔离开关	
			110kV及以上高压电缆	
3		一次拉线及其他安装工程		
三	公用设备及安装工程			
1		通信设备及安装工程		
			卫星通信	
			光缆通信	
			微波通信	
			载波通信	
			生产调度通信	
			行政管理通信	
2		通风采暖设备及安装工程		
			通风机	
			空调机	
			管路系统	

续表

Ⅰ		枢纽工程		
序号	一级项目	二级项目	三级项目	技术经济指标
3		机修设备及安装工程		
			车床	
			刨床	
			钻床	
4		计算机监控系统		
5		工业电视系统		
6		管理自动化系统		
7		全厂接地及保护网		
8		电梯设备及安装工程		
			大坝电梯	
			厂房电梯	
9		坝区馈电设备及安装工程		
			变压器	
			配电装置	
10		厂坝区供水、排水、供热设备及安装工程		
11		水文、泥砂监测设备及安装工程		
12		水情自动测报系统设备及安装工程		
13		视频安防监控设备及安装工程		
14		安全监测设备及安装工程		
15		消防设备		
16		劳动安全与工业卫生设备及安装工程		
17		交通设备		
Ⅱ		引水工程及河道工程		
序号	一级项目	二级项目	三级项目	技术经济指标
一	泵站设备及安装工程			
1		水泵设备及安装工程		
2		电动机设备及安装工程		
3		主阀设备及安装工程		
4		起重设备及安装工程		
			桥式起重机	元/t(台)
			平衡梁	元/t(副)
			轨道	元/双10m
			滑触线	元/三相10m
5		水力机械辅助设备及安装工程		
			油系统	
			压气系统	
			水系统	
			水力量测系统	
			管路(管子、附件、阀门)	
6		电气设备及安装工程		
			控制保护系统	
			盘柜	
			电缆	
			母线	
二	水闸设备及安装工程			

续表

Ⅱ		引水工程及河道工程		
序号	一级项目	二级项目	三级项目	技术经济指标
1		电气一次设备及安装工程		
2		电气二次设备及安装工程		
三	电站设备及安装工程			
四	供电设备及安装工程			
		变电站设备及安装		
五	公用设备及安装工程			
1		通信设备及安装工程		
			卫星通信	
			光缆通信	
			微波通信	
			载波通信	
			生产调度通信	
			行政管理通信	
2		通风采暖设备及安装工程		
			通风机	
			空调机	
			管路系统	
3		机修设备及安装工程		
			车床	
			刨床	
			钻床	
4		计算机监控系统		
5		管理自动化系统		
6		全厂接地及保护网		
7		厂坝区供水、排水、供热设备及安装工程		
8		水文、泥砂监测设备及安装工程		
9		水情自动测报系统设备及安装工程		
10		视频安防监控设备及安装工程		
11		安全监测设备及安装工程		
12		消防设备		
13		劳动安全与工业卫生设备及安装工程		
14		交通设备		

第三部分　金属结构设备及安装工程

金属结构设备及安装工程项目划分如附表 B-4 所示。

附表 B-4　金属结构设备及安装工程项目划分

Ⅰ		枢纽工程		
序号	一级项目	二级项目	三级项目	技术经济指标
一	挡水工程			
1		闸门设备及安装工程		
			平板门	元/t
			弧形门	元/t
			埋件	元/t
			闸门、埋件防腐	元/t(m²)

续表

I		枢纽工程		
序号	一级项目	二级项目	三级项目	技术经济指标
2		启闭设备及安装工程		
			卷扬式启闭机	元/t(台)
			门式启闭机	元/t(台)
			油压启闭机	元/t(台)
			轨道	元/双10m
3		拦污设备及安装工程		
			拦污栅	元/t
			清污机	元/t(台)
二	泄洪工程			
1		闸门设备及安装工程		
2		启闭设备及安装工程		
3		拦污设备及安装工程		
三	引水工程			
1		闸门设备及安装工程		
2		启闭设备及安装工程		
3		拦污设备及安装工程		
4		压力钢管制作及安装工程		
四	发电厂工程			
1		闸门设备及安装工程		
2		启闭设备及安装工程		
五	航运工程			
1		闸门设备及安装工程		
2		启闭设备及安装工程		
3		升船机设备及安装工程		
六	鱼道工程			

Ⅱ		引水工程及河道工程		
序号	一级项目	二级项目	三级项目	技术经济指标
一	泵站工程			
1		闸门设备及安装工程		
2		启闭设备及安装工程		
3		拦污设备及安装工程		
二	水闸(涵)工程			
1		闸门设备及安装工程		
2		启闭设备及安装工程		
3		拦污设备及安装工程		
三	小水电站工程			
1		闸门设备及安装工程		
2		启闭设备及安装工程		
3		拦污设备及安装工程		
4		压力钢管制作及安装工程		
四	调蓄水库工程			
五	其他建筑物工程			

第四部分 施工临时工程

施工临时工程项目划分如附表 B-5 所示。

附表 B-5　施工临时工程项目划分

序号	一级项目	二级项目	三级项目	技术经济指标
一	导流工程			
1		导流明渠工程		
			土方开挖	元/m³
			石方开挖	元/m³
			模板	元/m²
			混凝土	元/m³
			钢筋	元/t
			锚杆	元/根
2		导流洞工程		
			土方开挖	元/m³
			石方开挖	元/m³
			模板	元/m²
			混凝土	元/m³
			钢筋	元/t
			喷混凝土	元/m³
			锚杆(索)	元/根(束)
3		土石围堰工程		
			土方开挖	元/m³
			石方开挖	元/m³
			堰体填筑	元/m³
			砌石	元/m³
			防渗	元/m³
			堰体拆除	元/m³(m²)
			其他	元/m³
4		混凝土围堰工程		
			土方开挖	元/m³
			石方开挖	元/m³
			模板	元/m²
			混凝土	元/m³
			防渗	元/m³
			堰体拆除	元/m³(m²)
			其他	元/m³
5		蓄水期下游断流补偿设施工程		
6		金属结构制作及安装工程		
二	施工交通工程			
1		公路工程		元/km
2		铁路工程		元/km
3		桥梁工程		元/延米
4		施工支洞工程		
5		码头工程		
6		转运站工程		
三	施工供电工程			
1		220kV 供电线路		元/km
2		110kV 供电线路		元/km
3		35kV 供电线路		元/km
4		10kV 供电线路(引水及河道)		元/km
5		变配电设施设备(场内除外)		元/座
四	施工房屋建筑工程			
1		施工仓库		
2		办公、生活及文化福利建筑		
五	其他施工临时工程			

注：凡永久与临时相结合的项目列入相应永久工程项目内。

第五部分　独立费用

独立费用项目划分如附表 B-6 所示。

附表 B-6　独立费用项目划分

序号	一级项目	二级项目	三级项目	技术经济指标
一	建设管理费			
二	工程建设监理费			
三	联合试运转费			
四	生产准备费			
1		生产及管理单位提前进厂费		
2		生产职工培训费		
3		管理用具购置费		
4		备品备件购置费		
5		工器具及生产家具购置费		
五	科研勘测设计费			
1		工程科学研究试验费		
2		工程勘测设计费		
六	其他			
1		工程保险费		
2		其他税费		

C. 设备安装常用参考资料

① 常用厂用变压器容量、质量、油重对照如附表 C-1、附表 C-2 所示。

附表 C-1　常用厂用变压器容量与质量对照表

序号	型号	电压 /kV	容量/(kV·A)										
			30	50	63	80	100	125	160	180	200	250	315	400
			质量(kg 及以内)										
1	S9	610.4	340	455	505	550	590	790	930		958	1245	1390	1645
2	SC8	100.4									1100	1250	1330	1800
3	SC12	100.4					710		910		920	1160	1360	1550
4	SCL2	106.3												
5	SCL2	350.4												
6	SCL2	356.3												
7	SL7			500					1000					2000
8	S7				500						1000			
9	SZ7								1000					2000
10	SG			500							1000			2000
11	BS7													2000
序号	型号	电压 /kV	容量/(kV·A)										
			500	630	800	1000	1250	1600	2000	2500	3150	4000	5000	6300
			质量(kg 及以内)										
1	S9	6910.4	1890	2825	3215	3945	4650	5205						
2	SC8	100.4	2100	2600	2800	3100	3500	4600	5000	5915				
3	SC12	100.4	1900	2080	2300	2730	3390	4220	5140	6300				

续表

序号	型号	电压/kV	容量/(kV·A)											
			500	630	800	1000	1250	1600	2000	2500	3150	4000	5000	6300
			质量(kg 及以内)											
4	SCL2	106.3									7500	8700	10000	
5	SCL2	350.4				3500								
6	SCL2	356.3							7000					
7	SL7				3000			5000		7000		9000		13000
8	S7		2000			3000			5000	7000				13000
9	SZ7				3000		5000							
10	SG				3000		5000							
11	BS7				3000									

注:S9、SL7、S7 为三相油浸自冷式;SZ7 为三相有载调压;SC8、SCL2、SG 为三相干式;BS7 为闭式。

附表 C-2 常用厂用变压器容量与油重对照表

序号	变压器重量/(kg/台)	340	455	500	505	550	590	790	930	958	1000	1245	1390	1645
1	油重/kg	90	100		115	130	140	175	195	209		255	265	320
2	油重/kg			120							240			

序号	变压器重量/(kg/台)	1890	2000	2825	3000	3215	3945	4650	50000	5205	7000	9000	13000
1	油重/kg	360		605		680	870	980		1115			
2	油重/kg		400		7000				1100		1400	2000	2640

② 聚氯乙烯绝缘电力电缆常用参考资料如附表 C-3~附表 C-14 所示。

附表 C-3 聚氯乙烯绝缘电力电缆型号、名称、敷设场合

型号		名称	敷设
铝芯	铜芯		
VLV	VV	聚氯乙烯绝缘聚氯乙烯护套电力电缆	可敷设在室内、隧道、电缆沟、管道、易燃及严重腐蚀地方,不能承受机械外力作用
VLY	YY	聚氯乙烯绝缘聚乙烯护套电力电缆	可敷设在室内、管道、电缆沟及严重腐蚀地方,不能承受机械外力作用
VLV22	VV22	聚氯乙烯绝缘钢带铠装聚氯乙烯护套电力电缆	可敷设在室内、隧道、电缆沟、地下、易燃及严重腐蚀地方,不能承受拉力作用
VLV23	VV22	聚氯乙烯绝缘钢带铠装聚乙烯护套电力电缆	可敷设在室内、电缆沟、地下及严重腐蚀地方,不能承受拉力作用
VLV32	VV32	聚氯乙烯绝缘细钢丝铠装聚氯乙烯护套电力电缆	可敷设在地下、竖井、水中、易燃及严重腐蚀地方,不能承受大拉力作用
VLV33	VV33	聚氯乙烯绝缘细钢丝铠装聚乙烯护套电力电缆	可敷设在地下、竖井、水中及严重腐蚀地方,不承受大拉力作用
VLV42	VV42	聚氯乙烯绝缘粗钢丝铠装聚氯乙烯护套电力电缆	可敷设在地下、竖井、易燃及严重腐蚀地方,能承受大拉力作用
VLV43	VV43	聚氯乙烯绝缘粗钢丝铠装聚乙烯护套电力电缆	可敷设在地下、竖井及严重腐蚀地方,能承受大拉力作用

附表 C-4　0.6/1kV 单芯 PVC 绝缘及护套电力电缆外径及质量

芯数×截面 /mm²	导电线芯外径 /mm	非铠装电缆			钢带铠装电缆		
		电缆近似外径/mm	电缆近似质量/(kg/km)		电缆近似外径/mm	电缆近似质量/(kg/km)	
			VV	VLV		VV	VLV
1×1.5	1.38	6	50				
1×2.5	1.76	6.4	62	47			
1×4	2.23	7.2	87	63			
1×6	2.73	7.7	110	76			
1×10	3.54	8.5	154	92	12.9	334	270
1×16	4.45	9.5	215	118	13.9	411	314
1×25	5.9	11.3	324	169	15.7	552	398
1×35	7	12.4	425	209	16.8	674	457
1×50	8.2	14	585	276	18.4	863	553
1×70	9.8	15.6	784	350	21	1133	700
1×95	11.5	17.7	1043	455	23.1	1435	847
1×120	13	20.2	1328	586	24.6	1708	965
1×150	14.6	22.2	1640	712	26.6	2056	1127
1×185	16.1	24.1	1998	853	28.5	2447	1302
1×240	18.3	26.7	2552	1066	31.2	3049	1564
1×300	20.5	29.3	3145	1298	34.5	3931	2074
1×400	23.8	33	4127	1651	39.2	5091	2651
1×500	26.6	37.2	5183	2088	42.4	6157	3062
1×630	29.9	40.5	6415	2516	45.7	7474	3575
1×800	33.9	44.5	8019	3067	49.7	9181	4229

附表 C-5　0.6/1kV 2 芯 PVC 绝缘及护套电力电缆外径及质量

芯数×截面 /mm²	导电线芯外径 /mm	非铠装电缆			钢带铠装电缆		
		电缆近似外径/mm	电缆近似质量/(kg/km)		电缆近似外径/mm	电缆近似质量/(kg/km)	
			VV	VLV		VV	VLV
2×1.5	1.38	7.2×10.2	97				
2×2	1.76	7.6×10.9	122	92			
2×4	2.23	8.4×12.7	172	124	15.9	412	364
2×6	2.73	8.9×13.7	218	151	16.9	480	417
2×10	3.54	15.3	360	231	18.5	608	477
2×16	4.45	17.2	500	297	21.4	822	617
2×25	5.6	18	694	384	22.1	1008	697
2×35	6.8	19.6	903	468	22.8	1250	816
2×50	7.9	22.2	1236	615	25.4	1641	1020
2×70	9.4	24.4	1638	768	28.4	2288	1419

附表 C-6　0.6/1kV 3 芯 PVC 绝缘及护套电力电缆外径及质量

芯数×截面 /mm²	导电线芯外径 /mm	非铠装电缆			钢带铠装电缆		
		电缆近似外径/mm	电缆近似质量/(kg/km)		电缆近似外径/mm	电缆近似质量/(kg/km)	
			VV	VLV		VV22	VLV22
3×1.5	1.38	10.6	144				
3×2.5	1.76	11.5	182	136			
3×4	2.23	13.3	260	187	16.5	476	404
3×6	2.73	14.4	332	230	17.6	566	468
3×10	3.54	16.2	472	282	20.4	776	584
3×16	4.45	18.1	665	368	22.3	1004	707
3×25	5.6	20.5	986	521	23.7	1308	842

续表

芯数×截面 /mm²	导电线芯外径 /mm	非铠装电缆			钢带铠装电缆		
		电缆近似外径/mm	电缆近似质量/(kg/km)		电缆近似外径/mm	电缆近似质量/(kg/km)	
			VV	VLV		VV22	VLV22
3×35	6.8	22.5	1294	642	25.7	1647	995
3×50	7.9	25.9	1789	858	29.9	2316	1472
3×70	9.4	28.3	2382	1078	33.3	3106	1819
3×95	10.7	33.4	3243	1473	37.4	4019	2250
3×120	12	36.2	3982	1747	40.2	4825	2590
3×150	13.4	39.9	4921	2127	44.9	5946	3152
3×240	15.3	44.2	6053	2608	48.8	7135	3689
3×300	17.1	50.4	7838	3367	54	8941	4471
3×400	19.8	54.9	9646	4058	59.5	10979	5391

附表 C-7　0.6/1kV 3 芯 PVC 绝缘及护套钢丝铠装电力电缆外径及质量

芯数×截面 /mm²	导电线芯外径 /mm	非铠装电缆			钢带铠装电缆		
		电缆近似外径/mm	电缆近似质量/(kg/km)		电缆近似外径/mm	电缆近似质量/(kg/km)	
			VV32	VLV32		VV22	VLV22
3×25	4.7	26.1	1856	1309	30.3	2839	2373
3×35	5.6	28.3	2259	1987	32.5	3323	2676
3×50	6.8	31.9	3960	3003	36.1	4605	3048
3×70	7.9	35.8	4787	3517	39	5509	4239
3×95	9.4	39.2	5849	4122	42.4	6735	5008
3×120	10.7	43.6	5986	4805	46.8	7868	5706
3×150	12	49.2	8235	5513	51.2	9160	6467
3×185	13.4	53.7	9689	6311	55.6	10712	7334
3×240	15.3	59.7	11911	7561	61.4	13053	8704
3×300	17.1	64.4	15533	10143	66.3	18227	12837

附表 C-8　0.6/1kV 3+1 芯 PVC 绝缘及护套电力电缆外径及质量

芯数×截面（中线芯+中相芯）/mm²	非铠装电缆			钢带铠装电缆		
	电缆近似外径/mm	电缆近似质量/(kg/km)		电缆近似外径/mm	电缆近似质量/(kg/km)	
		VV	VLV		VV22	VLV22
3×4+1×1.5	14	287	199	17.2	514	427
3×6+1×4	15.1	375	249	18.3	620	489
3×10+1×6	17	532	306	21.2	851	623
3×16+1×10	19.1	722	391	23.2	1079	746
3×25+1×16	22.5	1178	614	25.7	1531	967
3×35+1×16	24.8	1495	745	28	1885	1135
3×50+1×25	28.9	2092	1005	32.9	2776	1690
3×70+1×35	31.5	2784	1262	36.5	3608	2087
3×95+1×50	37.6	3820	1740	41.6	4696	2616
3×120+1×70	40.2	4741	2071	44.2	5677	3007
3×150+1×70	44.3	6706	2477	48.3	6740	3512
3×185+1×95	49.1	7097	3061	53.7	8301	4265

附表 C-9　0.6/1kV 3+1 芯 PVC 绝缘及护套钢丝铠装电力电缆外径及质量

芯数×截面 /mm²	细钢丝铠装电缆			粗钢丝铠装电缆		
	电缆近似外径/mm	电缆近似质量/(kg/km)		电缆近似外径/mm	电缆近似质量/(kg/km)	
		VV32	VLV32		VV42	VLV42
3×25+1×16	28.3	2020	1456	32.5	3188	2625
3×35+1×16	30.8	2430	1679	35	3699	2949
3×50+1×25	37	3050	1964	40.2	4648	3562

续表

芯数×截面 /mm²	细钢丝铠装电缆			粗钢丝铠装电缆		
	电缆近似外径/mm	电缆近似质量/(kg/km)		电缆近似外径/mm	电缆近似质量/(kg/km)	
		VV32	VLV32		VV42	VLV42
3×70+1×35	38.3	4220	2700	41.5	5641	4119
3×95+1×50	44.8	5460	3382	48	7069	4989
3×120+1×70	49.3	6990	4322	51.2	8328	5659
3×150+1×70	53.8	8180	4953	55.7	9657	6428
3×185+1×95	59	9910	5877	60.9	11427	7391

表 C-10　0.6/1kV 4 芯 PVC 绝缘及护套电力电缆外径及质量

芯数×截面 /mm²	导电线芯外径或扇形高度/mm	非铠装电缆			钢带铠装电缆		
		电缆近似外径/mm	电缆近似质量/(kg/km)		电缆近似外径/mm	电缆近似质量/(kg/km)	
			VV	VLV		VV22	VLV22
4×4	2.32	14.4	321	224	17.6	555	459
4×6	2.73	15.7	415	279	18.9	668	536
4×10	3.54	17.6	598	344	21.8	928	672
4×16	4.45	20.8	893	497	24	1219	823
4×25	5.3	23.8	1287	666	27	1661	1040
4×35	6.3	26.2	1695	826	29.5	2108	1238
4×50	7.5	30.1	2348	1106	34.1	3061	1820
4×70	8.9	34.5	3213	1475	38.5	4016	2277
4×95	10.6	39.6	4273	1914	43.6	5196	2873
4×120	11.8	42.8	5248	2268	52.1	6210	3259
4×150	13.3	47.5	6544	2819	56.7	7708	3983
4×185	14.8	53.1	8105	3511	62.1	9271	4676

附表 C-11　0.6/1kV 4 芯 PVC 绝缘及护套钢丝铠装电力电缆外径及质量

芯数×截面 /mm²	导电线芯外径或扇形高度/mm	细钢丝铠装电缆			粗钢丝铠装电缆		
		电缆近似外径/mm	电缆近似质量/(kg/km)		电缆近似外径/mm	电缆近似质量/(kg/km)	
			VV32	VLV32		VV42	VLV42
4×25	5.3	29.4	2270	1327	34	3145	2759
4×35	6.3	32.1	3261	2563	36.5	4070	3372
4×50	7.5	37.5	4225	3173	40.9	5054	3399
4×70	8.9	41.1	5162	3736	44.5	6072	4646
4×95	10.6	46.4	6700	4756	50	7744	5800
4×120	11.8	51.4	7561	5164	43.5	8695	6248
4×150	13.3	56.6	8952	5913	58.9	10296	7252
4×185	14.8	61.8	10505	6810	64.3	11820	8136

附表 C-12　3.6/6kV 单芯 PVC 绝缘及护套电力电缆外径及质量

芯数×截面 /mm²	导电线芯外径/mm	非铠装电缆			钢带铠装电缆		
		电缆近似外径/mm	电缆近似质量/(kg/km)		电缆近似外径/mm	电缆近似质量/(kg/km)	
			VV	VLV		VV22	VLV22
1×10	3.54	14.2	331	267	19	627	562
1×16	4.45	16.2	441	342	19.9	721	621
1×25	5.9	17.6	558	403	21.4	862	706
1×35	7	18.7	678	461	22.5	1001	783
1×50	8.2	19.9	846	536	23.7	1189	879
1×70	9.8	21.5	1070	636	25.3	1440	1005
1×95	11.5	23.2	1342	752	27	1740	1150

续表

芯数×截面 /mm²	导电线芯外径 /mm	非铠装电缆			钢带铠装电缆		
		电缆近似外径/mm	电缆近似质量/(kg/km)		电缆近似外径/mm	电缆近似质量/(kg/km)	
			VV	VLV		VV22	VLV22
1×120	13	24.7	1607	862	29.3	2233	1488
1×150	14.6	26.3	1921	989	30.9	2586	1654
1×185	16.1	27.8	2265	1127	33.4	3048	1900
1×240	18.3	30	2829	1339	35.6	3660	2170
1×300	20.5	33.2	3490	1627	37.8	4310	2448
1×400	23.8	36.5	4481	1998	41.1	5384	2900
1×500	26.6	39.3	5458	2354	43.9	6430	3325

附表 C-13　3.6/6kV 3 芯 PVC 绝缘及护套电力电缆外径及质量

芯数×截面 /mm²	导电线芯外径或扇形高度/mm	非铠装电缆			钢带铠装电缆		
		电缆近似外径/mm	电缆近似质量/(kg/km)		电缆近似外径/mm	电缆近似质量/(kg/km)	
			VV	VLV		VV22	VLV22
3×10	3.54	27.2	1000	809	31.8	1684	1490
3×16	4.45	29.2	1244	944	34.8	2049	1748
3×25	4.7	29.7	1569	1103	35.3	2306	1840
3×35	5.6	32.7	1987	1335	37.3	2707	2055
3×50	6.8	35.3	2498	1567	39.9	3282	2351
3×70	7.9	37.7	3149	1845	42.3	3990	2687
3×95	9.4	40.9	3952	2183	46.5	4971	3202
3×120	10.7	44.7	4832	2597	49.3	5832	3597
3×150	12	47.5	5762	2968	52.4	6831	4037
3×185	13.4	50.5	6834	3388	56.1	8096	4650
3×240	15.3	55.6	8611	4141	60.2	9864	5394
3×300	17.1	59.5	10381	4793	64.1	11729	6142

附表 C-14　3.6/6kV 3 芯 PVC 绝缘及护套钢丝铠装电力电缆外径及质量

芯数×截面 /mm²	导电线芯外径或扇形高度/mm	细钢丝铠装电缆			粗钢丝铠装电缆		
		电缆近似外径/mm	电缆近似质量/(kg/km)		电缆近似外径/mm	电缆近似质量/(kg/km)	
			VV32	VLV32		VV42	VLV42
3×16	4.45	36.6	2647	2345	40.6	3983	3679
3×25	4.7	37.1	2913	2448	41.1	4270	3805
3×35	5.6	39.1	3351	2699	43.1	4788	4131
3×50	6.8	42.3	4369	3438	46.9	5638	4706
3×70	7.9	46.5	5272	3969	49.5	6522	5218
3×95	9.4	49.7	6257	4487	52.7	7600	5830
3×120	10.7	52.7	7230	4995	56.7	8780	6545
3×150	12	56.7	8465	5671	59.7	9988	7194
3×185	13.4	59.9	9742	6296	62.9	11358	7912
3×240	15.3	65.5	12414	7944	68.2	13556	9086
3×300	17.1	70.6	14639	9.051	72.3	15706	10119

③ 交联聚乙烯绝缘电力电缆常用参考资料如附表 C-15～附表 C-28 所示。

附表 C-15　交联聚乙烯绝缘电力电缆型号、名称、敷设场合

型号		名称	敷设场合
铝芯	铜芯		
YJLV	YJV	交联聚乙烯绝缘聚氯乙烯护套电力电缆	架空、室内、隧道、电缆沟及地下
YJLY	YJY	交联聚乙烯绝缘聚乙烯护套电力电缆	
YJLV22	YJV22	交联聚乙烯绝缘钢带铠装聚氯乙烯护套电力电缆	室内、隧道、电缆沟及地下
YJLV23	YJV23	交联聚乙烯绝缘钢带铠装聚乙烯护套电力电缆	

续表

型号		名称	敷设场合
铝芯	铜芯		
YJLV32	YJV32	交联聚乙烯绝缘细钢丝铠装聚氯乙烯护套电力电缆	高落差、竖井及水下
YJLV33	YJV33	交联聚乙烯绝缘细钢丝铠装聚乙烯护套电力电缆	
YJLV42	YJV42	交联聚乙烯绝缘粗钢丝铠装聚氯乙烯护套电力电缆	需承受拉力的竖井及海底
YJLV43	YJV43	交联聚乙烯绝缘粗钢丝铠装聚乙烯护套电力电缆	

附表 C-16　3.6/6kV 交联聚乙烯绝缘单芯电力电缆外径及质量

截面 /mm²	单芯									
	外径 /mm	质量/(kg/km)		外径 /mm	质量/(kg/km)		外径 /mm	质量/(kg/km)	
		YJV YJY	YJLV YJLY		YJV32 YJV33	YJLV32 YJLV33		YJV42 YJV43	YJLV42 YJLV43
25	18.6	576	421	24.8	1397	1242	29.6	2617	2462
35	19.7	695	479	25.9	1574	1357	30.9	2837	2621
50	21.2	850	550	27.2	1785	1475	32.2	3118	2809
70	22.6	1081	648	28.6	2045	1613	33.8	3440	3007
95	244	1350	762	30.4	2624	2036	35.4	3878	3290
120	25.8	1640	897	31.8	2984	2241	37	4290	3547
150	27.4	1847	1019	33.4	3447	2518	38.4	4876	3947
185	28.9	2302	1152	35.7	3910	2765	40.1	5370	4224
240	31.5	2886	1400	38.3	4960	3474	42.7	6144	4658
300	34.2		1626	41		3832	45.4		5103
400	37.8		2001	44.6		4364	49		5692
500	41		2357	49.2		4892	52.4		6329

附表 C-17　3.6/6kV 交联聚乙烯绝缘三芯电力电缆外径及质量

截面 /mm²	三芯									
	外径 /mm	质量/(kg/km)		外径 /mm	质量/(kg/km)		外径 /mm	质量/(kg/km)		外径 /mm	质量/(kg/km)
		YJV YJY	YJLV YJLY		YJV22 YJV23	YJLV22 YJLV23		YJV32 YJV33	YJLV32 YJLV33		YJV42 YJV43	YJLV42 YJLV43
25	38.8	1895	1430	43.4	2945	2480	45.6	4246	3.781	49.8	5559	5094
35	41.4	2293	1640	46.2	3390	2739	49.4	4770	4119	52.6	6158	5507
50	44.4	2812	1881	49.2	4065	3135	52.4	6194	5263	55.6	7042	6111
70	47.6	3508	2205	52.6	4816	3513	55.8	7092	5790	59	7961	6659
95	51.2	4402	2635	56.2	5897	4129	60.9	8263	6495	62.8	9282	7514
120	54.5	5319	3087	59.9	6844	4611	64.4	6422	7190	66.3	10448	8215
150	57.7	6309	3518	63.3	7973	5182	67.8	10667	7876	69.7	11777	8985
185	61.1	7319	3877	66.7	9281	5838	71.2	12113	8671	73.1	14668	11226
240	66.7	9218	4753	72.2	11229	6763	77	14361	9895	78.9	17079	12614
300	72.5		5577	78.5		8524	83			84.9		13946

附表 C-18　6/6，6/10kV 交联聚乙烯绝缘单芯电力电缆外径及质量

截面 /mm²	单芯									
	外径 /mm	质量/(kg/km)		外径 /mm	质量/(kg/km)		外径 /mm	质量/(kg/km)	
		YJV YJY	YJLV YJLY		YJV32 YJV33	YJLV32 YJLV33		YJV42 YJV43	YJLV42 YJLV43
25	20.4	590	435	26.6	1437	1283	31.6	2678	2523
35	21.7	710	493	27.7	1604	1387	32.7	2900	2683
50	23	884	575	29	1828	1517	34.2	3167	2858
70	24.6	1097	664	30.6	2091	1657	35.6	3505	3072

续表

截面 /mm²	单芯									
	外径 /mm	质量/(kg/km)		外径 /mm	质量/(kg/km)		外径 /mm	质量/(kg/km)		
		YJV YJY	YJLV YJLY		YJV32 YJV33	YJLV32 YJLV33		YJV42 YJV43	YJLV42 YJLV43	
95	26.2	1378	790	32.2	2674	2085	37.4	3961	3373	
120	27.8	1658	916	33.8	3051	2308	38.8	4376	3633	
150	29.2	1967	1038	36.2	3517	2589	40.4	4948	4019	
185	30.9	2322	1177	37.7	3967	2822	41.9	5443	4298	
240	33.3	2908	1423	40.1	5.023	3528	44.3	6220	4734	
300	35.4		1650	42.4		3917	46.6		5202	
400	38.6		2027	46.8		4453	50		5773	
500	41.4		2384	49.6		4985	52.8		6414	

附表 C-19 6/6,6/10kV 交联聚乙烯绝缘三芯电力电缆外径及质量

截面 /mm²	三芯									
	外径 /mm	质量/(kg/km)		外径 /mm	质量/(kg/km)		外径 /mm	质量/(kg/km)		
		YJV YJY	YJLV YJLY		YJV22 YJV23	YJLV22 YJLV23		YJV32 YJV33	YJLV32 YJLV33	外径 /mm	质量/(kg/km) YJV42/YJV43	YJLV42/YJLV43
25	42.9	1937	1472	47.9	3.010	2544	51.1	4337	3872	54.3	5697	5232
35	45.4	2337	1686	50.4	3498	2947	53.6	4863	4212	56.8	6299	5648
50	48.4	2896	1967	53.6	4135	3205	56.8	6302	5371	60	7164	6233
70	51.7	3578	2275	57.1	4958	3655	61.6	7177	5875	63.5	8085	6783
95	55.3	4478	2710	60.7	5974	4206	65.2	8431	6663	67.1	9438	7670
120	58.6	5396	3163	64.2	6969	4736	68.9	9559	7326	70.6	10627	8395
150	61.8	6387	3596	67.4	8161	5370	72.1	10837	8046	73.8	11961	9170
185	65.2	7507	4063	71	9417	5975	75.7	12256	8314	77.4	14842	11400
240	70.4	9364	4893	76.4	11340	6874	81.1			82.8	17331	12865
300	75.3		5681	81.5			86			87.9		14149

附表 C-20 8.7/10kV 交联聚乙烯绝缘单芯电力电缆外径及质量

截面 /mm²	单芯									
	外径 /mm	质量/(kg/km)		外径 /mm	质量/(kg/km)		外径 /mm	质量/(kg/km)		
		YJV YJY	YJLV YJLY		YJV32 YJV33	YJLV32 YJLV33		YJV42 YJV43	YJLV42 YJLV43	
25	22.8	680	525	28.8	1616	1461	34	2961	2806	
35	24.1	804	587	30.1	1786	1570	35.1	3187	2970	
50	25.4	984	674	31.4	2015	1706	36.6	3459	3143	
70	27.1	1201	768	32.8	2515	2082	38	3819	3385	
95	28.6	1490	902	35.4	2906	2318	39.8	4250	3662	
120	30.2	1765	1022	37	3260	2518	41.2	4670	3927	
150	31.6	2091	1162	38.4	3735	2806	42.8	5251	4323	
185	33.3	2452	1307	40.1	4582	3437	44.3	5751	4606	
240	35.5	3034	1548	42.5	5395	3810	46.7	6577	5091	
300	37.8		1818	44.6		4178	49		5527	
400	41		2170	49.2		4728	52.4		6152	
500	43.8		2556	52		5900	55.2		6782	

附表 C-21 8.7/10kV 交联聚乙烯绝缘三芯电力电缆外径及质量

截面 /mm²	三芯											
	外径 /mm	质量/(kg/km)		外径 /mm	质量/(kg/km)		外径 /mm	质量/(kg/km)		外径 /mm	质量/(kg/km)	
		YJV YJY	YJLV YJLY		YJV22 YJV23	YJLV22 YJLV23		YJV32 YJV33	YJLV32 YJLV33		YJV42 YJV43	YJLV42 YJLV43
25	48	2320	1854	53	3500	3035	56.2	5638	5167	59.6	6482	6017
35	50.6	2757	2105	55.6	3980	3329	60.3	6226	5575	62	7117	6466

续表

截面 /mm²	三芯											
	外径 /mm	质量/(kg/km)		外径 /mm	质量/(kg/km)		外径 /mm	质量/(kg/km)		外径 /mm	质量/(kg/km)	
		YJV YJY	YJLV YJLY		YJV22 YJV23	YJLV22 YJLV23		YJV32 YJV33	YJLV32 YJLV33		YJV42 YJV43	YJLV42 YJLV43
50	53.6	3290	2359	58.8	4679	3748	63.5	7007	6077	65.2	7948	7017
70	56.8	3947	2710	62	5410	4107	66.7	7917	6612	68.4	8874	7571
95	60.5	4959	3149	66	6567	4799	70.6	9178	7410	72.5	10263	8497
120	63.7	5836	3588	69	7541	5308	74	10339	8106	75.9	12808	10575
150	66.9	6906	4115	72.7	8674	5883	77.2	11648	8857	79.1	14237	11446
185	70.4	8062	4620	76.4	9991	6549	81.1			82.8	15862	12416
240	75.5	9841	5375	81.7	12887	8421	86.2			88.1	18362	13806
300	80.3		6218	88.1		9392	91.4			93.3		15207

附表 C-22 12/20kV 交联聚乙烯绝缘单芯电力电缆外径及质量

截面 /mm²	单芯									
	外径 /mm	质量/(kg/km)		外径 /mm	质量/(kg/km)		外径 /mm	质量/(kg/km)		
		YJV YJY	YJLV YJLY		YJV32 YJV33	YJLV32 YJLV33		YJV42 YJV43	YJLV42 YJLV43	
35	26.1	979	762	32.1	2335	2118	37.3	2767	3457	
50	27.6	1155	846	33.6	2598	2288	38.6	3953	3643	
70	29	1393	959	35.8	2884	2450	40.2	4289	3856	
95	30.8	1681	1093	37.6	3256	2668	41.8	4749	4161	
120	32.2	1979	1236	39	3620	2877	43.4	5179	4436	
150	33.8	2301	1373	40.6	4518	3589	44.8	5757	4829	
185	35.3	2718	1573	42.3	4981	3836	46.5	6288	5153	
240	37.7	3302	1817	44.5	5728	4243	48.9	7110	5624	
300	40		2084	48		4646	51.2	7953	6096	
400	43.2		2455	51.2		5827	54.6	9192	6716	
500	46		2861	54.2		6448	57.6	10509	7414	

附表 C-23 12/20kV 交联聚乙烯绝缘三芯电力电缆外径及质量

截面 /mm²	三芯											
	外径 /mm	质量/(kg/km)		外径 /mm	质量/(kg/km)		外径 /mm	质量/(kg/km)		外径 /mm	质量/(kg/km)	
		YJV YJY	YJLV YJLY		YJV22 YJV23	YJLV22 YJLV23		YJV32 YJV33	YJLV32 YJLV33		YJV42 YJV43	YJLV42 YJLV43
35	55.1	3348	2.696	60.5	4840	4169	65	7403	6702	66.9	8423	7771
50	58.1	3974	2973	63.7	5463	4532	68.2	8139	7208	70.1	9200	8270
70	61.3	4623	3321	66.9	6346	5044	71.4	9133	7831	73.3	11626	10323
95	65	5593	3825	70.8	7457	5689	75.5			77.2	13054	11286
120	68.2	6495	4262	74.2	8459	6227	78.9			80.6	14347	12114
150	71.4	7637	4846	77.4	10555	7764	82.1			83.8	15883	13092
185	75.1	8803	5361	81.3	11925	8483	85.8			87.7	17533	14092
240	78	10729	6263	87.8	13959	9494	91.1			92.8		
300	85		7141	92.8		1073	96.3			98		

附表 C-24 18/20kV 交联聚乙烯绝缘单芯电力电缆外径及质量

截面 /mm²	单芯									
	外径 /mm	质量/(kg/km)		外径 /mm	质量/(kg/km)		外径 /mm	质量/(kg/km)		
		YJV YJY	YJLV YJLY		YJV32 YJV33	YJLV32 YJLV33		YJV42 YJV43	YJLV42 YJLV43	
35	31.5	1243	1026	38.3	2851	2634	42.2	4353	4136	
50	32.8	1443	1133	39.8	3463	3135	44	4660	4350	
70	34.4	1678	1245	41.2	3789	3356	45.6	5006	4573	

续表

截面 /mm²	单芯							
	外径 /mm	质量/(kg/km)		外径 /mm	质量/(kg/km)		外径 /mm	质量/(kg/km)	
		YJV YJY	YJLV YJLY		YJV32 YJV33	YJLV32 YJLV33		YJV42 YJV43	YJLV42 YJLV43
95	36.2	2027	1439	43	4193	3505	47.2	5482	4894
120	37.6	2326	1583	44.4	4606	3863	48.8	5947	5204
150	39.2	2661	1732	47.2	5138	4210	50.4	6546	5617
185	40.7	3062	1917	48.9	5635	4490	52.1	7091	5946
240	43.1	3666	2180	51.1	7069	5583	54.3	7936	6450
300	45.4		2448	53.6		6013	56.8		6917
400	48.6		2858	58.3		6637	60		7586
500	51.2		3289	61.3		7259	63		8257

附表 C-25　18/20kV 交联聚乙烯绝缘三芯电力电缆外径及质量

截面 /mm²	三芯							
	外径 /mm	质量/(kg/km)		外径 /mm	质量/(kg/km)		外径 /mm	质量/(kg/km)	
		YJV YJY	YJLV YJLY		YJV22 YJV23	YJLV22 YJLV23		YJV32 YJV33	YJLV32 YJLV33		YJV42 YJV43	YJLV42 YJLV43
35	66.7	4328	3676	72.5	6142	5491	77	9263	8617	78.9	11921	11270
50	69.7	4913	3983	75.7	6828	5897	80.2	10031	9101	82.1	12781	11851
70	72.9	5683	4381	79.1	8517	7214	83.6			85.5	13849	12574
95	76.7	6787	5019	82.8	9788	8021	87.5			89.2	15498	13731
120	79.8	7752	5519	87.6	10930	8697	90.9			92.6	16856	15448
150	83	8789	5997	90.8	12129	9338	94.1			95.8	20187	16745
185	86.5	10194	6752	94.5	13780	10338	97.8			99.7		
240	91.6	12101	7636	99.8	15988	11522	103.1			104.8		
300	96.6		8635	104.8	17232					110		

注：表头第三组列 外径/mm、YJV22 YJV23/YJLV22 YJLV23；第四组 YJV32 YJV33/YJLV32 YJLV33；第五组 YJV42 YJV43/YJLV42 YJLV43。

附表 C-26　21/35kV 交联聚乙烯绝缘单芯电力电缆外径及质量

截面 /mm²	单芯							
	外径 /mm	质量/(kg/km)		外径 /mm	质量/(kg/km)		外径 /mm	质量/(kg/km)	
		YJV YJY	YJLV YJLY		YJV32 YJV33	YJLV32 YJLV33		YJV42 YJV43	YJLV42 YJLV43
50	35.6	1609	1300	42.6	3779	3469	46.8	5053	4744
70	37.2	1850	1417	44	4112	3679	48.4	5405	4972
95	38.8	2193	1605	47	4523	3935	50.2	5890	5302
120	40.4	2498	1756	48.6	4944	4202	51.8	6340	5597
150	41.8	2839	1910	50	5510	4581	53.2	6973	6044
185	43.5	3248	2102	51.7	6634	5489	54.9	7526	6381
240	45.9	3881	2395	54.1	7447	5961	57.3	8407	6922
300	48		2672	57.9		6451	59.6		7400

附表 C-27　26/35kV 交联聚乙烯绝缘单芯电力电缆外径及质量

截面 /mm²	单芯							
	外径 /mm	质量/(kg/km)		外径 /mm	质量/(kg/km)		外径 /mm	质量/(kg/km)	
		YJV YJY	YJLV YJLY		YJV32 YJV33	YJLV32 YJLV33		YJV42 YJV43	YJLV42 YJLV43
50	38.2	1758	1449	46.2	4083	3773	49.4	5429	5119
70	39.8	2038	1604	47.8	4422	3989	51	5786	5352
95	41.4	2355	1767	49.6	4840	4252	52.8	6261	5672

续表

截面 /mm²	单芯								
	外径 /mm	质量/(kg/km)		外径 /mm	质量/(kg/km)		外径 /mm	质量/(kg/km)	
		YJV YJY	YJLV YJLY		YJV32 YJV33	YJLV32 YJLV33		YJV42 YJV43	YJLV42 YJLV43
120	43	2666	1923	51	5269	4526	54.2	6735	5992
185	46.1	3427	2283	54.5	7007	5861	57.7	7965	6820
240	48.5	4070	2584	58.2	7856	6371	59.9	8806	7321
300	50.6		2891	60.7		6819	62.4		7807

附表 C-28 66/500kV 高压交联聚乙烯绝缘电力电缆截面尺寸及质量查对表

额定电压 kV	线芯标称截面 mm²	线芯外径 mm	内屏蔽厚度 mm	绝缘厚度 mm	外屏蔽厚度 mm	疏绕铜丝屏蔽截面 mm²	外护套厚度 mm	电缆外径 mm	电缆质量（近似值）/(kg/km)	
									Cu	Al
66	95	11.6	1.0	13.0	1.0	35	2.6	50.8	3054	2141
	120	13	1.0	13.0	1.0	35	2.6	52.3	3366	2298
	150	14.6	1.0	13.0	1.0	35	2.7	54	3736	2483
	185	16.2	1.0	13.0	1.0	35	2.8	55.7	4151	2681
	240	18.5	1.0	12.0	1.0	35	2.8	56	4611	2800
	300	20.8	1.0	12.0	1.0	35	2.8	58.5	5288	3106
	400	23.6	1.0	12.0	1.0	35	2.9	61.5	6355	3554
	500	26.9	1.0	12.0	1.0	35	3.1	65.6	7505	4085
	630	30.3	1.0	12.0	1.0	35	3.2	69.2	8886	4661
	800	34.4	1.0	12.0	1.0	35	3.3	73.5	10667	5390
110	240	18.5	1.0	19.0	1.0	95	3.3	71	6821	4453
	300	20.8	1.0	18.5	1.0	95	3.3	72.4	7439	4700
	400	23.6	1.0	17.5	1.0	95	3.3	73.3	8333	4975
	500	26.9	1.0	17.5	1.0	95	3.5	77.3	9555	5578
	630	30.3	1.0	16.5	1.0	95	3.5	78.8	10747	5965
	800	34.4	1.0	16.0	1.0	95	3.8	82.4	12459	6625
	1000							91	19500	12900
	1200							94	21600	14100
	1600							103	26700	16200
220	400							86.6		11100
	630							96		13500
	800							100	19700	14700
	1000							106	22700	16300
	1200							109	24800	17200
	1600							118	31100	20000
330	1000								22100	
	1600								37600	
500	800							120	16700	11700
	1000							122	18700	12300
	1200							126	20900	13400

D. 水利工程混凝土建筑物立模面系数参考表

水利工程混凝土建筑物立模面系数参考表如附表 D-1～附表 D-7 所示。

附表 D-1　大坝和电站厂房立模面系数参考表

序号	建筑物名称		立模面系数 /(m²/m³)	各类立横面参考比例/%					说明
				平面	曲面	牛腿	键槽	溢流面	
1	重力坝（综合）		0.15～0.24	70～90	2.0～6.0	0.7～1.8	15～25	1.0～3.0	不包括拱形廊道模板,实际工程中如果坝体纵、横缝不设键槽,键槽立模面积所占比例为0,平面模板所占比例相应增加
	分部:非溢流坝		0.10～0.16	70～98	0.0～1.0	2.0～3.0	15～28		
	分部:表面溢流坝		0.18～0.24	60～75	2.0～3.0	0.2～0.5	15～28	8.0～16.0	
	分部:孔洞泄流坝		0.22～0.31	65～90	1.0～3.5	0.7～1.2	15～27	5.0～8.0	
2	宽缝重力坝		0.18～0.27						
3	拱坝		0.18～0.28	70～80	2.0～3.0	1.0～3.0	12～25	0.5～5.0	
4	连拱坝		0.80～1.60						
5	平板坝		1.10～1.70						
6	单支墩大头坝		0.30～0.45						
7	双支墩大头坝		0.32～0.60						
8	河床式电站闸坝		0.45～0.90	85～95	5.0～13	0.3～0.8	0.0～10		不包括蜗壳模板、尾水肘管模板及拱形廊道模板
9	坝后式厂房		0.50～0.90	88～97	2.5～8.0	0.2～0.5	0.0～5.0		
10	混凝土蜗壳立模面积/m²		$13.40 D_1^2$						D_1 为水轮机转轮直径
11	尾水肘管立模面积/m²		$5.846 D_4^2$						D_4 为尾水肘管进口直径,可按下式估算:轴流式机组 $D_4=1.2D_1$,混凝土流式机组 $D_4=1.35D_1$

注：1. 泄流和引水孔洞多而坝体较低,坝体立模面系数取大值；泄流和引水孔洞较少,以非溢流坝段为主的高坝,坝体立模面系数取小值。河床式电站闸坝的立模面系数,主要与坝高有关,坝高小取大值,坝高大取小值。
2. 坝后式厂房的立模面系数,分层较多、结构复杂,取大值；分层较少、结构简单,取小值；一般可取中值。

附表 D-2　溢洪道立模面系数参考值

序号	建筑名称			立模面系数 /(m²/m³)	各类模板参考比例/%			说明
					平面	曲面	牛腿	
1	闸室	闸室（综合）		0.60～0.85	92～96	4.0～7.0	0.5(0)～0.9	含中、边墩等
		分部:闸墩		1.00～1.75	91～95	5.0～8.0	0.7(0)～1.2	
		闸底板		0.16～0.30	100			
2	泄槽	底板		0.16～0.30	100			
		边墙	挡土墙式	0.70～1.00	100			
			边坡衬砌	1/B+0.15	100			岩石坡,B 为衬砌厚

附表 D-3　隧洞立模面系数参考值

	高宽比	衬砌厚度/m						所占比例/%	
		0.2	0.4	0.6	0.8	1.0	1.2	曲面	墙面
直墙圆拱形隧洞	0.9	3.16～3.42	1.52～1.65	0.98～1.07	0.71～0.78	0.55～0.60	0.44～0.49	49～66	51～34
	1.0	3.25～3.51	1.57～1.70	1.01～1.10	0.73～0.80	0.57～0.62	0.46～0.50	45～61	55～39
	1.2	3.41～3.65	1.65～1.77	1.07～1.15	0.78～0.84	0.60～0.65	0.49～0.53	39～53	61～47
	说明	本表立模面系数计算按隧洞顶拱圆心角为120°～180°,圆心角小时取大值,反之取小值						顶拱圆心角小时曲面取小值,反之取大值；墙面相反	

注：1. 表中立模面系数仅包括顶拱曲面和边墙墙面模板,混凝土量按衬砌总量计算。
2. 底板堵头、边墙堵头和顶拱堵头模板总立模面系数为 1/L(m²/m³),L 为衬砌分段长度。
3. 键槽模板立模面面积按隧洞长度计算,每米洞长立模面 1.3B(m²/m),B 为衬砌厚度

续表

	衬砌内径/m	衬砌厚度/m						备注
		0.2	0.4	0.6	0.8	1.0	1.2	
圆形隧洞	4	4.76	2.27	1.45	1.04			
	8	4.88	2.38	1.55	1.14	0.89	0.72	
	12	4.92	2.42	1.59	1.17	0.92	0.76	

注：1. 表中立模面系数仅包括曲面模板，混凝土量按衬砌总量计算。
2. 堵头模板立模面系数为 $1/L(m^2/m^3)$，L 为衬砌分段长度。
3. 键槽模板立模面面积按隧洞长度计算，每米洞长立模面 $2.3B(m^2/m)$，B 为衬砌厚度

附表 D-4　渡槽槽身立模面系数参考值

渡槽类型	壁厚/cm	立模面系数/(m²/m³)	备注
矩形渡槽	10	15.00	
	20	7.71	
	30	5.28	
箱形渡槽	10	13.26	
	20	6.63	
	30	4.42	
U形渡槽	12~20	10.33	直墙厚12cm，U形底部厚20cm
	15~25	8.19	直墙厚15cm，U形底部厚25cm
	24~40	5.98	直墙厚24cm，U形底部厚40cm

附表 D-5　涵洞立模面系数参考值

单位：m²/m³

	高宽比	部位	衬砌厚度/m				
			0.4	0.6	0.8	1.0	1.2
直墙圆拱形涵洞	0.9	顶拱	2.17	1.45	1.09	0.87	0.73
		边墙	1.13	0.76	0.57	0.46	0.39
	1.0	顶拱	2.07	1.38	1.04	0.83	0.69
		边墙	1.32	0.88	0.66	0.53	0.44
	1.2	顶拱	1.88	1.26	0.95	0.76	0.64
		边墙	1.00	1.09	0.81	0.65	0.54

注：1. 表中立模面系数仅包括顶拱曲面和边墙墙面模板，混凝土量按衬砌总量计算。
2. 底板堵头、边墙堵头和顶拱堵头横板总立模面系数为 $1/L(m^2/m^3)$，L 为衬砌分段长度。
3. 键槽模板立模面面积按隧洞长度计算，每米洞长立模面 $1.3B(m^2/m)$，B 为衬砌厚度

	高宽比	衬砌厚度/m				
		0.4	0.6	0.8	1.0	1.2
矩形涵洞	1.0	3.00	2.00	1.50	1.20	1.00
	1.3	3.22	2.15	1.61	1.29	1.07
	1.6	3.39	2.26	1.70	1.36	1.13

注：1. 表中立模面系数仅包括曲面模板，混凝土量衬砌总量计算。
2. 堵头模板立模面系数为 $1/L(m^2/m^3)$，L 为衬砌分段长度。
3. 键槽模板立模面面积按涵洞长度计算，每米洞长立模面 $1.3B(m^2/m)$，B 为衬砌厚度

	壁厚/cm	15	25	35	45	55	65
圆形涵洞	立模面积系数	8.89	5.41	4.06	3.15	2.62	2.23

注：1. 表中立模面系数仅包括曲面模板，混凝土量按衬砌总量计算。
2. 堵头模板立横面系数为 $1/L(m^2/m^3)$，L 为分段长度。
3. 键槽模板立模面面积按涵洞长度计算，每米洞长立横面 $2.3B(m^2/m)$，B 为衬砌厚度

附表 D-6　水闸立模面系数参考值

序号	建筑名称	立模面系数/(m²/m³)	各类模板参考比例/%			说明
			平面	曲面	牛腿	
1	水库闸室(综合)	0.65~0.85	92~96	4.0~7.0	0.5(0)~0.9	
2	分部：闸墩	1.15~1.75	91~95	5.0~8.0	0.7(0)~1.2	含中、边墩等
	闸底板	0.16~0.30	100			

附表 D-7　明渠立模面系数参考值

1. 边坡面立模面系数 $1/B(\mathrm{m}^2/\mathrm{m}^3)$。$B$ 为边坡衬砌厚度;混凝土量按边坡衬砌量计算。
2. 横缝堵头立模面系数 $1/L(\mathrm{m}^2/\mathrm{m}^3)$。$L$ 为衬砌分段长度;混凝土量按明渠衬砌总量计算。
3. 底板纵缝立模面面积按明渠长度计算,每米渠长立模面 $n \times B(\mathrm{m}^2/\mathrm{m})$。$B$ 为衬砌厚度;n 为明渠底板纵缝条数(含边坡与底板交界处的分缝)

E. 混凝土温控费用计算参考资料

(1) 大体积混凝土浇筑后水泥产生水化热,温度迅速上升,且幅度较大,自然散热极其缓慢。为了防止混凝土出现裂缝,混凝土坝体内的最高温度必须严格加以控制,方法之一是限制混凝土搅拌机的出机口温度。在气温较高季节,混凝土在自然条件下的出机口温度往往超过施工技术规范规定的限度,此时,就必须采取人工降温措施,例如采用冷水喷淋预冷骨料或一次、二次风冷骨料,加片冰和(或)加冷水拌制混凝土等方法来降低混凝土的出机口温度。

控制混凝土最高温升的方法之二是,在坝体混凝土内预埋冷却水管,进行一、二期通水冷却。一期(混凝土浇筑后不久)通低温水以削减混凝土浇筑初期产生的水泥水化热温升。二期通水冷却,主要是为了满足水工建筑物接缝灌浆的要求。

以上这些温控措施,应根据不同工程的特点、不同地区的气温条件、不同结构物不同部位的温控要求等因素综合确定。

(2) 根据不同标号混凝土的材料配合比和相关材料的温度,可计算出混凝土的出机口温度,如附表 E-1。出机口混凝土温度一般由施工组织设计确定。若混凝土的出机口温度已确定,则可按附表 E-1 公式计算确定应预冷的材料温度,进而确定各项温控措施。

附表 E-1　混凝土出机口温度计算表

序号	材料	重量 G /$(\mathrm{kg/m^3})$	比热 C /$[\mathrm{kJ/(kg \cdot ℃)}]$	温度 t /℃	$G \cdot C = P$ /$[\mathrm{kJ/(m^3 \cdot ℃)}]$	$G \cdot C \cdot t = Q$ /$(\mathrm{kJ/m^3})$
1	水泥及粉煤灰		0.796	$t_1 = T+15$		
2	砂		0.963	$t_2 = T-2$		
3	石子		0.963	t_3		
4	砂的含水		4.2	$t_4 = t_2$		
5	石子含水		4.2	$t_5 = t_3$		
6	拌和水		4.2			
7	片冰		2.1 潜热 335			$Q_7 = -335 G_7$
8	机械热					Q_8
	合计	出机口温度 $t_c = \Sigma Q / \Sigma P$			ΣP	ΣQ

注:1. 表中"T"为月平均气温,℃,石子的自然温度可取与"T"同值。
2. 砂子含水率可取 5%。
3. 风冷骨料脱水后的石子含水率可取 0。
4. 淋水预冷骨料脱水后的石子含水率可取 0.75%。
5. 混凝土拌和机械热取值:常温混凝土,$Q_s = 2094 \mathrm{kJ/m^3}$;14℃混凝土,$Q_s = 4187 \mathrm{kJ/m^3}$;7℃混凝土,$Q_s = 6281 \mathrm{kJ/m^3}$。
6. 若给定了出机口温度、加冷水和加片冰量,则可按下式确定石子的冷却温度:
$$t_3 = t_c \Sigma P - Q_1 - Q_2 - Q_4 - Q_5 - Q_6 - Q_8 + 335 G_7 / 0.963 G_3$$

（3）综合各项温控措施的分项单价，可按附表 E-2 计算出每 1m 混凝土的温控综合价（直接费）。

附表 E-2 混凝土预冷综合单价计算表　　　　　　　　　　　　　　　　　　单位：m^3

序号	项目	单位	数量 G	材料温度/℃			分项措施单价 μ	复价/元 $G \cdot \Delta t \cdot M$
				初温 t_o	终温 t_i	降幅 $\Delta t = t_o - t_i$		
1	制冷水	kg					元/(kg·℃)	
2	制片冰	kg					元/kg	
3	冷水喷淋骨料	kg					元/(kg·℃)	
4	一次风冷骨料	kg					元/(kg·℃)	
5	二次风冷骨料	kg					元/(kg·℃)	

注：1. 冷水喷淋预冷骨料和一次风冷骨料，二者择其一，不得同时计费。
2. 根据混凝土出机口温度计算，骨料最终升温大于 8℃ 时，一般可不必进行二次风冷，有时二次风冷是为了保温。
3. 一次风冷或水冷石子的初温可取月平均气温值。
4. 一次风冷或水冷之后，骨料转运到二次风冷料仓过程中，温度回升值可取 1.5～2℃。

（4）各分项温控措施的单价计算列于附表 E-3～附表 E-8，坝体通水冷却单价计算列于附表 E-9。

附表 E-3 制冷水单价

适用范围：冷水厂

工作内容：28℃ 河水，制 2℃ 冷水[①]，送出　　　　　　　　　　　　　　　　　单位：100t 冷水

项目	单位	冷水产量/(t/h)					
		2.4	5.0	7.0	10.0	20.0	40.0
中级工	工时	61	30	24	15	8	4
初级工	工时	128	60	54	45	30	18
合计	工时	189	90	78	60	38	22
水	m^3	220	220	220	220	220	220
氟利昂	kg	0.50	0.50	0.50	0.50	0.50	0.50
冷冻机油	kg	0.70	0.70	0.70	0.70	0.70	0.70
其他材料费	%	2	2	2	2	2	2
螺杆式冷水机组 LSLGF100	台时	42					
螺杆式冷水机组 LSLGF200	台时		20				
螺杆式冷水机组 LSLGF300	台时			14			
螺杆式冷水机组 LSLGF500	台时				10		
螺杆式冷水机组 LSLGF1000	台时					5	
螺杆式冷水机组 LSLGF2000	台时						2.5
水泵 5.5kW	台时	42	20				
水泵 11kW	台时	84		14	10	5	5
水泵 15kW	台时		40	36	30	10	
水泵 30kW	台时					10	13
玻璃钢冷却塔 NBL-500	台时	4	4	4	4	4	4
其他机械费	%	5	5	5	5	5	6

① 对不同出水温度机械台时需乘系数 K，如附表 E-4 所示。

附表 E-4 对不同出水温度机械台时乘系数 K 取值

出水温度/℃	2	5	6	7	8	9	10	11	12
系数 K	1.0	0.78	0.71	0.65	0.60	0.55	0.51	0.47	0.44

附表 E-5 制片冰单价

适用范围：混凝土系统制冰加冰

工作内容：用2℃水制−8℃片冰储存，送出

单位：100t 片冰

项目	单位	片冰产量/(t/d)			
		12	25	50	100
中级工	工时	300	144	72	36
初级工	工时	900	720	504	324
合计	工时	1200	864	576	360
2℃冰水	m³	105	105	105	105
水	m³	700	700	700	700
氨液	kg	18	18	18	18
冷冻机油	kg	7	7	7	7
其他材料费	%	5	5	5	5
片冰机 PBL15/d	台时	200			
片冰机 PBL30/d	台时		96	96	96
储冰库 30t	台时		96	48	
储冰库 60t	台时				24
螺杆式氨泵机组 ABLG55Z	台时			48	24
螺杆式氨泵机组 ABLG100Z	台时		96	96	96
螺杆式氨泵机组 ABLG30Z	台时	400	96		
水泵 7.5kW	台时	400	96	48	
水泵 15kW	台时		96		24
水泵 30kW	台时			48	48
玻璃钢冷却塔 NBL-500	台时	20	20	20	20
输冰胶带机 B=500,L=50m	台时	200	96	96	48
其他机械费	%	5	5	5	5

附表 E-6 冷水喷淋预冷骨料单价

适用范围：2～4℃冷水喷淋，将骨料预冷至8～16℃

工作内容：制冷水、喷淋、回收、排渣、骨料脱水

单位：100t 骨料降温10℃

项目	单位	预冷骨料量/(t/h)	
		200	400
中级工	工时	3	2
初级工	工时	3	2
合计	工时	6	4
水	m³	43	43
氟利昂	kg	0.20	0.20
冷冻机油	kg	0.20	0.20
其他材料费	%	10	10
螺杆式冷水机组 LSLGF500	台时	0.36	
螺杆式冷水机组 LSLGF1000	台时	0.72	0.89
水泵 7.5kW	台时	0.36	0.36
水泵 15kW	台时	1.07	1.07
水泵 30kW	台时	1.44	1.25
衬胶泵 17kW	台时	0.72	0.72
玻璃钢冷却塔 NBL-500	台时	0.72	0.72
输冰胶带机 B=500,L=40m	台时	0.72	0.89
输冰胶带机 B=500,L=170m	台时	0.36	0.36
圆振动筛 2400×6000	台时	0.36	0.36
其他机械费	%	5	5

附表 E-7　一次风冷骨料单价

适用范围：在料仓内用冷风将骨料预冷至 8～16℃

工作内容：制冷水、鼓风、回风、骨料冷却

单位：100t 骨料降温 10℃

项目	单位	预冷骨料量/(t/h)	
		200	400
中级工	工时	4	2
初级工	工时	2	2
合计	工时	6	4
水	m³	21	21
氟利昂	kg	0.84	0.84
冷冻机油	kg	0.20	0.20
其他材料费	%	10	10
氨螺杆压缩机　LG20A250G	台时	1.11	1.11
卧式冷凝器　WNA-300	台时	1.11	1.11
氨储液器　ZA-4.5	台时	1.11	1.11
空气冷却器　GKL-1250	台时	1.11	1.11
离心式风机　55kW	台时	1.11	
离心式风机　75kW	台时		0.56
水泵　75kW	台时	0.56	0.56
玻璃钢冷却塔　NBL-500	台时	0.56	0.56
其他机械费	%	17	17

附表 E-8　二次风冷骨料单价

适用范围：在料仓内用冷风将骨料预冷至 0～2℃

工作内容：制冷水、鼓风、回风、骨料冷却

单位：100t 骨料降温 10℃

项目	单位	预冷骨料量/(t/h)	
		200	400
中级工	工时	2.0	1
初级工	工时	2.5	2
合计	工时	4.5	3
水	m³	38	38
氟利昂	kg	1.50	1.50
冷冻机油	kg	0.40	0.40
其他材料费	%	10	10
螺杆式氨泵机组　ABLG100Z	台时	4	
氨蝶杆压缩机　LG20A200Z	台时		2
卧式冷凝器　WNA-300	台时		2
氨贮液器　ZA-4.5	台时	1	2
空气冷却器　GKL-1000	台时	2	2
离心式风机　55kW	台时	2	
离心式风机　75kW	台时		1
水泵　55kW	台时	1	
水泵　75kW	台时		1
玻璃钢冷却塔　NBL-500	台时	1	1
其他机械费	%	5	17

附表 E-9 坝体通水冷却单价

适用范围：需要通水冷却的坝体混凝土

工作内容：冷却水管埋设、通水、观测、混凝土表面保护   单位：100m³ 混凝土

项目	单位	片冰产量/(t/d)			
		1×1.5	1.5×1.5	2×1.5	3×3
中级工	工时				
初级工	工时	60	40	30	10
合计	工时	60	40	30	10
钢管（冷却水管）	kg	240	160	120	40
低温水（一期冷却）温升5℃	m³	120	80	60	20
水（二期冷却）	m³	700	466	350	120
表面保护材料	m²	50	50	50	30
其他材料费	%	5	5	5	5
电焊机交流 20kV·A	台时	3	2	1.5	0.5
水泵	台时				
其他机械费	%	20	20	20	20

注：一期冷却和二期冷却是否用制冷水，水量及水温由温控设计确定。若用循环水，则应增加水泵台时量。

F. 混凝土、砂浆配合比及材料用量表

一、混凝土配合比有关说明

（1）除碾压混凝土材料配合参考表外，水泥混凝土强度等级均以 28d 龄期用标准试验方法测得的具有 95％保证率的抗压强度标准值确定。若设计龄期超过 28d，按附表 F-1 系数换算。计算结果如介于两种强度等级之间，应选用高一级的强度等级。

附表 F-1 强度等级折合系数

设计龄期/d	28	60	90	180
强度等级折合系数	1.00	0.83	0.77	0.71

（2）混凝土配合比表中混凝土骨料按卵石、粗砂拟定，如改用碎石或中、细砂，按附表 F-2 系数换算。

附表 F-2 混凝土配合比系数换算

项目	水泥	砂	石子	水
卵石换为碎石	1.10	1.10	1.06	1.10
粗砂换为中砂	1.07	0.98	0.98	1.07
粗砂换为细砂	1.10	0.96	0.97	1.10
粗砂换为特细砂	1.16	0.90	0.95	1.16

注：水泥按质量计，砂、石子、水按体积计。

（3）混凝土细骨料的划分标准为：

细度模数 3.19～3.85（或平均粒径 1.2～2.5mm）为粗砂；

细度模数 2.5～3.19（或平均粒径 0.6～1.2mm）为中砂；

细度模数 1.78～2.5（或平均粒径 0.3～0.6mm）为细砂；

细度模数 0.9～1.78（或平均粒径 0.15～0.3mm）为特细砂。

（4）埋块石混凝土，应按配合比表的材料用量，扣除埋块石实体的数量计算。

① 埋块石混凝土材料量＝配合表列材料用量×（1－埋块石率）

1 块石实体方＝1.67 码方

② 因埋块石增加的人工数量见附表 F-3。

附表 F-3 因埋块石增加的人工数量

埋块石率/%	5	10	15	20
每 100m³ 埋块石混凝土增加人工工时	24.0	32.0	42.4	59.8

注：不包括块石运输及影响浇筑的工时。

（5）有抗渗抗冻要求时，按附表 F-4 中的水灰比选用混凝土强度等级。

表 F-4 混凝土强度等级选用

抗渗等级	一般水灰比	抗冻等级	一般水灰比
W4	0.60～0.65	F50	0.58
W6	0.55～0.60	F100	0.55
W8	0.50～0.55	F150	0.52
W12	0.50	F200	0.50
		F300	0.45

（6）除碾压混凝土材料配合参考表外，混凝土配合表的预算量包括搅拌场内运输及操作损耗在内。不包括搅拌后（熟料）的运输和浇筑损耗。

（7）水泥用量按机械拌和拟定，若系人工拌和，水泥用量增加 5%。

（8）按照混凝土压缩强度分类相关国际标准的规定，且为了与其他规范相协调，将原规范混凝土及砂浆标号的名称改为混凝土或砂浆强度等级。新强度等级与原标号对照见附表 F-5 和附表 F-6。

附表 F-5 混凝土新强度等级与原标号对照

原用标号/(kgf/cm²)	100	150	200	250	300	350	400
新强度等级 C	C9	C14	C19	C24	C29.5	C35	C40

附表 F-6 砂浆新强度等级与原标号对照

原用标号(kgf/cm²)	30	50	75	100	125	150	200	250	300	350	400
新强度等级 M	M3	M5	M7.5	M10	M12.5	M15	M20	M25	M30	M35	M40

二、纯混凝土材料配合比及材料用量

纯混凝土材料配合比及材料用量见附表 F-7。

附表 F-7 纯混凝土材料配合比及材料用量 单位：m³

序号	混凝土强度等级	水泥强度等级 MPa	水灰比	级配	最大粒径 mm	配合比 水泥	配合比 砂	配合比 石子	预算量 水泥 kg	预算量 粗砂 kg	预算量 粗砂 m³	预算量 卵石 kg	预算量 卵石 m³	预算量 水 m³
1	C10	32.5	0.75	1	20	1	3.69	5.05	237	877	0.58	1218	0.72	0.170
				2	40	1	3.92	5.05	208	819	0.55	1360	0.79	0.150
				3	80	1	3.78	6.45	172	653	0.44	1630	0.95	0.125
				4	150	1	3.64	9.33	152	555	0.37	1792	1.05	0.110

续表

序号	混凝土强度等级	水泥强度等级 MPa	水灰比	级配	最大粒径 mm	配合比			预算量				
						水泥	砂	石子	水泥 kg	粗砂 kg	m³	卵石 kg	m³	水 m³
2	C15	32.5	0.65	1	20	1	3.15	11.65	270	853	0.57	1206	0.70	0.170
				2	40	1	3.2	4.4	242	777	0.52	1367	0.81	0.150
				3	80	1	3.09	5.57	201	623	0.42	1635	0.96	0.125
				4	150	1	2.92	8.03	179	527	0.36	1799	1.06	0.110
3	C20	32.5	0.55	1	20	1	2.48	9.89	321	798	0.54	1227	0.72	0.170
				2	40	1	2.53	3.78	289	733	0.49	1382	0.81	0.150
				3	80	1	2.49	4.72	238	594	0.40	1637	0.96	0.125
				4	150	1	2.38	680	208	498	0.34	1803	1.06	0.110
		42.5	0.60	1	20	1	2.80	4.08	294	827	0.56	1218	0.71	0.170
				2	40	1	2.89	520	261	757	0.51	1376	0.81	0.150
				3	80	1	2.82	7.37	218	618	0.42	1627	0.95	0.125
				4	150	1	2.73	9.29	191	522	0.35	1791	1.05	0.110
4	C25	32.5	0.50	1	20	1	2.10	3.50	353	744	0.50	1250	0.73	0.170
				2	40	1	2.25	443	310	699	0.47	1389	0.81	0.150
				3	80	1	2.16	6.23	260	565	0.38	1644	0.96	0.125
				4	150	1	2.04	778	230	471	0.32	1812	1.06	0.110
		42.5	0.55	1	20	1	2.48	3.78	321	798	0.54	1227	0.72	0.170
				2	40	1	2.53	4.72	289	733	0.49	1382	0.81	0.150
				3	80	1	2.49	6.80	238	594	0.40	1637	0.96	0.125
				4	150	1	2.38	8.55	208	498	0.34	1803	1.06	0.110
5	C30	32.5	45	1	20	1	1.85	3.14	389	723	0.48	1242	0.73	0.170
				2	40	1	1.97	3.98	343	678	0.45	1387	0.81	0.150
				3	80	1	1.88	5.64	288	542	0.36	1645	0.96	0.125
				4	150	1	1.77	7.09	253	448	0.30	1817	1.06	0.110
		42.5	0.50	1	20	1	2.10	3.50	353	744	0.50	1250	0.73	0.170
				2	40	1	2.25	4.43	310	699	0.47	1389	0.81	0.150
				3	80	1	2.16	6.23	260	565	0.38	1644	0.96	0.125
				4	150	1	2.04	7.78	230	471	0.32	1812	1.06	0.110
6	C35	32.5	0.40	1	20	1	1.57	2.80	436	689	0.46	1237	0.72	0.170
				2	40	1	1.77	3.44	384	685	0.46	1343	0.79	0.150
				3	80	1	1.53	5.12	321	493	0.33	1666	0.97	0.125
				4	150	1	1.49	6.35	282	422	0.28	1816	1.06	0.110
		42.5	0.45	1	20	1	1.57	2.80	436	689	0.46	1237	0.72	0.170
				2	40	1	1.97	3.98	343	678	0.45	1387	0.81	0.150
				3	80	1	1.88	5.64	288	542	0.36	1645	0.96	0.124
				4	150	1	1.77	7.09	253	448	0.30	1817	1.06	0.110
7	C40	42.5	0.40	1	180	1	1.57	2.80	436	689	0.46	1237	0.72	0.170
				2	223	1	1.77	3.44	384	685	0.46	1343	0.79	0.150
				3	266	1	1.53	5.12	321	493	0.33	1666	0.97	0.125
				4	309	1	1.49	635	282	422	0.28	1816	1.06	0.110
8	C45	42.5	0.34	2	352	1	1.13	3.28	456	520	0.35	1518	0.89	0.125

三、掺外加剂混凝土材料配合比及材料用量

掺外加剂混凝土材料配合比及材料用量见附表 F-8。

附表 F-8　掺外加剂混凝土材料配合比及材料用量　　　　　单位：m³

序号	混凝土强度等级	水泥强度等级 MPa	水灰比	级配	最大粒径 mm	配合比 水泥	砂	石子	预算量 水泥 kg	粗砂 kg	m³	卵石 kg	m³	外加剂 kg	水 m³
1	C10	32.5	0.75	1	20	1	4.14	5.69	213	887	0.59	1230	0.72	0.43	0.170
				2	40	1	4.18	7.19	188	826	0.55	1372	0.80	0.38	0.150
				3	80	1	4.17	10.31	157	658	0.44	1642	0.96	0.32	0.125
				4	150	1	3.84	12.78	139	560	0.38	1803	1.05	0.28	0.110
2	C15	32.5	0.65	1	20	1	3.44	4.81	250	865	0.58	1221	0.71	0.50	0.170
				2	40	1	3.57	6.19	220	790	0.53	1382	0.81	0.45	0.150
				3	80	1	3.46	8.98	181	630	0.42	1649	0.96	0.37	0.125
				4	150	1	3.3	11.15	160	530	0.36	1811	1.06	0.32	0.110
3	C20	32.5	0.55	1	20	1	2.78	4.24	290	810	0.54	1245	0.73	0.58	0.170
				2	40	1	2.92	5.44	254	743	0.5	1400	0.82	0.52	0.150
				3	80	1	2.8	7.7	212	596	0.40	1654	0.97	0.43	0.125
				4	150	1	2.66	9.52	188	503	0.34	1817	1.06	0.38	0.110
		42.5	0.60	1	20	1	3.16	4.61	264	839	0.56	1235	0.72	0.53	0.170
				2	40	1	3.26	5.86	234	767	0.52	1392	0.81	0.47	0.150
				3	80	1	3.19	8.29	195	624	0.42	1641	0.96	0.39	0.125
				4	150	1	3.11	10.56	171	527	0.36	1806	1.05	0.35	0.110
4	C25	32.5	0.50	1	20	1	2.36	3.92	320	757	0.51	1270	0.74	0.64	0.170
				2	40	1	2.5	4.93	282	709	0.48	1410	0.82	0.56	0.150
				3	80	1	2.44	7.02	234	572	0.38	1664	0.97	0.47	0.125
				4	150	1	2.27	8.74	207	479	0.32	1831	1.07	0.42	0.110
		42.5	0.55	1	20	1	2.78	4.24	290	810	0.54	1245	0.73	0.58	0.170
				2	40	1	2.92	5.44	254	743	0.5	1400	0.82	0.52	0.150
				3	80	1	2.8	7.70	212	596	0.40	1654	0.97	0.43	0.125
				4	150	1	2.66	9.52	188	503	0.34	1817	1.06	0.38	0.110
5	C30	32.5	0.45	1	20	1	2.12	3.62	348	736	0.49	1269	0.74	0.71	0.170
				2	40	1	2.23	4.53	307	689	0.46	1411	0.83	0.62	0.150
				3	80	1	2.13	6.39	257	549	0.37	1667	0.97	0.52	0.125
				4	150	1	2	8.04	225	453	0.30	1837	1.07	0.46	0.110
		42.5	0.50	1	20	1	2.36	3.92	320	757	0.51	1270	0.74	0.64	0.170
				2	40	1	2.5	4.93	282	709	0.48	1410	0.82	0.56	0.150
				3	80	1	2.44	7.02	234	572	0.38	1664	0.97	0.47	0.125
				4	150	1	2.27	8.74	207	479	0.32	1831	1.07	0.42	0.110
6	C35	32.5	0.40	1	20	1	1.79	3.18	392	705	0.47	1265	0.74	0.78	0.170
				2	40	1	2.01	3.9	346	698	0.47	1368	0.8	0.69	0.150
				3	80	1	1.72	5.77	289	500	0.33	1691	0.99	0.58	0.125
				4	150	1	1.68	7.17	254	427	0.28	1839	1.08	0.51	0.110
		42.5	0.45	1	20	1	2.12	3.62	348	736	0.49	1269	0.74	0.71	0.170
				2	40	1	2.23	4.53	307	689	0.46	1411	0.83	0.62	0.150
				3	80	1	2.13	6.39	257	549	0.37	1667	0.97	0.52	0.125
				4	150	1	2	8.04	225	453	0.30	1837	1.07	0.46	0.110
7	C40	42.5	0.40	1	180	1	1.79	3.18	392	705	0.47	1265	0.74	0.78	0.170
				2	223	1	2.01	3.9	346	698	0.47	1368	0.8	0.69	0.150
				3	266	1	1.72	5.77	289	500	0.33	1691	0.99	0.58	0.125
				4	309	1	1.68	7.17	254	427	0.28	1839	1.08	0.51	0.110
8	C45	42.5	0.34	2	352	1	1.29	3.73	410	532	0.35	1552	0.91	0.82	0.125

四、掺粉煤灰混凝土材料配合比及材料用量

掺粉煤灰混凝土材料配合比及材料用量见附表 F-9～附表 F-11。

附表 F-9　掺粉煤灰混凝土材料配合表（掺粉煤灰量20%，取代系数1.3）　单位：m³

序号	混凝土强度等级	水泥强度 MPa	水灰比	级配	最大粒径 mm	配合比 水泥	粉煤灰	砂	石子	预算量 水泥 kg	粉煤灰 kg	粗砂 kg	卵石 m³	卵石 kg	外加剂 m³	外加剂 kg	水 m³
1	C10	32.5	0.75	3	80	1	0.325	4.65	11.47	139	45	650	0.44	1621	0.95	0.28	0.125
				4	150	1	0.325	4.5	14.42	122	40	551	0.37	1784	1.05	0.25	0.110
2	C15	32.5	0.65	3	80	1	0.325	3.86	10.03	160	53	620	0.42	1627	0.96	0.33	0.125
				4	150	1	0.325	3.71	12.57	140	47	523	0.35	1791	1.05	0.29	0.110
3	C20	32.5	0.55	3	80	1	0.325	3.10	8.44	190	63	589	0.40	1623	0.96	0.38	0.125
				4	150	1	0.325	2.93	10.50	168	56	495	0.33	1791	1.05	0.34	0.110
		42.5	0.60	3	80	1	0.325	3.54	9.21	173	58	616	0.42	1618	0.95	0.35	0.125
				4	150	1	0.325	3.40	11.58	152	51	519	0.35	1781	1.05	0.31	0.110

附表 F-10　掺粉煤灰混凝土材料配合表（掺粉煤灰量25%，取代系数1.3）　单位：m³

序号	混凝土强度等级	水泥强度 MPa	水灰比	级配	最大粒径 mm	配合比 水泥	粉煤灰	砂	石子	预算量 水泥 kg	粉煤灰 kg	粗砂 kg	卵石 m³	卵石 kg	外加剂 m³	外加剂 kg	水 m³
1	C10	32.5	0.75	3	80	1	0.433	4.96	12.38	131	57	650	0.44	1621	0.95	0.27	0.125
				4	150	1	0.433	4.79	15.51	115	50	551	0.36	1784	1.04	0.24	0.110
2	C15	32.5	0.65	3	80	1	0.433	4.13	10.82	150	66	620	0.42	1624	0.96	0.3	0.125
				4	150	1	0.433	3.98	13.54	132	58	525	0.34	1788	1.05	0.26	0.110
3	C20	32.5	0.55	3	80	1	0.433	3.31	9.11	178	79	590	0.40	1622	0.95	0.36	0.125
				4	150	1	0.433	3.18	11.45	156	69	495	0.32	1787	1.05	0.32	110
		42.5	0.60	3	80	1	0.433	3.78	9.92	163	71	615	0.42	1617	0.95	0.33	0.125
				4	150	1	0.433	3.62	12.44	143	63	517	0.35	1780	1.05	0.29	0.110

附表 F-11　掺粉煤灰混凝土材料配合表（掺粉煤灰量30%，取代系数1.3）　单位：m³

序号	混凝土强度等级	水泥强度 MPa	水灰比	级配	最大粒径 mm	配合比 水泥	粉煤灰	砂	石子	预算量 水泥 kg	粉煤灰 kg	粗砂 kg	卵石 m³	卵石 kg	外加剂 m³	外加剂 kg	水 m³
1	C10	32.5	0.75	3	80	1	0.557	5.30	13.09	122	69	649	0.44	1619	0.95	0.25	0.125
				4	150	1	0.557	5.10	16.32	108	61	551	0.37	1781	1.05	0.22	0.110
2	C15	32.5	0.65	3	80	1	0.557	4.39	11.39	140	80	619	0.42	1622	0.95	0.28	0.125
				4	150	1	0.557	4.20	14.20	124	70	522	0.35	1786	1.05	0.25	0.110
3	C20	32.5	0.55	3	80	1	0.557	3.54	9.61	166	95	590	0.40	1618	0.95	0.34	0.125
				4	150	1	0.557	3.34	11.93	148	83	495	0.33	1786	1.05	0.3	0.110
		42.5	0.60	3	80	1	0.557	3.97	10.33	154	86	613	0.42	1612	0.95	0.31	0.125
				4	150	1	0.557	3.84	13.11	134	76	518	0.35	1778	1.04	0.27	0.110

五、碾压混凝土材料配合

碾压混凝土材料配合参考表见附表 F-12。

附表 F-12　碾压混凝土材料配合参考表　　单位：kg/m³

序号	龄期 d	混凝土强度等级	水泥强度等级 MPa	水胶比	砂率 %	水泥	粉煤灰	砂	石子	外加剂	水	备注
1	90	C10	42.5	0.61	34	46	107	761	1500	0.38	93	江垭资料,人工砂石料
2	90	C15	42.5	0.58	33	64	96	738	1520	0.4	93	江垭资料,人工砂石料
3	90	C20	42.5	0.53	36	87	107	783	1413	0.49	103	江垭资料,人工砂石料

续表

序号	龄期 d	混凝土强度等级	水泥强度等级 MPa	水胶比	砂率 %	水泥	粉煤灰	砂	石子	外加剂	水	备注
4	90	C10	32.5	0.60	35	63	87	765	1453	0.387	90	汾河二库资料,人工砂石料
5	90	C20	32.5	0.55	36	83	84	801	1423	0.511	92	汾河二库资料,人工砂石料
6	90	C20	32.5	0.50	36	132	56	777	1383	0.812	94	汾河二库资料,人工砂石料
7	90	C10	32.5	0.56	33	60	101	726	1473	0.369	90	汾河二库资料,天然砂、人工骨料
8	90	C20	32.5	0.50	36	104	86	769	1396	0.636	95	汾河二库资料,天然砂、人工骨料
9	90	C20	32.5	0.45	35	127	84	743	1381	0.779	95	汾河二库资料,天然砂、人工骨料
10	90	C15	42.5	0.55	30	72	58	649	1554	0.871	71	白石水库资料,天然细骨料,人工粗骨料,砂用量中含石粉
11	90	C15	42.5	0.58	29	91	39	652	1609	0.325	75	观音阁资料,天然砂石料

序号	龄期 d	混凝土强度等级	水泥强度等级 MPa	水胶比	砂率 %	水泥	磷矿渣及凝灰岩	砂	石子	外加剂	水	备注
1	90	C15	42.5	0.50	35	67	101	798	1521	1.344	84	大潮山资料,人工砂石料
2	90	C20	42.5	0.50	38	94	94	85	1423	1.0504	94	大潮山资料,人工砂石料

注:碾压混凝土材料配合参考表中材料用量不包括场内运输及拌制损耗在内,实际运用过程中损耗率可采用水泥2.5%、砂3%、石子4%。

六、泵用混凝土材料配合

泵用混凝土材料配合表见附表F-13、附表F-14。

表F-13 泵用纯混凝土材料配合表　　　　　　　　　　　　　　单位:m³

序号	混凝土强度等级	水泥强度等级 MPa	水灰比	级配	最大粒径 mm	配合比			预算量				
						水泥	砂	石子	水泥 kg	粗砂 kg	粗砂 m³	卵石 kg	卵石 m³	水 m³

序号	混凝土强度等级	水泥强度等级 MPa	水灰比	级配	最大粒径 mm	水泥	砂	石子	水泥 kg	粗砂 kg	粗砂 m³	卵石 kg	卵石 m³	水 m³
1	C15	32.5	0.63	1	20	1	2.97	3.11	320	951	0.64	970	0.66	0.192
				2	40	1	3.05	4.29	280	858	0.58	1171	0.78	0.166
2	C20	32.5	0.51	1	20	1	2.3	2.45	394	910	0.61	979	0.67	0.193
				2	40	1	2.35	3.38	347	820	0.55	1194	0.8	0.161
3	C25	32.5	0.44	1	20	1	1.88	2.04	461	872	0.58	955	0.66	0.195
				2	40	1	1.95	2.83	408	800	0.53	1169	0.79	0.173

附表F-14 泵用掺外加剂混凝土材料配合表　　　　　　　　　　　　单位:m³

序号	混凝土强度等级	水泥强度等级 MPa	水灰比	级配	最大粒径 mm	水泥	砂	石子	水泥 kg	粗砂 kg	粗砂 m³	卵石 kg	卵石 m³	外加剂 kg	水 m³
1	C15	32.5	0.63	1	20	1	3.28	3.35	290	957	0.65	987	0.67	0.58	0.192
				2	40	1	3.38	4.63	253	860	0.59	1188	0.79	0.50	0.166
2	C20	32.5	0.51	1	20	1	2.61	2.77	355	930	0.62	999	0.68	0.71	0.193
				2	40	1	2.61	3.78	317	831	0.56	1214	0.81	0.62	0.161
3	C25	32.5	0.44	1	20	1	2.15	2.32	415	895	0.6	980	0.68	0.83	0.195
				2	40	1	2.22	3.21	366	816	0.54	1191	0.81	0.73	0.173

七、水泥砂浆材料配合

水泥砂浆材料配合表见附表 F-15、附表 F-16。

附表 F-15　水泥砂浆材料配合表（砌筑砂浆）　　　　单位：m³

砂浆类别	砂浆强度等级	水泥/kg 32.5	砂/m³	水/m³
水泥砂浆	M5	211	1.13	0.127
	M7.5	261	1.11	0.157
	M10	305	1.10	0.183
	M12.5	352	1.08	0.211
	M15	405	1.07	0.243
	M20	457	1.06	0.274
	M25	522	1.05	0.313
	M30	606	0.99	0.364
	M40	740	0.97	0.444

附表 F-16　水泥砂浆材料配合表（接缝砂浆）　　　　单位：m³

序号	体积配合比 水泥	体积配合比 砂	矿渣大坝水泥 强度等级	矿渣大坝水泥 数量/kg	纯大坝水泥 强度等级	纯大坝水泥 数量/kg	砂/m³	水/m³
1	1	3.1	32.5	406			1.08	0.270
2	1	2.6	32.5	469			1.05	0.270
3	1	2.1	32.5	554			1.00	0.270
4	1	1.9	32.5	633			0.94	0.270
5	1	1.8			42.5	625	0.98	0.266
6	1	1.5			42.5	730	0.93	0.266
7	1	1.3			42.5	789	0.90	0.266

八、水泥强度等级换算

水泥强度等级换算系数参考值见附表 F-17。

附表 F-17　水泥强度等级换算系数参考值

原强度等级	代换强度等级 32.5	代换强度等级 42.5	代换强度等级 52.5
32.5	1.00	0.86	0.76
42.5	1.16	1.00	0.88
52.5	1.31	1.13	1.00

九、沥青混凝土材料配合

沥青混凝土材料配合见附表 F-18～附表 F-20。

附表 F-18　面板沥青混凝土　　　　单位：kg/m³

材料	石子/mm 5～25	石子/mm 5～20	石子/mm 5～15	砂	矿粉	沥青	合计
整平胶结层		1661		360	164	115	2300
防渗层			378	1427	357	188	2350

续表

材料	石子/mm			砂	矿粉	沥青	合计
	5~25	5~20	5~15				
排水层	1536			384		80	2000
封闭层					1050	450	1500

注：表中骨料为人工砂石料。

附表 F-19　心墙沥青混凝土　　　　　单位：m³

混凝土配合比/%						最大骨料粒径/mm	混凝土容重/(t/m³)
矿物混合料				油料			
石子	砂	石屑	矿粉	沥青	渣油		
41.2	43.2		7.8	7.8		25	2.40
41.3	32.1		18.3	8.3		25	
21.0	59.6		10.9	8.5		15	2.36
48.0	30.0		12.0	7.0	3.0	25	2.20
48.0	32.0		10.0	7.0	3.0		
43.0	30.0		12.0	15.0		20	
29.0	29.0	2(石棉)	25.0	5.0	10.0	10	2.35

注：面板及心墙沥青混凝土材料配合表中材料用量不包括场内运输及拌制损耗在内，实际运用过程中损耗率可采用沥青（渣油）2%、砂（石屑、矿粉）3%、石子 4%。

附表 F-20　沥青混凝土涂层　　　　　单位：100m²

项目	单位	稀释沥青	乳化沥青		热沥青涂层	封闭层沥青胶	岸边接头	
			开级配	密级配			热沥青胶	再生胶粉沥青胶
汽(柴)油	kg	70						
60♯沥青	kg	30	12.5	5	46	45	100	447
水	kg		37.5	15				
烧碱	kg		0.15	0.06				
洗衣粉	kg		0.20	0.08				
水玻璃	kg		0.15	0.06				
10♯沥青	kg				108	105		
滑石粉	kg					105		40
矿粉	kg					200		
再生橡胶粉	kg							282
石棉粉	kg							40
玻璃丝网	m²							100

参 考 文 献

[1] 水利部水利建设经济定额站. 水利工程设计概（估）算编制规定 [S]. 北京：中国水利水电出版社，2015.
[2] 水利部水利建设经济定额站. 水利建筑工程概算定额 [S]. 郑州：黄河水利出版社，2002.
[3] GB 50501—2007. 水利工程工程量清单计价规范 [S].
[4] SL 328—2005. 水利水电工程设计工程量计算规定 [S].
[5] 方国华，朱成立. 水利水电工程概预算 [M]. 2版. 郑州：黄河水利出版社，2020.
[6] 何俊，王勇，姚兴贵. 水利水电工程概预算 [M]. 北京：中国水利水电出版社，2020.
[7] 何俊，韩冬梅，陈文江. 水利工程造价 [M]. 武汉：华中科技大学出版社，2017.
[8] 张家驹. 水利水电工程造价员工作笔记 [M]. 北京：机械工业出版社，2017.
[9] 康喜梅. 水利水电工程计量与计价 [M]. 北京：中国水利水电出版社，2012.
[10] 本书编委会. 水利工程工程量清单计价规范详解及应用指南 [M]. 哈尔滨：哈尔滨工程大学出版社，2009.
[11] 赵旭升. 水利水电工程施工组织与造价 [M]. 北京：中国水利水电出版社，2017.
[12] 中国水利工程协会. 一级造价师教材 水利工程造价案例分析 [M]. 北京：中国水利水电出版社，2019.